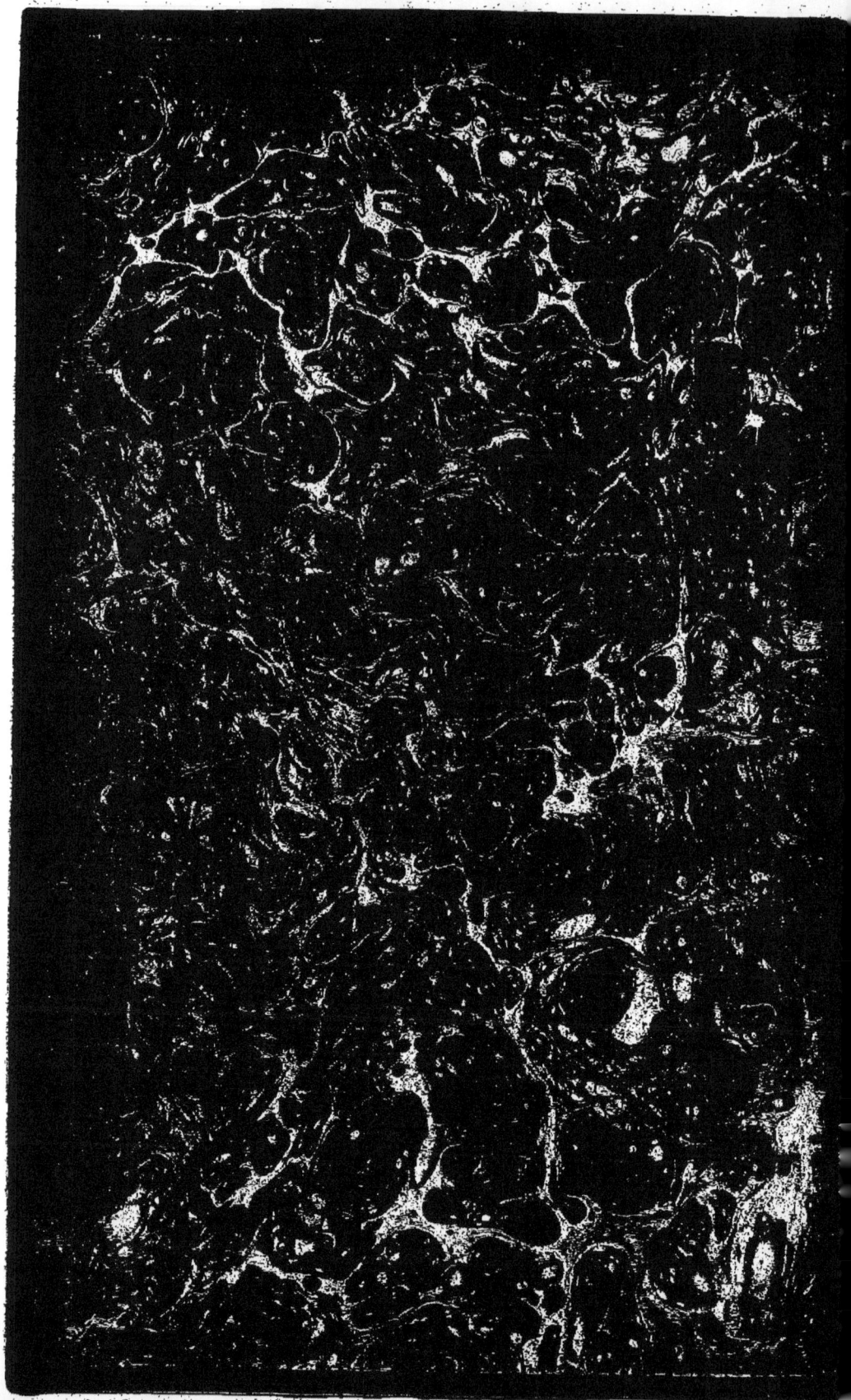

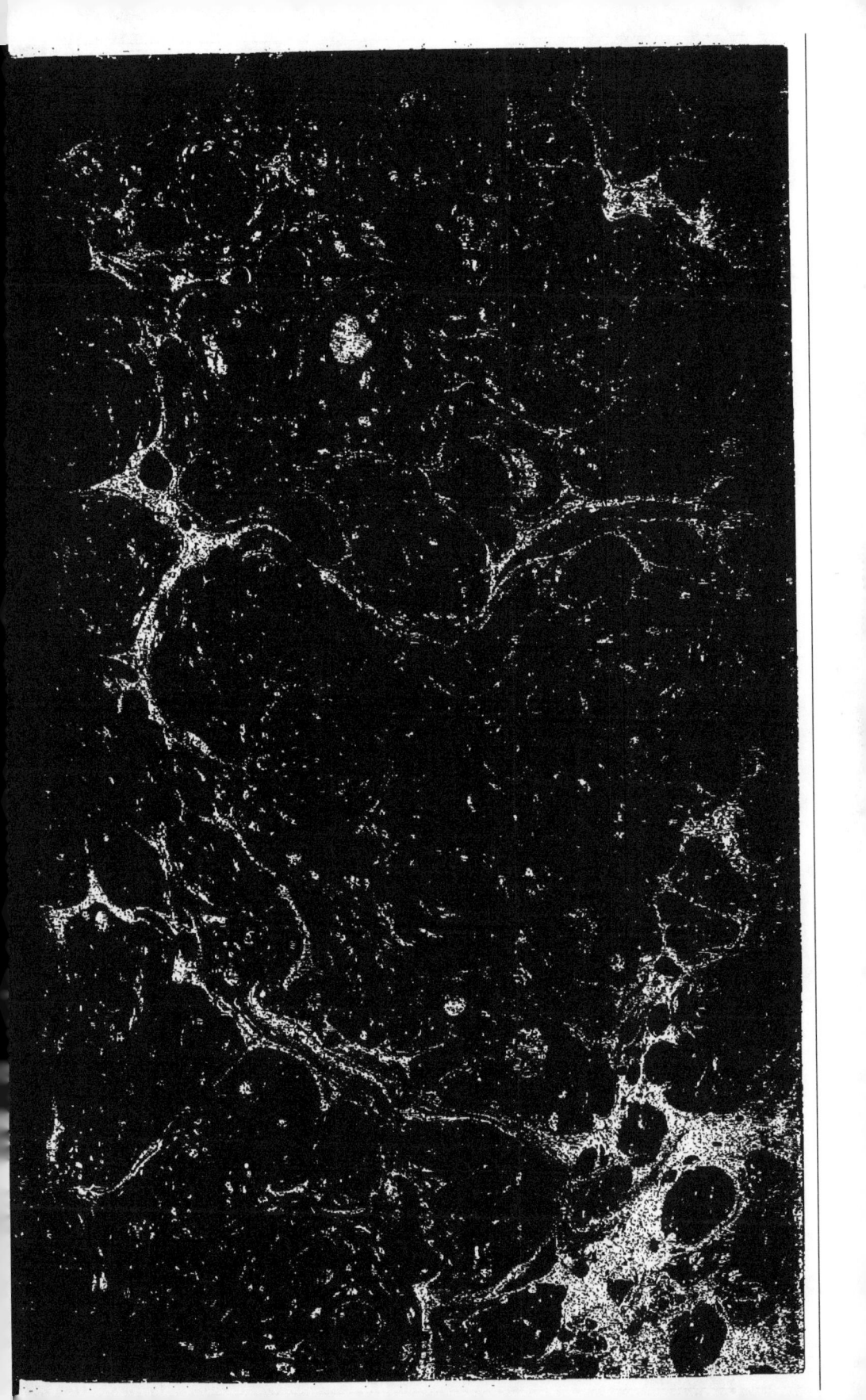

CHIMIE

APPLIQUÉE AUX ARTS.

TOME QUATRIÈME.

OUVRAGES DE M. CHAPTAL,

Qui se trouvent chez le même Libraire.

Élémens de Chimie, 4ᵉ édition. *Paris*, 1803, 3 vol. *in-8°.*
  br.   15 fr.
Essai sur le Perfectionnement des Arts chimiques en France. *Paris*, 1800, *in-8°.* br.   1 fr. 50 c.

Sous presse, pour paroître dans peu.

Art de la Teinture du Coton en rouge, 1 vol. *in-8°.* fig.
Art du Dégraisseur, 1 vol. *in-8°.*
Art de faire le Vin, nouv. édition, entièrement refondue et augmentée de moitié, 1 gros vol. *in-8°.*

CHIMIE

APPLIQUÉE AUX ARTS,

Par M. J. A. CHAPTAL,

Membre et Trésorier du Sénat, Grand-Officier de la
Légion d'Honneur, Membre de l'Institut de France,
Professeur honoraire de l'Ecole de Médecine de
Montpellier, etc. etc. etc.

TOME QUATRIÈME.

DE L'IMPRIMERIE DE CRAPELET.

A PARIS,

Chez DETERVILLE, Libraire, rue Hautefeuille, n° 8,
au coin de celle des Poitevins.

1807.

TABLE GÉNÉRALE

DE LA CHIMIE APPLIQUÉE AUX ARTS.

TOME IV.

CHAPITRE IX.

Des Combinaisons de l'Acide sulfuri-
que,   *Page* 1

IV.   a

CHAPITRE X.

DES COMBINAISONS DE L'ACIDE NITRIQUE,
118

CHAPITRE XIII.

CHAPITRE XIV.

CHAPITRE XV.

CHAPITRE XVI.

CHAPITRE XVII.

CHAPITRE XVIII.

CHAPITRE XIX.

CHAPITRE XXV.

FIN DE LA TABLE.

CHIMIE
APPLIQUÉE AUX ARTS.

CHAPITRE IX.

Des Combinaisons de l'Acide sulfurique.

Aucun acide ne fournit aux arts un aussi
grand nombre de combinaisons salines, que
le sulfurique : il est probable que l'adoption
et le grand usage qu'on fait de ces sels, proviennent de ce que la nature les forme presque tous, et que, par conséquent, elle a dû
les présenter les premiers à l'industrie de
l'homme.

Ces sels ont quelques caractères qui leur
sont propres, et d'après lesquels on peut les
reconnoître.

Ils sont insolubles dans l'alcool, et ce liquide les précipite de leur solution dans
l'eau, en petits cristaux.

La chaleur ne décompose point les sulfates alkalins ; et les sulfates terreux et mé-

talliques exigent un degré de feu violent et long-temps continué, pour que l'acide s'en sépare.

Lorsqu'on les fond avec du charbon, l'acide se décompose.

L'eau de barite, ou la dissolution d'un sel de barite, décompose tous les sulfates, en formant des sulfates de barite qui se précipitent.

La saveur des sulfates est, en général, astringente ou amère.

Un caractère qui paroît appartenir, d'une manière spéciale, aux combinaisons de l'acide sulfurique, c'est celui de laisser précipiter, de leurs dissolutions, une portion de sulfate privé d'eau de cristallisation, lorsque ce liquide est insuffisant pour fournir l'eau de cristallisation à toute la masse : ainsi, lorsqu'on fait évaporer les eaux des salines de la Meurthe, il se forme un dépôt abondant de sulfate de soude dépourvu d'eau de cristallisation, tandis qu'une autre partie de ce sulfate reste en dissolution et cristallise par refroidissement.

On a trouvé, sur différentes parties du globe, en Suède, dans le Tyrol et ailleurs, du sulfate de chaux anhydre ou privé d'eau de cristallisation. M. Haüy l'a observé le premier; Fleuriau l'a décrit, en 1798, dans le Journal de Physique; Bournon et Chenevix, dans le Journal des Mines, et M. Vauquelin en a fait l'analyse.

Il est encore connu que, lorsqu'on rapproche une dissolution de sulfate de fer par évaporation, du moment qu'on a concentré jusqu'au 40 ou 42ᵉ degré au pèse-liqueur de Baumé, la liqueur se trouble, blanchit, et il se forme un dépôt blanchâtre, très-dur, difficile à détacher du fond des chaudières; lequel dépôt n'est que du sulfate de fer, privé d'eau, qui redevient vert lorsqu'on le dissout.

Il paroît donc que, lorsque les dissolutions des sulfates sont rapprochées, à tel point que l'eau de la dissolution ne peut plus fournir toute celle qui est nécessaire pour la formation des cristaux, une partie du sel se détache, se précipite à l'état sec, et la dissolution marque de suite 4 à 6 degrés de moins.

Un autre caractère des sulfates, c'est que presque tous perdent leur eau de cristallisation à une chaleur très-modérée; qu'ils résistent ensuite opiniâtrément à la fusion, et

ne cèdent leur acide que par un feu violent
et long-temps prolongé : de sorte qu'on peut
distinguer deux fusions dans ces sels; l'une
qu'on appellera *aqueuse,* et qui n'est que la
solution du sel dans l'eau de cristallisation,
à l'aide d'une douce chaleur; l'autre qu'on
peut appeler *ignée,* parce qu'elle est due à
la chaleur très-forte qu'on applique au sulfate desséché.

SECTION PREMIÈRE.

Des Combinaisons de l'Acide sulfurique avec la Potasse (Sel de duobus, Tartre vitriolé, Sulfate de potasse).

LE résultat le plus connu de cette combinaison, est le sulfate de potasse, appelé dans
le commerce, *sel de duobus, arcanum du-
plicatum, tartre vitriolé.*

Ce sel n'est employé que dans la médecine; et les pharmaciens le composent en
combinant directement l'acide à l'alkali.
Mais tout celui qu'on trouve chez les dro-
guistes, provient des fabriques d'eau-forte,
et est le résidu de la décomposition des nitrates de potasse par l'acide sulfurique. Ce

sulfate qu'on trouve en masse figée dans la cornue, après la distillation, ne demande qu'à être dissous dans l'eau, et convenablement rapproché pour paroître à l'état de cristaux.

On se borne quelquefois à le couler, lorsqu'il est fondu, en plaques ou tablettes de 4 à 6 lignes d'épaisseur (13,53498 millimètres), et c'est sous cette forme qu'on le trouve le plus communément dans le commerce.

Ce sel a une saveur vive sans être fort désagréable; il se dissout assez facilement dans la bouche, et craque sous la dent.

Ses cristaux ont la forme d'un prisme hexaèdre terminé par des pyramides hexaèdres. Les prismes sont d'autant plus courts qu'on rapproche davantage la dissolution.

Ce sulfate décrépite sur les charbons; il rougit avant de se fondre, et se volatilise à un feu violent, sans se décomposer.

Exposé subitement à la flamme du chalumeau, il décrépite avec bruit, se fond, coule sur le charbon qui sert de support, et laisse, pour résidu, une matière jaune ou rougeâtre qui répand une odeur de gaz hydrogène sulfuré, sur-tout lorsqu'on y verse un acide. On voit que, dans ce cas, l'acide se décompose.

Le sulfate de potasse saturé ne s'altère pas à l'air.

Les principes constituans y sont combinés dans les proportions suivantes :

BERGMANN.	KIRWAN.	THOMSON.	
40	45,2	31,0	acide.
52	54,8	67,6	potasse.
8	0,0	1,4	eau.

M. Berthollet a trouvé que 49,33 d'acide réel étoient nécessaires pour saturer 100 parties de potasse.

La pesanteur spécifique de ce sulfate est :

BRISSON.	HASSENFRATZ.
2,298	2,4073.

Il se résout dans seize fois son poids d'eau à la température de 60 degrés, thermomètre de Fahrenheit. L'eau bouillante en résout entre un quart et un cinquième.

Ce sel peut être décomposé par les sels de barite, les nitrates et muriates de chaux et de strontiane, et par tous les sels métalliques dont la base forme un sel insoluble avec l'acide sulfurique.

Le sulfate de potasse se trouve rarement formé par les opérations de la nature. Cependant, lorsque les végétaux sont imprégnés de pyrites, comme on le voit dans les bois enfouis, et quelquefois dans des amas de plantes qui se putréfient, leur décomposition donnant lieu à la formation de l'acide sulfurique, celui-ci se combine avec la potasse qui est un des principes de ces substances, et forme du sulfate de potasse. Celui qu'on trouve souvent dans le terreau, ne paroît pas avoir d'autre origine. Bowle nous assure avoir observé le sulfate de potasse dans plusieurs terres en Espagne. Je l'ai extrait moi-même par l'analyse des cendres du tabac.

Rouelle le jeune avoit admis une seconde espèce de sulfate avec excès d'acide, cristallisant en longues aiguilles minces, soluble dans deux parties d'eau à la température de 60 degrés Fahrenheit. Mais cette préparation, qui n'est d'aucun usage, n'est qu'un intermédiaire entre le sel parfait et la première ébauche de sa formation.

SECTION II.

Des combinaisons de l'Acide sulfurique
avec la Soude (Sulfate de soude , Sel de
Glauber , Sel admirable).

Le sulfate de soude a une saveur amère
et se dissout aisément dans la bouche.

Il cristallise en octaèdres prismatiques
dont les deux pyramides sont tronquées
près de leur base. La forme la plus ordinaire est celle d'un prisme hexagone ,
aplati , terminé par des pyramides dié-
dres.

Ce sel, mis sur les charbons, y bouillonne
sur-le-champ , sans se gonfler ; il perd son
eau de cristallisation ; et il ne reste qu'une
poudre blanche et opaque qui entre difficilement en fusion et se volatilise à un feu
violent sans se décomposer.

On peut distinguer aisément dans ce sel les
deux sortes de fusion dont nous avons déjà
parlé : la première a lieu lorsqu'on expose
le sel à une chaleur douce ; dans ce cas, la
grande quantité d'eau qu'il contient dissout
le sulfate , et la fusion ne cesse que lors-

qu'elle est complètement dissipée; la seconde, est celle qu'on opère sur le sulfate
dépouillé de son eau de cristallisation, en
employant un degré de feu violent.

Ce sel exposé sur un charbon au dard
du chalumeau, se décompose, de même
que lorsqu'on le tient en fusion dans un
fourneau et en contact avec du charbon.

Ce sulfate, dont les cristaux récens sont
transparens et d'une belle eau, effleurit
à l'air, diminue en poids de moitié, devient opaque, perd sa consistance et n'offre plus qu'une poussière blanche et saline.

Trois parties d'eau, à 60 degrés Fahrenheit, en dissolvent une de ce sel, et l'eau
bouillante en dissout parties égales.

Les principes constituans y sont dans les
proportions suivantes :

BERGMANN.	KIRWAN.
27.....................	23,52 acide.
15.....................	18,48 alkali.
58.....................	58,00 eau.

Lorsque le sel a été bien desséché, Kirwan y a trouvé la proportion de l'acide à l'alkali dans le rapport de 56 à 44.

Sa pesanteur spécifique est à celle de l'eau dans le rapport de 2246 à 1000.

Le sulfate de soude existe naturellement dans beaucoup d'endroits : on le trouve par-tout mêlé au natron ; les eaux de la Méditerranée m'en ont fourni, à-peu-près, la cent cinquante-cinquième partie de leur poids.

Rien de plus ordinaire que de trouver ce sel dans les eaux minérales.

Ce sel accompagne le natron par-tout où celui-ci se trouve produit; et, si nous faisons attention que le soufre est presqu'inséparable de la soude, puisqu'il suffit d'humecter une *pierre de soude* pour y développer une odeur très-forte d'hydrogène sulfuré ; si, d'un autre côté, nous réfléchissons que les cendres de quelques plantes croissant sur le bord de la mer fournissent beaucoup de ce sulfate, nous serons moins surpris de l'existence simultanée de ces deux sels dans les mêmes lieux.

Tout le sulfate de soude répandu dans le commerce provient :

1°. Des eaux salées, soit de la mer soit des mines de sel.

2°. De la lessive des cendres du tamarisc.

3°. Des fabriques d'esprit-de-sel ou acide muriatique.

1°. Les eaux-mères des salines sont un composé de muriates terreux déliquescens, de sulfate de soude et de sulfate de magnésie.

On peut facilement extraire ces deux derniers sels par cristallisation.

Les marais salans des environs de Narbonne ont fourni, pendant long-temps, à tout le midi de la France, le sulfate qui y étoit employé; les salines de la Touraine, du Jura et du Mont-Blanc en donnent aussi beaucoup.

2°. Les cendres du *tamarisc gallica* qui croît sur les bords de la Méditerranée, alimentent plusieurs établissemens, dans lesquels on se borne à les lessiver pour en extraire le sulfate.

On coupe cette plante à la fin de l'été pour la brûler, et on en lessive les cendres par les procédés connus.

3°. Comme les terres bolaires décomposent très-imparfaitement le muriate de soude,

on emploie, de préférence, l'acide sulfurique. Le résidu est une masse de sulfate
de soude très-sec, qui n'a besoin que d'être
dissous dans l'eau bouillante pour fournir,
par le refroidissement, beaucoup de cristaux de sulfate.

Ce sel demande à être gardé dans des
vases bien bouchés, pour qu'il conserve son
eau de cristallisation.

Il est sur-tout employé, dans la médecine, comme purgatif : on le donne, presque
toujours, en boisson, et on le fait entrer
dans les infusions et décoctions qu'on fait
prendre comme remèdes.

On imite la forme du sel d'Epsom (sulfate
de magnésie) en précipitant le sulfate de
soude, de sa solution dans l'eau, au moment qu'il cristallise par refroidissement :
il suffit, pour cela, de faire présenter
une grande surface à la dissolution et de
l'agiter avec un balai, ou par tout autre
moyen, lorsque les cristaux commencent
à se former : alors ils se déposent dans
le fond du vase, et prennent un caractère soyeux. Ce sel, à cristallisation trou-
blée, est connu, sur plusieurs points de la
France, sous le nom de *sel d'epsom* de Paris,

parce que c'est dans cette ville qu'on l'a fabriqué, presque exclusivement, pendant long-temps.

Les eaux-mères des salines, traitées de la même manière, donnent un sel mélangé de sulfates de soude et de magnésie : quelquefois même le sulfate de magnésie prédomine.

Le sulfate de soude est décomposé par la potasse et par presque tous les corps qui décomposent le sulfate de potasse.

Ce sel est connu dans le commerce sous le nom de *sel de Glauber*, *sel admirable*, etc.

SECTION III.

Des combinaisons de l'Acide sulfurique avec la Chaux (Sulfate de chaux, Sélénite, Plâtre, Pierre à plâtre).

Ce sulfate porte encore le nom de *pierre à plâtre* dans les arts, et de *sélénite* dans l'ancienne chimie. On lui donne le nom de *plâtre* ou de *gypse* lorsqu'il est calciné et prêt à être employé.

Le sulfate de chaux se reconnoît aux propriétés suivantes :

1°. Il a peu de dureté et ne fait pas feu sous l'acier.

2°. Il perd aisément son eau de cristallisation et devient opaque, pulvérulent, friable et d'un blanc mat.

3°. Il est si peu soluble dans l'eau, qu'il faut au moins cinq cents parties de ce liquide, pour en dissoudre une.

4°. Il se vitrifie au miroir ardent et au feu de porcelaine, et forme un verre transparent. Le tranchant de ses lames, présenté au chalumeau, se fond en un instant. Il est soluble avec effervescence dans le borax.

5°. Le sulfate de chaux, privé de son eau de cristallisation par la calcination, s'échauffe avec l'eau et durcit en peu de temps.

6°. Il ne fait pas effervescence avec les acides.

7°. Les alkalis fixes en précipitent la chaux en partie.

8°. Sa pesanteur spécifique comparée à celle de l'eau pure est de 23 à 10. Le pied cube (34,27726 décim. cubes) pèse à-peu-près 161 livres (78,81111 kilogrammes).

La nature nous présente le sulfate de chaux, par masses ou couches considérables, sur des points nombreux de notre globe;

et c'est , dans cet état , qu'on l'appelle *pierre à plâtre* , *carrière de plâtre* , parce qu'on exploite ces couches pour en extraire cette matière si précieuse aux arts.

Le plus souvent , lorsque le sulfate est en masses et qu'il forme des carrières , on n'y distingue aucune forme régulière ; et les fragmens qu'on en détache n'offrent qu'une cassure grenue. Mais , quelquefois aussi , le tissu en est lamelleux ; et alors il est demi-transparent. C'est , dans ce dernier cas , un assemblage confus de cristaux mal prononcés.

Il présente quelquefois une réunion de filamens très-déliés , qui forment des couches plus ou moins épaisses : on l'appelle *gypse soyeux* ou *strié* , par rapport à sa forme. La Chine en avoit fourni de beaux échantillons à nos cabinets , jusqu'à ce que nos progrès en histoire naturelle nous l'ont offert dans plusieurs lieux de la France : la ville du Puy-en-Velay (département de la Haute-Loire) est bâtie sur une couche de cette pierre ; j'en ai trouvé moi-même abondamment près de Bédarieux (département de l'Hérault) , et on en a découvert encore à Berzé-la-Ville auprès de Mâcon.

L'eau qui lave les couches de gypse, entraîne et dissout une foible partie de ce sel,
qu'elle dépose, par petites couches, sur le
sol qu'elle parcourt, ou sur les parois des
rochers qu'elle mouille ; et il en résulte, ou
de la *farine fossile*, lorsque les molécules
déposées n'ont pas de consistance ; ou de
légères aiguilles de sélénite, lorsque le sel
peu soluble peut se déposer tranquillement
par le seul repos du liquide ou par sa dessiccation ; ou des stalactites, lorsque l'eau qui
en est chargée coule lentement sur des surfaces dures, ou tombe par gouttes d'une
certaine hauteur.

Le gypse se présente très-souvent sous
des formes régulières : la forme primitive
est celle d'un prisme droit quadrangulaire,
dont les bases sont des parallélogrammes
obliquangles, ayant leurs angles de 113
degrés 7' 46", et 66 degrés 52' 12".

La modification la plus ordinaire de cette
forme primitive, est celle d'un prisme
hexaèdre, rhomboïdal et aplati, terminé
par des sommets dièdres.

La nature nous présente le sulfate de
chaux sous des couleurs infiniment variées.

Il est quelquefois d'un blanc mat parfait,

et assez fréquemment d'un blanc bien pur; alors la cassure offre par-tout de petits points très-brillans sur une surface grenue : ces qualités sont les plus estimées.

Il existe des carrières où la pierre à plâtre est d'un gris cendré : elle donne, en général, par la calcination, une bonne qualité de plâtre pour les constructions; mais les sculpteurs et les modeleurs le rejettent, par rapport au sombre de la couleur.

Assez souvent la pierre à plâtre est d'un rouge plus ou moins vif; ce qui lui donne des nuances qui s'étendent depuis le rose pâle jusqu'au rouge foncé : cette couleur est due à quelques atomes d'oxide de fer; elle s'observe sur-tout dans les couches de plâtre qui sont peu épaisses, et qui, formées dans des marnes pyriteuses, se trouvent mêlées naturellement à des sulfates de fer que les eaux entraînent et qui se décomposent. Ce plâtre reste toujours coloré après la cuisson; on peut l'employer comme ciment, mais sa couleur ne permet pas de s'en servir pour former des ornemens ou tout autre ouvrage dont la blancheur est un des caractères.

J'ai observé de la pierre à plâtre noirâtre

IV.   2

sous la fontaine de Pétrole de Gabian. Ce
plâtre présente des blocs, presqu'isolés de
la montagne, qui ont plusieurs pieds de diamètre, et dont l'intérieur offre le coup-d'œil
admirable d'une aggrégation confuse de cristaux soyeux noircis par le bitume de Pétrole; il blanchit par la cuisson, sans qu'on
puisse pourtant l'emmener à ce haut degré
de blancheur qu'on exige dans cette pierre,
lorsqu'elle est calcinée.

On trouve assez souvent des cristaux dans
les carrières de pierre à plâtre : celles de
Montmartre, près Paris, en ont offert une si
grande quantité, qu'on en a enrichi tous les
cabinets d'histoire naturelle de l'Europe; ils
y sont si abondans, qu'on en cuit une grande
partie pour se procurer un plâtre pur et d'un
beau blanc, avec lequel on exécute des ouvrages délicats.

Mais, quelque facilité qu'ait le sulfate à
cristalliser, les circonstances qui sont nécessaires pour produire des formes bien régulières, se trouvent rarement réunies, et
la plupart des carrières de plâtre ne présentent que de foibles indices de cristallisation.

Pour obtenir des cristaux, il faudroit une
dissolution préalable du sel, un repos pres-

qu'absolu dans la liqueur, une pureté presque parfaite dans les élémens du sulfate, une
évaporation lente ; et, comme toutes ces conditions se rencontrent rarement, on trouve
peu de carrières où les cristaux de sulfate
soient nombreux et réguliers. Seulement on
en observe, de temps en temps, dans les vides
ou cavités qui existent dans la roche, et sur
les bords de ces crevasses par où les eaux
séléniteuses se précipitent dans les souterrains.

On trouve encore des cristaux de gypse
dans les argiles marneuses, où la pyrite a
éprouvé une décomposition ; car les petits
cristaux de sulfate de chaux qui ont dû se
former çà et là dans une pâte molle, se rapprochent par leur force d'affinité, et acquièrent peu à peu un volume considérable.
On peut suivre cette formation, presqu'à
l'œil, dans les marnes pyriteuses des environs de Montpellier, sur - tout entre Fon-
caude et Lamousson.

Les cristaux de plâtre jouissent tous d'une
demi-transparence vitreuse. Leur couleur
tourne au jaune.

Leur ressemblance grossière avec les feuilles de talc qui servent, chez quelques peu-

ples, à former des carreaux pour les lanter-
nes et les fenêtres, a fait confondre ces deux
pierres par les premiers naturalistes, et on
leur a donné les noms communs de *glacies
Mariœ, vitrum ruthenicum, miroir d'â-
ne,* etc.

Depuis les travaux de Margraaf, il n'existe
plus de doute sur la nature des principes
constituans de la pierre à plâtre : on décompose et l'on produit à volonté la pierre à
plâtre ; et toutes les opérations prouvent
qu'elle est formée de chaux et d'acide sulfurique. Ces deux principes y sont, selon
Bergmann, dans les proportions suivantes :

46 acide.

32 chaux.

22 eau.

M. Kirwan en a déterminé les proportions dans trois états de calcination.

Chauffé,

1°. Au 170e degré de Wedgwood.	2°. Au rouge.	3°. Au blanc.
50,39	55,84	59 acide.
35,23	38,81	41 chaux.
14,38	5,35	0 eau.

M. Chenevix, après l'avoir fortement

chauffé dans un creuset de platine, a trouvé 57 acide, 43 chaux.

Mais rarement le plâtre est exempt du mélange d'autres sels. Rouelle, le jeune, avoit observé qu'il effleurissoit des cristaux de sulfate de magnésie sur le plâtre nouvellement employé. Cette efflorescence est beaucoup plus abondante dans les plâtres du midi ; elle est telle que la surface en est bientôt couverte, sur-tout dans les lieux humides, et qu'on ne peut pas les employer en plein air, attendu que la pluie les dissout en très-peu de temps. L'analyse m'a démontré l'existence du sulfate de fer, du sulfate de soude et du sulfate de magnésie dans le plâtre dont on se sert dans le midi de la France.

Le plâtre est très-employé dans les arts : il fait la matière première du stucateur, du modeleur, du décorateur, du mouleur; et c'est, par une préparation presqu'uniforme, qu'on le rend propre à tous ces usages; c'est toujours par la cuisson de la pierre à plâtre, qu'on l'y dispose : mais les procédés par lesquels on opère la cuisson, varient dans les divers pays.

1°. Dans plusieurs endroits, on réduit la pierre en poudre, et on la met dans un

chaudron sous lequel on entretient le feu :
ce bain de poussière s'agite par un mouvement d'ébullition très-analogue à celui d'un
liquide. On remue doucement la masse pendant tout le temps que dure cette sorte d'é-
bullition. Au bout de quelque temps, elle
s'affaisse, et c'est alors qu'on arrête le feu ;
car il est évident que ce mouvement n'est
entretenu que par l'évaporation de l'eau
qui s'échappe, et que, du moment qu'il
cesse, la pierre est convenablement calcinée.

Ce procédé a l'avantage de cuire le plâtre d'une manière bien égale; mais il est
moins économique par rapport à l'opération du broyement préparatoire, et à l'im-
possibilité d'en cuire une grande quantité à
la fois.

2°. Dans presque toutes les carrières à
plâtre qu'on exploite en France, on brise
la pierre en morceaux, avec lesquels on
construit à sec des voûtes sous des hangards;
on allume du feu sous ces voûtes, et on l'entretient jusqu'à ce que les pierres commencent à rougir : alors, on retire le feu, on fait
crouler la voûte, et on broie la pierre calcinée avec des battes ordinaires. C'est sous

cette dernière forme d'une poudre blanche, quelquefois grise, qu'on fait circuler le plâtre dans le commerce.

Les pierres qui se refusent au broyement, sont mises de côté pour être calcinées une seconde fois.

Ce procédé, aussi simple qu'économique, est généralement employé lorsqu'on destine le plâtre à des usages communs et grossiers; mais, comme il est difficile de donner, par ce moyen, le même degré de cuisson à tous les fragmens, eu égard à leur inégalité de volume et à la place qu'ils occupent dans le fourneau, on a recours au procédé suivant, dès qu'il s'agit de faire servir le plâtre à des ouvrages délicats.

3°. On chauffe, jusqu'au rouge, un four pareil à celui des boulangers; on en retire le feu, et on y jette la pierre à plâtre, cassée en morceaux gros comme des noix; on ferme alors le four qu'on lute avec soin, et on laisse tomber la chaleur avant d'en extraire le plâtre.

Lorsqu'on peut employer des cristaux, dans cette opération, on leur donne la préférence comme étant plus purs et plus faciles à cuire.

Pour juger des changemens qu'éprouve le
sulfate de chaux, par la calcination, il suffit
de prendre une lame de cristal de plâtre, et
de la placer sur un charbon ou sur un corps
chaud quelconque : la couleur demi-transparente, devient terne et blanche ; les lames
se séparent ; le tissu s'exfolie ; il se dégage
de l'eau en vapeur ; et, lorsque l'évaporation de l'eau est terminée, l'échantillon est
friable sous la main, et se réduit en poussière.

Mais, quel que soit le procédé de cuisson,
le but qu'on doit atteindre est toujours le
même : il s'agit d'extraire et de chasser toute
l'eau de cristallisation, et de rendre, par là,
le sulfate de chaux, plus blanc, opaque, pulvérulent et avide de se ressaisir de l'eau dont
on l'a privé.

Si la cuisson est imparfaite, la pierre à
plâtre conserve partie de sa solidité ; elle ne
se divise point convenablement dans l'eau ;
elle forme une pâte, dure, peu liée, et qui se
refuse à prendre les formes que l'artiste veut
lui donner. Cette pâte prend peu de dureté
avec le temps, et la surface des ouvrages
qu'on exécute n'a jamais ce poli glacé qu'on
peut donner au plâtre bien cuit.

Si, au contraire, la calcination est poussée trop loin, le plâtre se divise dans l'eau, et refuse de faire corps : la pâte n'a plus ce *liant*, ce *corps*, ce *nerf*, que les artistes recherchent dans cette matière.

Le plâtre bien fait boit l'eau avec avidité et chaleur sensible; et, lorsqu'on ne lui en donne que la quantité nécessaire, la pâte se dessèche et prend une dureté assez forte, sans toutefois recouvrer sa transparence primitive ou l'aspect brillant de la pierre à plâtre.

La faculté qu'a le plâtre de s'imbiber d'eau, et de former, dans cet état, une pâte très-maniable, susceptible de prendre toutes sortes de formes, et d'acquérir, bientôt après, une dureté convenable, a permis aux artistes d'en former des statues et des ornemens, d'en couler des moules et des figures, de prendre toutes sortes d'empreintes, d'élever des murs par encaissement, de le faire servir de ciment pour lier des pierres, des métaux, des bois, etc.

Mais, non-seulement on s'est occupé de travailler le plâtre avec élégance, et d'en former les principaux ornemens de nos demeures, mais on est parvenu à en faire l'excipient de plusieurs couleurs, à lui donner plus d'éclat, et à le rendre susceptible d'un plus beau poli, en le gâchant avec une dissolution de gomme, de colle de poisson ou de colle de Flandres.

C'est de ce procédé qu'est né l'art du stucateur : nous trouvons les premiers rudimens de cet art dans Kunckel qui nous a laissé plusieurs procédés pour teindre le plâtre, en employant, pour le gâcher, des liquides colorés avec le santal rouge, le bois de brésil, le safran, etc., et en se servant de colle de poisson pour lier le tout et lui donner plus de brillant.

Depuis Kunckel, l'art du stucateur a fait des progrès étonnans : on exécute les ouvrages les plus considérables en stuc ; on leur donne le poli graisseux du beau marbre, et cette richesse de belles couleurs qui paroissoient réservées à la peinture à fresque.

Le stucateur qui ne veut employer qu'un plâtre pur et bien cuit, choisit lui-même la nature de la pierre qui lui convient ; il la brise en petits fragmens d'un égal volume, et les cuit dans un four, par le procédé que nous avons déjà décrit ; il arrête le feu, dès qu'il apperçoit que les morceaux les plus gros ne laissent plus entrevoir, dans le milieu, aucun point brillant, et que toute la masse a une couleur égale et opaque.

Le stucateur passe son plâtre à un tamis très-fin; il le détrempe, dès qu'il veut l'employer, avec une dissolution de colle de Flandres; et c'est dans cette dissolution qu'il délaie les couleurs dont il veut peindre le stuc : mais, lorsqu'il veut varier les couleurs sur le même ouvrage, et y exécuter des dessins, il prépare chaque nuance séparément, les mêle pour les nuancer et les combiner, à-peu-près comme le peintre mélange sur sa palette les couleurs primitives dont il a besoin pour composer toutes les teintes.

Pour donner à son ouvrage le beau poli glacé qu'ont les ouvrages en stuc, on frotte l'ouvrage, d'une main, avec une pierre ponce, tandis que, de l'autre, on nettoie la surface avec une éponge mouillée. On frotte après, avec le tripoli, le charbon et des linges mous; on passe encore de l'huile et du tripoli, en y promenant le mélange à l'aide d'un morceau de chapeau, et on termine le travail par l'huile seule.

Toutes les observations des naturalistes s'accordent pour prouver que le plâtre n'est pas d'une origine très-ancienne.

Nous en trouvons des couches immédiatement sur les terres calcaires ; elles se présentent encore près des montages de schiste secondaire ; et je ne connois aucun fait constaté qui en établisse l'existence sous le grànit ou au-dessous de toute autre roche primitive.

Il paroît, d'après la position des couches de plâtre ; 1°. que leur formation est même postérieure à celle des montagnes calcaires et de schiste secondaire ; 2°. que leur formation n'a eu lieu que dans les endroits dont le terrein pyriteux a souffert une décomposition.

Le premier de ces faits s'établit sur la situation des couches elles-mêmes, puisqu'elles ne s'observent qu'au-dessus des montagnes dont nous venons de parler,

Le second , reçoit sa confirmation de l'examen des lieux où ces carrières se trouvent situées, et de la nature des terreins où l'on voit encore se former des cristaux de sulfate de chaux.

Une observation qui n'a point échappé

à quelques naturalistes , c'est que les carrières de plâtre nous présentent beaucoup
d'ossemens d'animaux terrestres ou flu-
viatiles , et pas une dépouille d'animaux
marins. La conséquence la plus raisonnable
qu'on puisse tirer de ce fait, c'est que les
couches de plâtre ne sont que des dépôts
formés dans d'immenses lacs, qui paroissent
avoir été nombreux sur ce globe avant que
les travaux de la civilisation ou des événe-
mens extraordinaires, tels que des secousses, des éruptions volcaniques, des inondations, les aient fait couler. C'est, pour le
dire en passant, à l'existence de ces lacs,
sources fécondes et inépuisables, que les
grands fleuves primitifs, dont les lits qui existent encore attestent l'immensité, devoient
leur origine. On peut voir de nouveaux déve-
loppemens, et l'application de ces idées à la
formation des carrières de plâtre de Montmartre, près Paris, dans le tom. 19, Journ. de
Phys. page 4, mars 1782 ; par Lamanon.

On ne pourra concevoir la formation
d'une assez grande quantité de sulfate, pour
former des carrières de plâtre, qu'en remon-
tant à ces premiers temps où le globe étoit
couvert de masses de pyrites : cet état primitif

de notre globe paroît prouvé par l'existence
des nombreux volcans qui sont éteints, par les
couches d'ocre qu'on trouve fréquemment,
et par les veines de pyrites et les argiles sulfureuses qui restent encore intactes. La décomposition de ces sulfures donne lieu à la
formation des sulfates de fer, de chaux,
d'alumine, de magnésie, selon la nature du
mélange terreux et métallique dans lequel
le soufre est en combinaison. Nous sommes
journellement témoins de ce phénomène,
lorsqu'on observe la décomposition ou le
jeu des argiles marneuses : car on y apperçoit une quantité prodigieuse de petits cristaux de sulfate de chaux qui parviennent à
acquérir un volume assez considérable, lorsque la mollesse de l'argile en permet le rapprochement et la réunion.

D'après ce qui vient d'être dit, on con-
çoit que, si la masse de pyrite est considérable, si le sulfate est entraîné par les eaux,
à mesure qu'il se forme, si ces eaux, dans
lesquelles il est peu soluble, le déposent, il
peut en résulter des couches plus ou moins
considérables, selon l'importance très-variable des causes productrices; et je n'en
trouve de conformes à la grandeur de l'effet,

que dans l'existence de vastes lacs qui ont
reçu, dans leur sein, le produit de la décomposition des pyrites, et l'ont déposé sur des
points marqués, comme les eaux de la mer
déposent et amoncèlent les débris de la partie osseuse des animaux marins, pour former les montagnes calcaires.

L'existence de ces pyrites, dont l'origine
paroît remonter à une époque voisine de
celle où la terre a commencé à être habitée,
puisque nous n'en trouvons point dans le
noyau primitif, a porté sur le globe une nouvelle vie : sans elles, les substances salines
les plus abondantes, nous seroient incon-
nues; sans elles nous n'eussions jamais été
témoins de ces métamorphoses, de ces dé-
compositions, de ces compositions, qui ont
renouvelé la surface de notre planète, et
l'ont ébranlée jusque dans ses fondemens,
par le feu terrible des volcans qui lui doivent leur formation. Tous les points de la
surface immense de la terre, sont empreints
des traces récentes ou anciennes de la décomposition des pyrites : les sulfates, les ocres,
les débris volcaniques, les eaux chaudes, ne
nous permettent pas d'en douter; et cette
cause active, qui paroît néanmoins s'affoi-

blir chaque jour, est encore aujourd'hui l'agent le plus puissant des changemens qu'éprouvent, sous nos yeux, les substances minérales (1).

On a observé, en divers temps, le passage du gypse à l'état de silex et de calcédoine. M. Carozy, directeur des mines de Pologne, a publié des observations à ce sujet, en 1783; M. Macquart a vérifié les faits avancés par le minéralogiste du nord, et a consigné son opinion dans un recueil de mémoires de minéralogie, après un voyage fait au nord; et M. Monnet a décrit, en 1785, dans les Journaux de physique, le passage du gypse à l'état de silex, dans les carrières de Ménil-Montant : on a conclu de ces faits à la transformation des substances; mais la saine chimie n'admet point cette doctrine erronée, et elle ne voit, dans ces changemens, qu'un transport de silice, un déplacement de sulfate de chaux, une substitution d'un corps à la place d'un autre, phénomènes qui ne sont pas rares en chimie ni en histoire naturelle.

---

(1) Je ne prétends pas restreindre la formation du plâtre à la seule décomposition des pyrites, mais je la regarde comme la cause la plus puissante et la plus générale.

SECTION IV.

Des Combinaisons de l'Acide sulfurique avec la Magnésie (Sulfate de magnésie, Sel d'Epsom , Sel cathartique amer, Sel de Sedlitz).

LE sulfate de magnésie a reçu des dénominations qui sont toutes déduites, ou du nom des sources d'où on tire ce sel, ou des caractères qui le distinguent, ou des usages auxquels on l'emploie : delà les dénominations de *sel d'Epsom* , *sel de Sedlitz*, *sel amer*, *sel cathartique amer.*

Le sulfate de magnésie a une saveur très-amère.

Sa forme primitive est celle d'un prisme droit tétraèdre dont les bases sont des carrés.

On le trouve en petits cristaux dans le commerce; et c'est pour imiter cette forme, qu'on trouble la cristallisation du sulfate de soude, dont on vend ensuite les cristaux soyeux sous le nom impropre de *sel d'Epsom.*

Il est facile de distinguer ce dernier sulfate du vrai sulfate de magnésie, puisqu'il effleurit et ne donne pas de magnésie.

IV.   3

On vend encore, dans le commerce, comme sel d'Epsom, un mélange des deux sulfates et de beaucoup de muriates terreux, qu'on retire des eaux-mères des fontaines salées de la Lorraine et de la Franche-Comté, de même que de nos marais salans du Midi.

L'eau dissout poids égal de sulfate de magnésie, à la température de 60 deg. de Fahr.

Ce sel se liquéfie au feu, et perd moitié de son poids par la calcination; le résidu exige un violent coup de feu pour être porté à la fusion: ce qui annonce, comme dans le sulfate de soude, et autres sels du même genre, deux espèces de fusions.

Il est composé comme il suit :

En cristaux.   Desséché.
    29,35........ 63,32 acide.
    17,00....... 36,68 magnésie.
    53,65....... o   eau.

Il existe peu d'eaux qui ne contiennent du sulfate de magnésie: mais quelques eaux minérales le fournissent en assez grande quantité pour en permettre l'extraction. C'est sur-tout des fontaines d'Égra, d'Epsom, de Sedlitz, de Seydchutz, qu'on a retiré le plus pur. Les eaux de la mer et celles des salines en donnent aussi plus ou moins : il est toujours mêlé au sulfate de soude.

Comme la magnésie est un des principes terreux les plus communs, la décomposition des schistes pyriteux donne lieu à la formation du sulfate de magnésie. Quelquefois même, la magnésie domine tellement parmi les élémens terreux de ces schistes pyriteux, que l'efflorescence n'est presque que du sulfate de magnésie. J'en ai vu un exemple dans le Rouergue (département de l'Aveyron), près du village de Saint-Michel, à deux lieues de Saint-Sernin, où il existe une montagne de schiste dont la vitriolisation ne produit que ce sel.

M. Tingry a fait des observations semblables sur quelques montagnes près de Genève ; il a même enseigné aux paysans l'art de lessiver les efflorescences, et d'en extraire le sel pour en précipiter ensuite la magnésie.

J'ai vu, à mon grand étonnement, les pigeons sauvages, et autres oiseaux de passage, s'abattre sur la montagne du Rouergue dont je viens de parler, en dévorer le sel, et reprendre leur course, après y avoir séjourné quelque temps.

Le sulfate de magnésie a peu d'usages dans les arts : mais la magnésie est très-employée dans la médecine ; on la précipite de la dissolution du sulfate par le moyen des carbonates d'alkali.

M. Fourcroy a examiné avec soin tous les phénomènes que nous présente la décomposition de ce sel par les carbonates alkalins, et il résulte des travaux de ce chimiste :

1°. Que le carbonate de potasse décompose à froid le sulfate de magnésie.

2°. Que le carbonate de magnésie reste en dissolution dans la liqueur froide, à l'aide d'un excès d'acide carbonique qui est fourni par le carbonate de potasse, lequel en contient plus qu'il n'en faut pour saturer la magnésie précipitée.

3°. Que la chaleur, capable de dégager l'acide carbonique qui est dissous dans l'eau, précipite, par cela même, le carbonate de magnésie.

4°. Que, pour précipiter la magnésie à froid, il faut employer la potasse pure.

5°. Que parties égales de carbonate de potasse sont plus que suffisantes pour décomposer le sulfate de magnésie ; et que

125 parties de sulfate de magnésie et 100 de carbonate de potasse donnent, après l'ébullition, 45 de carbonate de magnésie pur.

6°. Que, pour décomposer 125 parties de sulfate de magnésie, il faut 136 de carbonate de soude.

7°. Qu'une dissolution de 100 parties carbonate de soude, mêlée à une dissolution de 125 sulfate de magnésie, à une température de 12 degrés, laisse précipiter de suite 0,11 de carbonate de magnésie.

8°. Que le carbonate d'ammoniaque ne précipite point la magnésie.

9°. Que si on chauffe au 30e degré la dissolution de sulfate de magnésie, dans laquelle on a versé de l'ammoniaque, elle se trouble en faisant une vive effervescence; mais que si on porte à l'ébullition, le précipité se redissout; et qu'alors, en l'évaporant au quart de son volume, elle donne par le refroidissement un sel triple, composé de magnésie, d'ammoniaque et d'acide sulfurique.

10°. Que si on chauffe lentement, jusqu'au 60e degré, le mélange de 125 grains (66,39575 décigrammes) sulfate de magnésie et 100 grains (53,11500 décigrammes carbonate d'ammoniaque dissous dans le moins d'eau possible, on retire 45 grains (23,90375 décigrammes) carbonate de magnésie.

11°. Que si on laisse la dissolution à l'air sans la chauffer, le carbonate de magnésie se dépose sous une forme très-régulière.

Les cristaux de carbonate de magnésie sont brillans et transparens; la saveur, presque nulle, terreuse et fade.

Ce carbonate décrépite légèrement sur les charbons; il se réduit en poudre sans se fondre, et perd 0,75 de son poids. Il effleurit à l'air et devient blanc et opaque.

Une once (0,30594 hectogrammes) d'eau, à 10 degrés, en dissout 12 grains (6,37380 décigrammes); il cristallise en prismes à six faces rhomboïdales.

On dépouille le carbonate de son acide par la calcination, et il en résulte alors la *magnésie calcinée*.

SECTION V.

Des Combinaisons de l'Acide sulfurique avec l'Alumine et la Potasse (Sulfate d'alumine potassé, Alun).

L'ACIDE sulfurique dissout l'alumine ; et on avoit cru, jusqu'à ces derniers temps, que l'alun n'étoit pas autre chose que ce sulfate.

Ce sulfate d'alumine cristallise en lames minces, brillantes et molles. Il a une saveur astringente, il est très-soluble dans l'eau ; la chaleur le prive de son eau de cristallisation, et le réduit en poussière ; une plus forte chaleur le décompose en volatilisant l'acide ; il ne s'altère pas à l'air.

Selon Bergmann, il contient parties égales d'acide et d'alumine.

Margraaf avoit déjà observé, 1°. que les simples combinaisons de l'alumine précipitée de l'alun par les alkalis, avec l'acide sulfurique, ne formoient jamais que des cristaux sans consistance ; 2°. que les argiles calcinées, traitées de même, donnoient des cristaux de même nature ; 5°. que l'addition d'un alkali étoit indispensable pour former l'alun; 4°. que la terre de l'alun est une terre *sui generis*, et non pas une craie, comme Stahl, Neumann et Pott l'avoient cru.

L'alun n'est donc pas un simple sulfate d'alumine, mais un sel triple, composé d'acide sulfurique, d'alumine et de potasse: c'est un *sulfate d'alumine potassé*.

L'alun a une saveur stiptique.

Il jouit d'une demi-transparence.

Il bouillonne, se boursoufle sur les charbons, et laisse un résidu blanc, sec, friable, boursouflé, opaque.

Il rougit constamment les teintures bleues végétales.

Sa pesanteur spécifique est de 1,7109 par rapport à celle de l'eau supposée de 10,000.

A la température de 60 degrés de Fahrenheit, l'eau en dissout le quinzième de son poids. Il ne faut que 75 parties d'eau bouillante pour en dissoudre 100 d'alun.

La forme la plus constante de l'alun est celle d'un octaèdre formé par deux pyramides tétraèdres, adossées base à base.

L'analyse a fait voir à M. Vauquelin que 100 parties d'alun contenoient :

> 49 sulfate d'alumine.
>
> 7 sulfate de potasse.
>
> 44 eau.

L'alun est, de toutes les compositions salines, celle qui est la plus employée : non-seulement, il forme le mordant de presque toutes les couleurs; mais on en a étendu les usages à beaucoup d'autres opérations ; et, sous tous ces rapports, nous devons nous en occuper avec le plus grand soin.

Pour mettre plus d'ordre dans cette matière, nous la diviserons en deux articles: dans le premier, nous parlerons de l'*alun de mine;* dans le second, nous traiterons de l'*alun de fabrique.*

ARTICLE PREMIER.

De l'Alun de mine.

Nous appelons de ce nom l'alun qu'on retire des mines, non qu'il soit d'une nature particulière et différente, mais parce que la manière de traiter le minerai et

d'extraire ce sel forme une suite d'opérations intéressantes, et que presque tout
l'alun du commerce provient de cette origine.

Bergmann établit deux sortes de mines
d'alun, 1°. celles dans lesquelles il est tout
formé; 2°. celles qui n'en contiennent que
les principes ou les élémens.

La mine de la Tolfa, près de Civita-Vec-
chia, est de la première espèce.

Bergmann assure que l'alun y existe tout
formé.

A la Solfatare, près de Pouzzol, la lave
effleurit chaque jour et forme de l'alun.
Bergmann en a retiré 8,00 alun et 4,00
argile pure : le reste est du silex.

Il paroît que les mines d'alun de Piom-
bino sont de nature à-peu-près semblable.

A Saint-Aubin, près Cransac, dans le
département de l'Aveyron, il existe une
mine d'alun abondante où ce sel est tout
formé.

On trouve encore fréquemment des
efflorescences d'alun sur presque tous les
schistes secondaires qui sont en décomposition.

Il est évident que cet alun natif et celui

qu'on forme en traitant convenablement
les minerais schisteux, ont la même origine.
Dans le premier cas, la décomposition s'est
faite, pour ainsi dire, d'elle-même, et
l'alun s'est formé; tandis que, dans le second, on prend le minerai brut, on le
travaille, et on fait ce qui s'est opéré spon-
tanément dans le premier.

On peut donc, et on doit même confondre en une seule les deux espèces de
mines d'alun que Bergmann avoit cru devoir distinguer.

Par-tout où se trouve un mélange naturel d'alumine, de fer et de soufre, existent les premiers élémens de deux sulfates
qui sont presqu'inséparables; et nous pouvons regarder, comme mines d'*alun*, ces
masses énormes de schistes secondaires qui
forment une grande partie de notre globe.
Ces schistes sont quelquefois imprégnés de
bitume ou de houille, et il est permis de
ranger, parmi les mines d'alun, presque
tous les schistes de cette nature.

Les principes constituans des schistes
alumineux sont à-peu-près les mêmes par-
tout : bitume, alumine, silice, chaux,

magnésie, fer et soufre. Ils ne diffèrent que par les proportions.

Le fer y est constamment uni au soufre; et c'est la décomposition de ce sulfure qui détermine la formation de l'acide sulfu-rique, et, par suite, celle des sulfates; très-souvent même le sulfure de fer n'est point mêlé dans la masse; il existe séparé-ment en petits cristaux dispersés dans le tissu.

Selon que l'un ou l'autre de ces prin-cipes prédomine, le résultat de la décom-position prend un caractère différent, et l'exploitation change d'objet et de but. Ainsi, lorsque le bitume est tellement abon-dant que les principes terreux et métalli-ques ne s'y trouvent que dans une foible proportion, on appelle le minerai *mine de charbon* ou *de houille*, et on l'exploite pour servir de combustible. Lorsque le fer forme la presque totalité de la mine, on l'exploite comme *mine de couperose;* et, lorsque c'est l'alumine, comme *mine d'alun.* Quel-quefois le fer et l'alumine y existent en proportion presque égale : alors ce mélange donne lieu à l'extraction des deux sulfates, et établit un genre de *mine mixte.*

Mais, quel que soit le mélange des principes, quelle qu'en soit la proportion, et quelque but qu'on se propose, l'exploitation se fait d'après des principes généraux applicables à tous les cas.

1°. Comme l'alun n'existe pas tout formé dans le minerai, il faut l'y développer : et c'est cette opération que nous appellerons *aluminisation*.

2°. Dès que l'alun est développé, il faut l'extraire, et c'est-là l'objet de l'opération appelée *lixiviation*.

3°. Lorsque la lixiviation est faite, il faut opérer la formation des cristaux d'alun, et cette troisième opération s'appelle *cristallisation*.

§. Iᵉʳ.

De l'Aluminisation.

Le minerai qui donne l'alun contient le soufre et l'alumine ; mais il ne présente point d'acide sulfurique tout formé. C'est aux opérations de l'art à déveloper cet acide, pour en opérer la combinaison avec l'alumine.

Comme le soufre est le radical de l'acide

sulfurique, il ne s'agit que de le combiner
avec l'oxigène pour former l'acide.

Cette combinaison s'effectue toutes les
fois qu'on met le minerai en contact avec
l'air ou l'eau, et qu'on facilite leur décomposition et le transport de leur oxigène sur
le minerai, par les divers moyens que nous
allons indiquer.

L'action de l'air atmosphérique et la
décomposition de l'eau sur le minerai, seroient lentes, si des circonstances particulières ne venoient aider et hâter cette combinaison.

Les moyens qu'on emploie communément pour la favoriser, se réduisent à diviser le minerai pour qu'il offre plus de
surfaces, à l'humecter légèrement avec de
l'eau pour que l'oxigène lui soit présenté
dans un plus grand état de condensation et
en plus grande masse, et, enfin, à fomenter
la combinaison de l'oxigène et du soufre
par une chaleur douce.

C'est dans l'art de bien conduire l'action
de ces divers agens, l'air, l'eau, la chaleur,
que réside le secret de l'*aluminisation*.

Cependant il ne faut pas croire que les
méthodes d'aluminisation soient constantes,

invariables, etc. La nature du minerai y apporte des modifications infinies.

Lorsque le minerai est tendre, poreux, lamelleux, friable; lorsqu'il se présente sous la forme d'une terre plus ou moins noire, très-divisée, il suffit d'en former des tas sur un sol dur et glaisé, dont on dispose les côtés en pente pour que l'eau qui en lessive les surfaces puisse se rendre, par une pente naturelle, dans des fosses pratiquées sur les côtés. Ces fosses reçoivent les premières eaux de lessivage qui y déposent les matières non dissoutes qu'elles entraînent : ces eaux se rendent ensuite dans des bassins où elles se clarifient, et, de-là, dans les chaudières, où on les évapore.

La mine de Schwemsal, en Saxe, est de cette nature : les tas de minerai qu'on y forme ont jusqu'à 100 pieds (33 mètres) de longueur sur 20 à 25 pieds (7 à 8 mètres) de largeur, et 12 à 15 pieds (4 à 6 mètres) de hauteur. Le minerai reste exposé à l'air, pendant deux ans, avant que d'être lessivé. Il est alors presque tout effleuri; et, si quelques fragmens conservent encore leur forme, ils se brisent dès qu'on les touche, et on voit l'alun tout formé entre les couches. Ce

minerai ne fournit que 2 livres (un kilogramme) d'alun par quintal. La chaleur
qui s'excite, par les progrès de l'aluminisation, est quelquefois assez considérable
pour enflammer le tas ; mais on étouffe la
combustion, en ouvrant le tas dans l'endroit
où se trouve le foyer de l'embrasement, et
diminuant par-là la chaleur.

A Helsingborg, en Scanie, il y a de
la tourbe formée par des matières végétales,
décomposées et mêlées d'une pyrite alumineuse qui produit beaucoup d'alun qu'on
extrait par la lixiviation.

Nous pouvons encore ranger dans cette
classe la *houille d'engrais*, vraie tourbe très-
sulfureuse, de couleur noire et exhalant à
la combustion une odeur très-puante. Cette
houille qui forme un combustible de qualité très-médiocre, et dont on trouve des
couches dans quelques terreins marneux,
présente de grands avantages comme *mine
d'alun*. Elle se décompose à l'air et laisse
pour résidu une cendre rouge : on peut en
faciliter l'efflorescence en disposant le minerai en couches, qu'on a soin d'arroser à
mesure qu'on les élève.

Lorsque les couches sont formées à la

hauteur de 8 à 10 pieds (3 mètres), on les laisse travailler jusqu'à ce que la surface soit recouverte d'efflorescences alumineuses, ce qui arrive au bout de huit à dix jours ; après lesquels, on arrose légèrement la surface, et on réitère l'arrosage de huit en huit jours. Si l'on s'apperçoit que la chaleur est portée à tel point qu'on puisse craindre une inflammation, on démonte la couche, on la retourne en la formant de nouveau, lit par lit, et arrosant chaque assise avec les mêmes précautions. Mais, que la couche s'échauffe trop ou non, on la retourne au moins une fois par mois. On a formé plusieurs établissemens en Picardie qu'on conduit de cette manière.

Lorsque la mine est dure, et conséquemment d'une décomposition trop lente, on a recours à la chaleur pour faciliter l'efflorescence. Ici la nature nous présente une division très-naturelle de ces mines : les unes contiennent le bitume nécessaire à leur calcination ; les autres en sont dépourvues.

La fameuse mine de Garphytan, en Suède, est de la première classe : on en forme des couches composées d'un premier lit de schiste bitumineux embrasé, sur le-

IV.   4

quel on en élève d'autres qui s'embrasent à leur tour ; lorsque le feu s'éteint ou se rallentit, on le ranime par le secours des fagots allumés. La calcination dure un mois.

La mine qu'on exploite près de Milhaud, dans l'Aveyron, est de la même nature, et on peut la travailler par un procédé semblable.

Les mines de houille alumineuse dont nous avons déjà parlé, peuvent être exploitées par ce procédé ; on a même l'avantage de hâter, par ce moyen, l'efflorescence. Lorsque le tas de houille est embrasé, on fait tomber, de temps en temps, les cendres alumineuses qui se forment à la surface ; on met à nu, par ce moyen, la couche de dessous qui s'embrase ; et, peu à peu, on parvient à brûler tout le tas et à le convertir en cendres. Ce procédé a même de l'avantage sur l'efflorescence spontanée, attendu que l'alun ne contient plus d'excès d'acide, et qu'il est de meilleure qualité.

Mais, lorsque la mine ne contient point de bitume, ou en contient trop peu pour nourrir elle-même sa décomposition, on a recours à un combustible étranger, et l'on emploie les fagots de bois à cet usage.

A Whitby, dans le comté d'Yorck, en

Angleterre, un rocher découvert sur une
étendue de plus de 12 milles, présente par-
tout une mine d'alun abondante. On exploite ce rocher à tranchée ouverte; il se délite
par lames ou feuillets comme le schiste; il est
de couleur gris-noirâtre d'ardoise; on trouve,
entre les lames, de petits grains de pyrites,
des bélemnites et beaucoup de cornes d'am-
mon. Pour aluminiser ce minerai, on fait
un lit de fagots de 10 à 12 pieds d'épaisseur,
à côté duquel on élève un échafaud pour
pouvoir le charger de minerai; de cette
manière, on forme un tas de minerai qui a
50 pieds de longueur sur 40 de hauteur. On
n'attend pas qu'il soit terminé pour y mettre le feu; car, comme il ne pénètre qu'insensiblement, on recharge toujours de nouveau.

Les mines de Suède, celles de Norwège,
celles de Hesse et du pays de Liége sont
traitées, à-peu-près de même; mais, dans
plusieurs de ces établissemens, on stratifie
la mine et le combustible, c'est-à-dire que,
sur un lit de fagots, on met un lit de minerai; sur celui-ci, un second lit de fagots qui, à son tour, est recouvert par une
couche de minerai. Par ce moyen, la cal-

cination est plus égale, mais elle est plus coûteuse.

D'ailleurs, il n'est pas au pouvoir du directeur des travaux d'une mine, d'employer indifféremment l'une ou l'autre de ces deux méthodes : le choix est déterminé par la nature même de la mine. Lorsque, par exemple, le minerai une fois chauffé continue à se décomposer avec chaleur, alors il suffit d'une couche de combustible qui imprime, pour ainsi dire, un premier mouvement; l'efflorescence s'ensuit, se propage et se soutient d'elle-même. Mais, lorsque la mine ne peut travailler qu'autant qu'une chaleur étrangère la facilite, alors il faut stratifier comme nous l'avons déjà observé. Presque toutes les mines dont la pyrite est éparse en cubes ou octaèdres dans le minerai, sont dans ce dernier cas. Mais, lorsque la pyrite est presque fondue dans la pâte et qu'elle est par-tout en combinaison, alors il suffit d'un premier effort ou d'une première impulsion pour décider la vitriolisation.

Nous aurons occasion d'observer, dans le chapitre suivant, que, lorsque le soufre est trop abondant dans la pyrite, l'efflores-

cence n'a pas lieu; et, en faisant l'application de ce principe aux mines d'alun, nous
verrons que la calcination a le double but
de dégager la portion de soufre excédente
et de faciliter la combinaison de l'oxigène.
Dans plusieurs établissemens, comme par
exemple, à Dilta en Néricie, on commence
par distiller la pyrite pour en retirer le
soufre; on fait effleurir le résidu à l'air; on
retire ensuite, par lixiviation, les sulfates
de fer et d'alumine qui se sont formés.

Toutes les mines qui présentent l'alun
tout formé, doivent leur origine aux feux
des volcans, ou à des amas de pyrites qui se
sont naturellement décomposées. Ici, la calcination est inutile, à moins que le minerai
ne soit durci au point que le lessivage en
soit impossible, et qu'il ne faille, comme
à la Tolfa, ramollir la pierre par le feu.

L'aluminière de la Tolfa présente une
roche si dure, qu'on ne peut l'exploiter
que par le secours de la poudre et des pics.

Selon Fougeroux, la meilleure pierre
de cette mine est jaunâtre et un peu grise;
selon l'abbé Guenée, la blanche doit être
préférée.

La pierre d'alun détachée des rochers,

est transportée dans les fourneaux de calcination, qui ressemblent à nos fours à chaux
alimentés par la houille. On grille la pierre
pendant trois heures. Bergmann observe
qu'on éteint le feu, dès que la flamme devient blanche, et que l'odeur de l'acide sulfureux commence à se faire sentir. On en-
tasse le minerai calciné, et on l'arrose tous
les jours jusqu'à ce qu'il se réduise en pâte
dans la main.

L'analyse qu'avoit faite Monnet, des échantillons de la mine de la Tolfa qu'avoit apportés Guettard, ne lui a montré qu'une
combinaison d'argile, de soufre et de potasse; mais Bergmann, qui a fait une analyse plus exacte de cette mine, y a trouvé
l'alun tout formé, enveloppé de beaucoup
d'argile.

M. Gay-Lussac, qui a eu occasion de suivre, par lui-même, les phénomènes que
présente la calcination de la pierre de la
Tolfa, a vu qu'il s'en dégageoit de l'acide
sulfureux et de l'oxigène, ce qui annonce
la décomposition d'une partie de l'acide sulfurique, et augmente nécessairement la quantité d'alumine mise à nu. D'où M. Gay-
Lussac conclut que, dans l'état où se trouve

la pierre, avant la calcination, l'acide sulfurique y est combiné avec plus d'alumine qu'il n'en peut saturer, ce qui forme un sel insoluble, tandis que, après la calcination, l'alun y est ramené à ses véritables principes et dans les plus justes proportions, ce qui en facilite la lixiviation.

La mine de la Solfatare est poreuse, friable et légère. L'alun s'y développe naturellement, et la mine ne demande plus qu'à être lessivée pour fournir le sel qu'elle contient.

Nous trouvons, dans presque toutes les mines d'alun, des efflorescences naturelles qui annoncent le caractère de la mine, et nous font juger de la richesse et de la pureté du produit : ces efflorescences se forment sur-tout dans les travaux abandonnés, dans les cavités foiblement éclairées, où pénètre un air humide et peu renouvelé. Lorsque l'efflorescence est à l'extérieur, l'eau des pluies et une lumière vive la font disparoître.

On doit sentir, d'après tout ce qui précède, que le seul état bien connu d'une mine doit décider de la manière dont l'exploitation doit être conduite.

La calcination bien dirigée, et une lon-

gue exposition du minérai à l'air, en l'humectant et le remuant de temps en temps,
facilitent l'efflorescence, combinent exactement l'acide avec l'alumine, oxident le fer
au point de le rendre insoluble, etc. de sorte
que ces premières opérations influent très-
puissamment sur la qualité de l'alun.

§. II.

De la Lixiviation.

Nous avons déjà observé que la mine
d'alun ne contenoit pas un atome d'alun
tout formé, mais que la combinaison de
l'oxigène avec le soufre, donnant lieu à la
formation de l'acide sulfurique, cet acide se
combinoit de suite avec les principes terreux
et métalliques, et qu'il en résultoit des sulfates d'alumine, de chaux, de magnésie, de
fer, mélangés dans des proportions différentes, selon la nature primitive de la mine.

Tous ces sulfates peuvent être extraits
par lixiviation : mais, comme le but du directeur d'une exploitation d'alun est d'obtenir séparément le sulfate d'alumine, les
moyens de lixiviation nous présentent des

modifications infinies : car, ici le sulfate de
fer prédomine, là, celui de magnésie, etc. ,
et la nature de chaque sel exige des opérations particulières.

Dans toutes les fabriques où l'on travaille
en grand, on lessive le minerai calciné et
effleuri, dans de grands baquets solidement
construits et enfoncés dans la terre, pour
que les changemens de température n'en
tourmentent pas les parois : on les dispose
par rangées parallèles, de manière que les
uns puissent verser leurs eaux dans les autres ; la seule pente du terrein, au pied des
couches alumineuses, suffit quelquefois pour
permettre de les établir de cette manière.
On met, dans la rangée supérieure, le minerai déjà lessivé et presqu'épuisé ; dans la
seconde, celui qui a reçu une lessive de
moins ; dans la troisième, le minerai vierge
tel qu'il vient d'être calciné : de manière
que l'eau pure se charge, peu à peu, des divers sels, et acquiert de 15 à 25 dégrés de
concentration à l'aréomètre de Baumé, pour
former l'eau des cuites.

Il est des fabriques où l'on se contente
d'avoir une seule rangée de caisses de lessivage. A Whitby, dans le comté d'Yorck, on

lessive deux fois le minerai , en laissant agir
l'eau pendant vingt-quatre heures : on a la
précaution de repasser l'eau foible du second lavage sur du minerai vierge. La mine
de Schwemsal , en Saxe , se lessive de la même manière.

Pour lessiver bien exactement le minerai,
il faut 1°. qu'il soit convenablement divisé ,
afin que l'eau le pénètre mieux , sans que
pourtant il soit en poussière ; car alors il se
tasse , et l'on est obligé de le mêler avec de
la paille ou avec d'autres plus gros morceaux
de minerai trié , pour que l'eau en baigne
toutes les parties ; 2°. que l'eau recouvre la
masse de minerai de quelques pouces; 3°. que
la masse de minerai offre une certaine épaisseur, car l'eau se charge en raison de la hauteur de la couche, à travers laquelle elle
filtre ; 4°. que l'eau séjourne jusqu'à ce qu'elle
n'agisse plus.

Il est important de donner aux caisses de
lessivages , des dimensions avantageuses : il
faut calculer ces dimensions , non-seulement
sur la quantité de minerai qu'on veut lessiver, mais encore sur les besoins qu'entraîne
la manœuvre. Des caisses étroites et profondes ; quoique très-propres au lessivage , se-

roient peu commodes pour l'extraction du minerai épuisé.

L'eau de lessive va se rendre dans de vastes réservoirs de pierre solidement établis, dans lesquels on la laisse déposer et se clarifier pendant quelque temps : elle se dépouille de l'ocre, de l'alumine suspendue, du sulfate de chaux; et c'est de-là qu'on la fait couler dans les chaudières d'évaporation.

Le minerai lessivé n'est pas encore épuisé de tout l'alun qu'il peut contenir : aussi, dans plusieurs fabriques, on en forme des tas semblables à ceux du minerai neuf, et on le laisse effleurir comme la première fois ; c'est ce qui se pratique à Schwemsal, en Saxe. Dans d'autres ateliers on est réduit à calciner de nouveau le minerai lessivé, pour y préparer une nouvelle récolte d'alun ; celui de Christineoff, en Suède, éprouve une douzaine de calcinations, avant d'être mis au rebut.

Lorsque le combustible est peu coûteux, il peut tourner à l'avantage de l'entrepreneur de lessiver à l'eau chaude : l'alun étant quinze à vingt fois plus soluble dans l'eau bouillante que dans l'eau à la température

naturelle de l'atmosphère, le lessivage en
seroit plus prompt et l'évaporation plus rapide; mais ici, comme dans tous les procédés de fabrique, il faut faire entrer, pour
élémens du calcul, une foule de circonstances de localité qu'il n'appartient qu'à un
directeur intelligent d'apprécier.

Il ne faut pas non plus se persuader qu'on
ne puisse établir qu'en bois les caisses de
lessivage; on peut les remplacer par un bon
choix de matériaux pierreux et terreux.
Les pierres de grès quartzeux, les granits, les
schistes, peuvent former les parois et les
fonds de ces cuviers d'une manière très-solide. La pouzzolane, la terre des eaux fortes,
les briques pilées, le sable quartzeux bien
lavé, mêlés avec de la bonne chaux, forment des mortiers qu'on peut employer pour
construire des bassins par encaissement. C'est
sur-tout dans la construction du sol qu'on
doit apporter la plus grande attention: car,
outre que l'eau agit sur cette partie par tout
son poids, les infiltrations, par le fond des
bassins, ne deviennent sensibles que tard,
et il est fort difficile d'y remédier.

On peut donner à ces bassins le plus grand
degré de perfection, en enduisant les parois

avec le mastic suivant : on fait fondre, dans
un chaudron, parties égales de cire jaune et
de résine, et on y mêle du brun rouge ou
de la pouzzolane bien tamisée, jusqu'à ce
qu'on puisse l'employer commodément au
pinceau; il importe de l'appliquer très-chaud
et sur un mur très-sec, pour qu'il pénètre
dans le mortier. On revêt cette première
couche d'une seconde, en employant dans
la composition du mastic beaucoup moins
de brun rouge, et ajoutant à la cire et à la
résine fondue un tiers de térébenthine : celui-ci est plus liant, et prévient les fentes et
gerçures qui pourroient survenir au premier
par la dessiccation ou le contact des sels.

§. III.

De la Cristallisation.

L'ÉVAPORATION des eaux de lessive se fait
en Angleterre, en Suède, en Norvège, dans
de grandes chaudières de plomb, longues de
10 à 12 pieds, larges de 7 à 8, profondes de
2 à 3.

Ces énormes chaudières sont établies sur
des barres de fer coulé, de 6 à 7 pouces de

diamètre, sur lesquelles on fait un lit de bandes de fer plates, pour asseoir le fond de la chaudière.

Les côtés du fourneau sont élevés en briques.

Les chaudières des fabriques de Hesse et de Liége sont plus petites : elles n'ont que 7 à 8 pieds de longueur, sur 20 à 22 pouces de profondeur.

Dans quelques ateliers, on pratique deux chauffes sous chacune des chaudières, pour mieux chauffer ces immenses évaporatoires. La flamme des deux foyers se réunit dans une cheminée commune.

A la Solfatare, on profite de la chaleur naturelle du sol pour évaporer les lessives. Les chaudières enfoncées dans le terrein y éprouvent une chaleur constante de 45 degrés, thermomètre de Réaumur, et l'évaporation, quoique lente, s'opère d'elle-même.

Dans un établissement bien entendu, les chaudières à évaporation doivent être disposées de manière à pouvoir recevoir l'eau des lessives par une pente naturelle. Leur bord supérieur doit donc être un peu au-dessous du niveau du fond du réservoir où l'on fait séjourner les lessives.

On commence par remplir la chaudière d'eau de lessive, et on nourrit ensuite la perte déterminée par l'évaporation, en faisant couler dans la chaudière un filet de lessive proportionné à la quantité qui s'évapore. On soutient l'évaporation pendant plusieurs jours ; et, lorsqu'on juge que la liqueur est convenablement épaissie, on y mêle de l'*eau-mère* des opérations précédentes pour l'épaissir encore davantage, et la porter, par-là, plus promptement au degré requis de concentration.

Il y a des fabriques où l'on commence par mettre l'eau-mère dans la chaudière, avant d'y faire couler l'eau de lessive ; il en est d'autres où on ne l'ajoute qu'au moment où l'on veut terminer la cuisson. Cette dernière méthode me paroît infiniment plus avantageuse, en ce que le mélange de l'eau-mère, épaississant la liqueur dès le principe, rend l'évaporation plus difficile, et, conséquemment, la cuite plus longue.

Pendant tout le temps de l'évaporation, il est avantageux d'agiter la liqueur ; et,

vers la fin, cette opération est nécessaire;
car elle a le double avantage de faciliter
l'évaporation et de prévenir des dépôts de
sulfate de chaux et d'autres substances dissoutes ou suspendues dans la liqueur, lesquels dépôts font fondre les chaudières en
formant une croûte qui s'interpose entre
le liquide et le métal, et expose ce dernier
à toute l'action directe de la chaleur.

Un des points les plus difficiles à déterminer dans une cuite d'alun, c'est de connoître le moment le plus favorable pour
arrêter l'évaporation et couler la matière.
J'ai vu des ateliers où l'on concentroit jusqu'au 60ᵉ degré de l'aréomètre de Baumé;
tandis que, dans d'autres, on ne portoit la
concentration qu'au 35.ᵉ : la nature des sels
mêlés à l'alun, les proportions entre ces
mêmes sels, déterminent des différences infinies : il n'y a que l'expérience qui puisse
faire connoître le terme où il convient de
s'arrêter ; et c'est d'après elle qu'on s'est
fait, dans chaque fabrique, des moyens
plus ou moins rigoureux de juger du point
convenable de concentration : les uns re-
connoissent que la cuisson est à son point,
lorsqu'un œuf frais surnage la lessive. D'au-

tres pèsent le liquide dans une bouteille,
pour en comparer le poids à celui de l'eau
pure. Quelques-uns remplissent une tasse
de la liqueur, et examinent s'il s'y forme
des cristaux par le refroidissement. Il en
est d'autres qui évaporent un volume connu
de lessive et en poussent le rapprochement
jusqu'à une hauteur déterminée de la chaudière. Tous ces indices, quoique peu rigoureux, établissent des inductions qui, par
suite de l'habitude, suffisent au conducteur
des travaux.

Si la dissolution, convenablement rapprochée, étoit coulée en cet état dans les
cristallisoirs, on n'obtiendroit, assez généralement, qu'un *magma*, sans consistance, qui n'auroit ni les propriétés chimiques, ni les vertus de l'alun du commerce. Il faut ajouter, à cette liqueur, une
certaine quantité d'alkali pour obtenir l'alun
proprement dit : c'est cette opération qu'on
appelle *breveter, potasser.*

Il est rigoureusement vrai qu'il n'existe
point d'alun qui ne contienne de l'alkali ;
mais il ne l'est point que, pour obtenir
l'alun, il faille y ajouter ce sel dans toutes
les mines : M. Jars assure qu'à Christineoff,

IV.   5

en Suède, on n'emploie point d'alkali. Il
est de fait qu'on n'en fait aucun usage à
la Tolfa, non plus qu'à Cransac, dans le
département de l'Aveyron. La raison en est
que ces mines contiennent naturellement
la portion de potasse qui leur est nécessaire.
Monnet en a, depuis long-temps, démontré l'existence dans celle de la Tolfa.

La manière d'employer l'alkali varie beaucoup dans les différentes fabriques : en Saxe,
ce n'est qu'après avoir laissé séjourner la
lessive cuite dans un grand réservoir, pendant quelques heures, qu'on la fait passer
dans une caisse où elle séjourne huit jours,
et où l'on ajoute de la lessive des savonniers, et un peu d'urine putréfiée qu'on
appelle *fondant*. M. Jars assure qu'en Angleterre, après avoir convenablement épaissi
la lessive, on y mêle de la dissolution des
cendres de plantes marines, qu'on appelle
kelp-ashes. Dans la Picardie, on concentre
les lessives jusqu'à 50 degrés, et alors on
arrête le feu ; on y verse, depuis 10 jusqu'à
20 livres de potasse dissoute dans l'eau, par
quintal d'alun ; on agite fortement la liqueur
pendant l'opération du mélange, et on coule
dans les cristallisoirs.

Dans plusieurs fabriques, on met le *bre-vet* avec l'eau de lessive, parce qu'il occasionne alors un précipité moins abondant.

Lorsque la dissolution contient de la couperose, ce qui est assez commun, on fait passer dans les cristallisoirs la liqueur convenablement rapprochée, alors la couperose se précipite et cristallise.

Ce n'est qu'après cette séparation de la couperose qu'on *potasse* ou *brevète* la dissolution. Il se précipite un sel grenu qui est de l'alun, et dont la cristallisation sépare le peu de sulfate de fer qu'il a entraîné.

Si la mine est très-riche en couperose, on rapproche les eaux-mères, qu'on fait cristalliser une seconde fois pour séparer une seconde levée de cristaux de sulfate de fer, et on brevète après pour obtenir encore de l'alun.

Lorsqu'on *potasse* la dissolution sans avoir séparé la couperose, l'alun cristallise le premier. Il cristallise, au contraire, le second, ou ne cristallise point, lorsqu'on n'a pas potassé, parce qu'il lui manque un principe sans lequel il n'a aucune consistance.

Au lieu d'employer la potasse pour bre-

veter la liqueur, on peut se servir de tous
les sels qui la contiennent, sans exception,
et même de la soude et de l'urine putréfiée
qui fournit de l'ammoniaque.

L'alun qu'on a breveté avec la soude
prend à l'air un blanc mat comme le sulfate de soude qui commence à effleurir.

Il est curieux de juger de l'effet instan-
tané du sulfate de potasse sur le sulfate d'alumine : on prend de la lessive de ce dernier
sulfate à 20 degrés, sur laquelle on verse
une dissolution de sulfate de potasse saturée;
en moins d'une heure on obtient les plus
beaux cristaux d'alun.

Tous les chimistes qui ont théorisé sur
l'action de l'alkali dans la formation de
l'alun, n'ont vu, dans ce procédé, qu'un
moyen de saturer un acide excédent ou de
précipiter l'oxide de fer.

Bergmann lui-même a proposé de saturer
l'excès d'acide par l'alumine pure : mais
j'ai prouvé qu'il se forme alors une combinaison bien différente de l'alun du commerce, puisque l'alumine qu'on a ajoutée se
précipite, par l'évaporation, en une terre
blanche, insoluble dans l'eau, et qui ne
prend aucune forme régulière.

Si l'alkali ne servoit qu'à saturer l'excès d'acide, pourquoi la chaux, les métaux, la magnésie, ne produiroient-ils pas le même effet? Pourquoi les sels neutres, à base de potasse, pourroient-ils remplacer l'alkali?

Dans tous ces cas, la potasse se combine, non avec l'acide seul, mais avec le sulfate d'alumine; et il en résulte un sel triple qu'on appelle *Alun*.

Nous avons observé qu'au lieu d'employer la potasse, on se servoit quelquefois d'urine putréfiée : et même, dans quelques fabriques, on emploie l'un et l'autre. De-là vient que l'analyse des divers aluns présente tantôt de la potasse, tantôt de l'ammoniaque, et quelquefois de la potasse et de l'ammoniaque.

Par une première cristallisation, l'alun n'est pas porté à son degré de pureté convenable. Il contient, presque toujours, un peu trop d'acide, très-souvent du sulfate de fer et du sulfate de magnésie, dont on le débarrasse en le dissolvant dans l'eau bouillante et laissant cristalliser la dissolution par refroidissement; car l'acide excédent, et les deux sulfates restent dans les eaux-mères après la cristallisation de l'alun.

A Whitby, en Angleterre, on coule la
dissolution dans des tonneaux où l'alun
se prend presqu'en masse; on ôte ensuite
les cercles, on brise la masse et on la
laisse bien égoutter, avant de la mettre
en tonneaux, pour en faciliter le transport.

Dans d'autres fabriques, telles que celles
de Suède, de Picardie, de Norwége, etc.
on lave l'alun à l'eau froide avant de le dissoudre dans l'eau bouillante. Ce lavage dissout et entraîne la couperose et le sulfate
de magnésie : il se fait de plusieurs manières; 1°. sur des tables légèrement incli-
nées garnies de rebords sur les côtés, et
sur lesquelles on fait couler sans interruption un filet d'eau; 2°. dans des paniers
dans lesquels on met l'alun, et qu'on plonge,
à plusieurs reprises, dans l'eau.

Bergmann observe, avec raison, que
l'alun fait sans addition d'eau-mère, est
toujours plus pur; car ce n'est guère qu'à
la Tolfa qu'on obtient une eau-mère qui
ne contient presque que de l'alun. Mais
l'addition des eaux-mères est avantageuse,
non-seulement sous le rapport de l'économie, puisqu'elle fournit beaucoup d'alun,

mais sous le rapport du temps qu'on em-
ployeroit, sans elle, à l'évaporation.

ARTICLE II.

De l'Alun de fabrique.

LES progrès rapides qu'a faits la chimie
de nos jours, ont opéré une révolution
très-avantageuse dans les arts : non-seulement on en a éclairé les procédés, mais on
a rapproché de l'artiste la fabrication
des produits qu'il emploie. On a fait plus,
on est parvenu à former, de toutes pièces,
dans nos ateliers, beaucoup de compositions qu'on tiroit péniblement du sein
de la terre, telles que les aluns, les cou-
peroses, etc. et cette fabrication artificielle
reçoit, chaque jour, un tel accroissement,
qu'on peut prévoir le moment très-prochain
où nos ateliers fourniront à tous les usages.

Les premiers aluns qui ont été fabriqués
de toutes pièces, en France, l'ont été dans
ma fabrique de produits chimiques, à Montpellier, et dans la manufacture de Javelle,
à Paris : les procédés étoient très-différens
dans les deux établissemens.

A Javelle, on calcinoit l'argile de Gen-
tilly, on la pulvérisoit sous une meule, et
on la mêloit avec de l'acide sulfurique;
après quelques jours de repos, on portoit
le mélange dans un four, où on le laissoit
exposé, pendant vingt-quatre heures, à
l'action d'une chaleur de 5o à 6o degrés du
thermomètre de Réaumur. On lessivoit ensuite; on évaporoit et on brévetoit avec
l'urine ou la potasse.

A Montpellier, je pêtrissois l'argile bien
broyée avec moitié son poids du résidu
de la combustion du mélange de salpêtre
et de soufre employé à la formation de
l'acide sulfurique; on sait que ce résidu
n'est presque formé que de sulfate de potasse: on formoit des boules de 4 à 6 pouces
(environ 0,162 mètre) de diamètre, qu'on
portoit dans un four de potier pour les
calciner. On les plaçoit ensuite sur le sol
des chambres d'acide sulfurique et sur des
planches disposées dans leur intérieur. L'action de la vapeur sulfurique ne tardoit pas
à les gonfler, à les faire gercer et s'ouvrir;
et, au bout de trois semaines ou d'un
mois, elles étoient suffisamment pénétrées
d'acide. Je les exposois à l'air, sous des han-

gards, pour que la saturation devînt plus complète ; je lessivois ensuite et évaporois.

Depuis ce temps-là, ce procédé s'est perfectionné entre les mains de M. Bérard, mon élève, et aujourd'hui propriétaire de cet établissement. On mêle avec soin le sulfate de potasse à l'argile ; on en forme des boules qu'on calcine, et on les arrose ensuite avec une quantité d'acide sulfurique, à 40 degrés, égale au poids de l'argile employée. Les proportions varient selon la nature de l'argile. La dissolution de la terre calcinée et potassée se fait avec une merveilleuse facilité. L'acide ne se sature pas plus promptement de potasse qu'il ne le fait de cette combinaison terreuse et alkaline.

M. Curaudeau a aussi publié un procédé sûr, et d'une exécution facile, pour fabriquer l'alun. Il délaie 100 parties d'argile dans une dissolution de 5 parties de sel marin, et forme une pâte qu'il réduit en pains pour les calciner dans un fourneau de réverbère. Il broie le résidu calciné, et verse dessus un quart de son poids d'acide sulfurique concentré, en agitant le mélange avec soin. Dès que les vapeurs d'acide muriatique se sont dissipées, on ajoute autant

d'eau qu'on a employé d'acide, et on continue à brasser le mélange. Il se produit une
forte chaleur; la composition se gonfle; on
continue à verser de l'eau, et on finit par
y ajouter une dissolution de potasse, où
l'alkali fait le quart du poids de l'acide
employé. Il suffit du refroidissement de la
liqueur pour produire, en cristaux d'alun,
trois fois le poids de l'acide employé.

Un autre procédé, que j'ai exécuté pendant quelque temps dans ma fabrique des
Thernes, près Paris, et que pratique aujour-
d'hui M. Bouvier, avec autant de succès que
de lumières; c'est de mêler ensemble 100
parties d'argile, 50 de nitrate de potasse
et 50 d'acide sulfurique à 40 degrés. On
met le mélange dans une cornue; on adapte
un récipient, et on procède à la distillation. L'acide nitrique est chassé par l'acide
sulfurique; et, lorsque la distillation est
terminée, le résidu n'a besoin que d'être
lessivé pour donner un alun de première
qualité.

Ce procédé offre d'autant plus d'intérêt,
qu'il fournit le moyen de mener de front
deux opérations importantes : la fabrication de l'alun et la distillation de l'eau-forte.

Il est inutile d'observer que les proportions doivent varier selon la nature de la terre qu'on emploie ; et qu'ici, il est du premier intérêt du fabricant d'employer une argile très-alumineuse pour en diminuer le poids, et obtenir plus de produit de la même distillation, en augmentant alors les proportions du salpêtre et de l'acide.

Le commerce a établi une très-grande différence entre les aluns. L'opinion est telle, à ce sujet, que chaque alun a un prix déterminé, et que celui de Rome s'est vendu constamment au moins un tiers au-dessus du prix de tous les autres.

Depuis quelques années, M. Vauquelin et moi avons publié le résultat de nos analyses, d'après lesquelles il étoit évident que la supériorité réelle ou supposée de l'alun de Rome ne provenoit point d'un excès imaginaire dans sa base.

Bientôt, quelques fabricans résolurent le problême à leur profit, en vendant, sous le nom d'alun de Rome, de l'alun purifié et blanchi à l'extérieur par un peu d'alumine pure légèrement ocracée et colorée en rouge.

Le consommateur n'apperçut aucune

différence; mais, dès qu'il a connu la su-
percherie, il a rejeté tout alun portant dénomination d'alun de Rome, et il prend aujourd'hui avec confiance le très-bon alun
de M. Bouvier, de M. Curaudeau, le mien
et celui de beaucoup d'autres, de même
que l'alun de mine raffiné.

MM. Roard et Thénard ont soumis à une
grande expérience comparée, les principaux
aluns du commerce, dans la fameuse teinture des Gobelins; et ils ont vu, 1°. que
tous les aluns pouvoient être employés indifféremment pour les couleurs sur la laine,
même ceux dans lesquels on fait dissoudre
plus de fer qu'ils n'en contiennent ordinairement; 2°. que la différence des aluns
étoit très-sensible dans leur emploi sur la
soie et le coton; 3°. que tous les aluns du
commerce, redissous et cristallisés, étoient
de vertu constamment égale.

Cette belle suite d'expériences a terminé
cette grande question; et c'est encore un
service rendu aux arts et au commerce
par la chimie.

SÉCTION VI.

Des Combinaisons de l'Acide sulfurique avec le Fer (Sulfate de fer, Vitriol vert, Couperose verte).

VITRIOL vert, vitriol de mars, coupe-rose, couperose verte, sulfate de fer, etc.: telles sont les dénominations sous lesquelles on a connu jusqu'ici la combinaison de *l'acide sulfurique avec le fer.*

Les premiers naturalistes qui ont parlé de ce sel, ne nous ont laissé que des idées vagues sur sa nature : les noms qu'ils lui donnèrent alors sont tous déduits, 1°. des divers états par lesquels passe la pyrite ; tels que ceux de *chalcitis, sory, misy. Sory transit in chalcitim et chalcitis in misy.* (Pline.) 2°. Des divers états sous lesquels il se présente : delà, *trichitis,* qui exprime les petits cristaux déliés qu'on trouve dans les mines ; *stalactites,* celui qui est formé en stalactites ; *cupri-rosa,* celui qui forme des fleurs ou dendrites. 3°. De ses usages, ce qui l'a fait appeler *atramentum metalli-cum, scriptorium, sutorium,* etc.

Ce sel a les caractères suivans :

1°. La couleur varie depuis le vert blanchâtre, le vert d'émeraude, jusqu'au vert de bouteille foncé. Cette variété de couleur provient, sur-tout, des divers degrés d'oxidation du métal et de la proportion d'acide.

2°. La saveur est astringente : le goût métallique reste sur la langue.

3°. Il effleurit à l'air, en blanc ou en jaune, selon les causes ci-dessus que nous développerons par la suite.

4°. Il se liquéfie au feu, bouillonne et forme une poudre blanchâtre qui, par un feu soutenu, passe au rouge, et, à un feu très-violent, donne de l'acide sulfureux et puis de l'acide sulfurique.

5o. Il se résout dans six fois son poids d'eau, à la température de 60 degrés de Fahrenheit. L'eau bouillante en dissout un quart de plus que son poids.

6o. Il est insoluble dans l'alcool.

7°. Les alkalis versés dans ses dissolutions, le précipitent en flocons blancs qui passent promptement au vert.

Le tanin le précipite en noir, le prussiate de chaux en bleu, l'acide oxalique en jaune.

8°. Il cristallise en prismes rhomboïdaux dont il prend toutes les modifications.

9°. Les proportions entre ses principes constituans, sont,

Selon Bergmann.	Selon Kirwan.
39 acide.	26 acide.
23 oxide.	28 oxide.
38 eau.	8 eau de composition.
	38 eau de cristallisation.

10°. Sa pesanteur spécifique est, par rapport à celle de l'eau, dans le rapport de 18 à 10.

Avant de nous occuper des procédés par lesquels on fabrique la couperose du commerce, je crois nécessaire de faire connoître les divers états d'oxidation dont le fer est susceptible dans ses combinaisons avec l'acide sulfurique.

M. Thomas Thomson pense que l'oxide noir de fer peut se combiner avec l'eau et former un hydrate de couleur verte. Il explique, par-là, pourquoi les précipités par les alkalis sont verts ; il considère l'oxide dans le sulfate de fer, comme étant à l'état d'hydrate, et rapporte au dégagement de l'eau par la chaleur, ou à sa dissolution dans

l'alcool lorsqu'on lui présente le sulfate en
poudre, la couleur blanche que prend le sel
dans ces circonstances.

Nous pourrions fortifier cette idée de
M. Thomson, sur la cause de la couleur
verte, par une expérience connue : lorsque
l'évaporation de la dissolution du sulfate
approche de 40 degrés, il se fait un précipité
blanc qui n'est que du sulfate sec *anydre;*
il suffit de le dissoudre dans l'eau pour lui
donner la couleur verte, ce qui prouve
qu'ici c'est l'eau de cristallisation qui détermine la couleur verte.

M. Proust croit que, dans le sulfate de
fer, il n'y a que deux termes pour l'oxidation du métal : 27 et 48 d'oxigène pour 100
de fer ; il n'admet pas d'intermédiaires.

Le premier état forme, selon lui, le sulfate vert cristallisé, dans lequel Lavoisier a
démontré que le fer contenoit $\frac{27}{100}$ d'oxigène. Ce sel, lorsqu'il est pur, dit M. Proust,
forme une dissolution verte qui est inaltérable par l'acide gallique, et ne bleuit pas
par les prussiates alkalins.

La seconde espèce de sulfate, selon le
même chimiste, est cette combinaison rouge, déliquescente, incristallisable, soluble

dans l'alcool, qui n'altère pas l'acide muriatique oxigéné, et qu'on obtient, en le traitant avec l'acide nitrique, jusqu'à ce que la
dissolution ne donne plus de gaz nitreux
par l'action de l'acide nitrique. Ce sulfate
forme exclusivement un précipité noir avec
l'acide gallique, et bleu avec les prussiates
alkalins. L'oxidation du fer y est portée à
48 d'oxigène par 100.

M. Proust ajoute que, si des sulfates verts
en contact avec l'air, prennent une couleur
qui semble n'appartenir à aucune des deux
espèces, on peut se convaincre que c'est un
mélange de deux : l'alcool pourra en séparer le sulfate rouge ; le sulfate vert produira
un précipité vert avec les alkalis caustiques,
lequel noircira sous l'eau, tandis que le sulfate rouge donnera un précipité rouge-jau-
nâtre, inaltérable à l'air et par l'acide muriatique oxigéné.

Le sulfate vert bien pur, mêlé avec une
dissolution de prussiate de potasse saturé,
forme un prussiate blanc. On a du sulfate
vert bien pur, par le mélange de l'eau chargée de gaz hydrogène sulfuré avec le sulfate
rouge, parce qu'on désoxigène le fer passé à
l'état d'oxide rouge.

IV.   6

Pour conserver la couleur au précipité qui se forme par l'affusion de la dissolution de prussiate, sur le sulfate vert de fer, il faut boucher le flacon sur-le-champ. Le dépôt blanc ne tarde pas à se colorer en une teinte verte; mais cette nuance ne se fonce pas davantage si le flacon reste bouché.

Le prussiate blanc se convertit en prussiate bleu par le contact de l'air : dans ce cas, l'oxide de fer passe au *maximum* d'oxidation, en prenant l'oxigène de l'air. Les acides qui peuvent fournir de l'oxigène, tels que le muriatique oxigéné et le nitrique, font passer le prussiate blanc à l'état de prussiate bleu, plus ou moins promptement, selon la facilité avec laquelle ils lâchent leur oxigène.

La dissolution de l'hydrogène sulfuré ramène à l'état de prussiate blanc celui qui a passé à l'état de prussiate bleu, en lui reprenant son oxigène. Le passage du prussiate blanc au bleu, est marqué par une teinte verte qui paroît due à l'existence d'un mélange de prussiate et de sulfate de potasse, ayant une couleur jaune.

Dans tous les cas où le prussiate de potasse est employé à décomposer un sel martial dans lequel l'oxide est à son *maximum*, on

obtient du prussiate bleu sur lequel les acides ne peuvent rien, à moins qu'ils ne décomposent l'acide prussique.

Non-seulement l'hydrogène sulfuré ramène le prussiate bleu à l'état de prussiate
blanc, mais des lames de fer ou d'étain, mises dans l'eau avec le prussiate bleu, produisent le même effet. L'oxigène se sépare en
partie de l'oxide pour se porter sur le métal.
Un phénomène semblable a lieu dans la formation du mercure doux, par le mélange
du mercure sublimé corrosif avec le mercure.

M. Proust confond les dénominations
d'oxide jaune et d'oxide rouge, parce qu'ils
sont, l'un et l'autre, saturés d'oxigène. Quel
que soit l'acide qui dissout l'oxide rouge,
on a un précipité jaune par le moyen d'un
alkali pur.

Nous pouvons conclure de tous ces faits,
que, lorsqu'on mêle une dissolution de noix
de galle, avec une dissolution de sulfate vert.
il n'y a qu'une portion du précipité qui produise noir, tandis que le reste fait blanc. De-
là vient 1°. que les dissolutions de fer sont
d'autant meilleures, qu'elles sont plus anciennes, attendu que l'oxidation continue

toujours par le contact de l'air; 2°. que les
teintures, les encres, noircissent par leur
exposition à l'air.

Nous verrons, par la suite, que j'ai appliqué ce principe avec avantage à toutes les
opérations dans lesquelles on emploie le fer.
Il suffit de calciner le sulfate vert jusqu'au
rouge, et de dissoudre le résidu pour obtenir des effets très-supérieurs à l'emploi du
sulfate du commerce.

Outre l'oxide vert et l'oxide rouge qui se
trouvent dans les diverses combinaisons du
fer avec l'acide sulfurique, M. Thénard y a
reconnu l'existence de l'oxide blanc. On
l'obtient en décomposant le sulfate par un
alkali pur; il se fait, dans le moment, un
précipité blanc qui verdit promptement, et
finit par devenir rouge.

C'est cet oxide blanc saturé d'acide sulfurique, qui forme, selon M. Thénard, la
plus grande partie du sulfate de fer du commerce. Néanmoins, cet oxide, lorsqu'il est
uni à un peu trop d'acide, donne un sulfate
dont la couleur est le vert d'émeraude clair,
au lieu du vert foncé de bouteille qui forme,
dans le commerce, le caractère du sulfate le
plus estimé.

Les sulfates peuvent contenir le fer dans ces trois états. Nous allons faire connoître les caractères qui appartiennent à chacun d'eux :

Le *sulfate d'oxide blanc* se forme lorsqu'on traite le fer par l'acide sulfurique.

Lorsque la saturation est exacte, ce sulfate est *vert-bouteille;* c'est cette couleur qu'on prise le plus dans le commerce; il effleurit en blanc; il décompose l'acide muriatique oxigéné, et l'oxide passe au vert ou rouge.

Le *sulfate d'oxide vert* saturé ne cristallise point; il absorbe l'oxigène de l'air, se trouble, dépose du sulfate neutre jaune et très-oxidé; il a une couleur rouge, quoique son oxide soit vert. L'acide muriatique oxigéné l'oxide au *maximum,* le fer le ramène à l'état d'oxide blanc. Lorsqu'il est avec excès d'acide, il n'a plus de couleur rouge; il cristallise alors, et ses cristaux ont quelque chose de vert d'émeraude; ils n'effleurissent ni ne tombent en déliquescence.

En traitant l'oxide rouge par l'acide sulfurique, on obtient le *sulfate d'oxide rouge.* C'est ce sulfate qui se précipite en jaune des dissolutions du sulfate d'oxide blanc et de

celles d'oxide vert. Ce sulfate saturé est
jaune.

Ces trois sulfates peuvent contenir un
acide surabondant qui en modifie les propriétés.

L'oxide de fer prend, pour sa saturation,
une quantité d'acide d'autant plus forte qu'il
est plus oxidé. Cette propriété lui est commune avec tous les oxides métalliques.

Ainsi que nous l'avons déjà fait pour l'a-
lun, nous traiterons ici séparément du sulfate de mine et du sulfate de fabrique.

ARTICLE PREMIER.

Du Sulfate de mine.

PRESQUE tout le sulfate de fer, employé
dans les arts, provient de la décomposition
des pyrites martiales.

La nature de ces pyrites varie, non–seulement par rapport à leur mélange avec
d'autres corps terreux, métalliques ou bitumineux, mais sur-tout par rapport aux
proportions dans lesquelles le soufre et le fer
s'y trouvent combinés.

La couleur des pyrites présente toutes les

nuances du jaune, depuis le gris jusqu'à la couleur d'or la plus foncée.

La pyrite se présente encore sous une grande variété de formes ; souvent on la trouve dispersée dans des terreins marneux, schisteux et autres, en cubes plus ou moins gros, plus ou moins réguliers. Elle s'offre aussi sous la forme globuleuse ; et, dans ce cas, elle est formée par des pyramides alongées, dont les sommets se réunissent au centre de la pierre : ces pyramides alongées se terminent souvent à la circonférence par des pyramides très-courtes et presque toujours tétraèdres, adossées base à base aux premières.

La pyrite existe quelquefois en masse et forme des couches, souvent très-considérables. En cet état, elle a beaucoup de dureté et fait feu avec le briquet. Sa couleur, quelquefois brillante et d'un jaune vif, est le plus souvent terne ; on apperçoit, dans sa cassure, des veines ou des points jaunes plus brillans que le reste de la masse. Il n'est point rare de trouver la pyrite, d'une couleur fauve et très-sombre. Sa cassure offre, même assez souvent, de grandes nuances de couleur ; elle est quelquefois

parsemée de grosses taches noirâtres ; celles-
ci se décomposent, en général, avec assez
de facilité.

La nature nous présente encore la pyrite,
noyée, et, pour ainsi dire, fondue, dans
des terres, des bitumes, des roches, qu'on
caractérise alors par la dénomination de
substances *pyriteuses* ou *pyritisées*. C'est
cette division extrême de la pyrite qui,
en facilitant l'action de l'air et de l'eau, en
hâte la décomposition.

Ces divers états dans lesquels se présente
la pyrite, rendent sa décomposition ou la
vitriolisation plus ou moins facile : en général, elle est d'autant plus longue que la
pyrite contient plus de soufre. J'ai constamment observé que la pyrite sphérique se vitriolise plus facilement que la cubique ; que,
parmi les premières, celles dont la surface
est hérissée de pointes, se décomposent plus
difficilement que celles dont la surface est
unie ; que celles dont le tissu est strié effleurissent plus vîte, et que les pyrites dissémi-
nées dans la tourbe ou la houille, travaillent plutôt que celles qui sont dans des
masses de pierre dure.

Quelle que soit la nature de la pyrite,

on n'y trouvera jamais de sulfate formé qu'autant qu'elle aura éprouvé une décomposition. Cette vérité, que la doctrine moderne sur la vitriolisation a mise hors de doute, avoit été connue et confirmée par les nombreuses expériences de Henckel.

La formation du sulfate dépend donc essentiellement de la décomposition de la pyrite; et c'est cette décomposition qu'on appelle *efflorescence*, *vitriolisation*, etc.

§. Ier.

De la Vitriolisation.

L A vitriolisation n'a point lieu sans le secours de l'air, ou d'un corps qui, par sa décomposition sur la pyrite, puisse lui fournir de l'oxigène.

Henckel a mis hors de doute le besoin de la présence de l'air : il a même avancé que l'air entroit en combinaison dans la pyrite, *non ut instrumentum transiens, sed ut immanens.* Cette assertion, très-hardie, pour le temps où elle a été émise, a reçu, de nos jours, une entière confirmation.

Tout l'art de la vitriolisation se borne

donc à employer les moyens les plus convenables pour convertir le soufre en acide sulfurique, et faciliter, par ce moyen, la formation du sulfate de fer. Les procédés usités dans les divers établissemens pour atteindre ce but, présentent des modifications infinies, qui tiennent toutes à la nature très-différente du minerai qu'on a à traiter. Mais, comme mon but est moins de détailler des procédés que de les ramener tous aux principes d'où ils émanent, j'établirai ici trois sortes de pyrites. Je crois devoir me borner à ce petit nombre, parce que je puis y rapporter toutes les différences de procédés d'exploitation qu'on observe dans tous les établissemens connus.

1°. Pyrite avec excès de soufre.

2°. Pyrite où le soufre et le fer sont naturellement dans de justes proportions.

3°. Pyrite imprégnée de bitume.

1°. Lorsque le soufre est trop abondant dans la pyrite, il recouvre trop le fer par où doit commencer l'oxidation, et la vitriolisation est nulle ou trop lente. Dans ce cas, on commence par extraire une portion du soufre par la distillation ou la combustion du minerai, ainsi que je l'ai fait con-

noître à l'article *soufre* ; et l'on vitriolise
ensuite les scories ou le résidu.

Presque par-tout, on se borne à exposer
à l'air les résidus de la distillation ou de la
combustion; et, pendant quelques mois que
dure la vitriolisation, on les arrose avec de
l'eau pour faciliter l'efflorescence. A mesure
que la couperose se forme, elle est entraînée
par les eaux et déposée dans des bassins, où
elle séjourne jusqu'au moment où on la
conduit dans les chaudières d'évaporation.

A Dilta, dans la province de Néricie en
Suède, après avoir retiré le soufre pour
lequel on exploite la pyrite, on vitriolise le
résidu pour en extraire la couperose (1).

A Schwartzemberg, dans la Haute-Saxe,
on laisse les résidus de la distillation exposés
à l'air pendant deux ans, et on les lessive
deux à trois fois, pour en dissoudre la
couperose (2).

Dans le pays de Liége et de Limbourg,
la vitriolisation s'y fait de deux manières :
ou bien, l'on abandonne la pyrite à une

(1) *Leopoldi relatio historica, de itinere suo suecico,*
ann. 1707.
(2) Schlutter, *Traité de la Fonte des Mines.*

décomposition spontanée ; ou bien l'on forme des tas, avec la pyrite crue, dans le milieu desquels on laisse un vide, où l'on jette les résidus de la distillation, à mesure qu'on les sort tout rouges des cylindres dans lesquels s'en fait la distillation. On recouvre cette couche de pyrite embrasée, avec de la pyrite crue ; et on laisse la masse s'échauffer et se décomposer d'elle-même.

2°. Lorsque le soufre est moins abondant, la distillation devient au moins inutile : dans ce cas, si la pyrite est dure et d'une efflorescence difficile, on la dispose à la vitriolisation par une calcination préliminaire.

Dans quelques ateliers d'exploitation, on stratifie la pyrite avec des couches de combustible très-minces ; on élève quelquefois la masse jusqu'à la hauteur de 20 pieds (7 mètres) sur 40 pieds (16 à 17 mètres) de longueur. On y met le feu par plusieurs points ; mais il se répand lentement dans toute la masse, et ce n'est qu'après sept à huit jours que la calcination est terminée. On laisse ensuite effleurir la pyrite en l'humectant, de temps en temps, pour hâter sa décomposition. C'est de cette manière qu'on conduit quelques établissemens dans le pays de Liége et de Limbourg, selon Monnet.

A Geyer, dans la Haute-Saxe, on calcine la pyrite pendant quinze jours.

Dans tous les cas où la calcination est avantageuse, il faut observer de ne pas la pousser trop loin ; il en résulteroit un double inconvénient : non-seulement on dissiperoit, à pure perte, une portion de soufre, mais l'on décomposeroit la couperose qui se forme pendant la calcination. Il faut donc se borner à mettre en jeu la vitriolisation, et confier au temps le travail nécessaire pour opérer une exacte combinaison.

Il est un grand nombre de pyrites qui effleurissent avec assez de facilité pour qu'on ne doive pas recourir à la calcination : ce sont des pyrites de cette nature qu'on exploite à Newcastle, en Angleterre; à Alais, en France, et ailleurs.

Dans ces divers endroits, après avoir extrait la pyrite de ses mines par les procédés connus, on la met à effleurir.

Le travail de la vitriolisation est très-simple : avec les morceaux de pyrite extraits de la mine, on forme des couches de 3 à 4 pieds de hauteur. Le sol sur lequel on élève

les couches doit être solide et ne pas permettre la filtration des eaux ; il doit encore
former un plan incliné pour faciliter l'écoulement des eaux de lessive ; l'inclinaison
doit porter les eaux dans des rigoles, qui
toutes se réunissent dans un grand réservoir qu'on peut regarder comme un récep-
tacle commun.

La pyrite se décompose, et le sel effleuri,
dissous par les eaux, est entraîné dans le
réservoir.

A mesure que la décomposition avance,
la pyrite s'échauffe ; on entretient son action, en arrosant le tas, de temps en temps,
sur-tout lorsque l'air est sec et chaud.

Lorsque les premières eaux de lessive ne
sont pas suffisamment chargées, ce qui peut
arriver après de fortes pluies, on les reporte
sur le tas pour les employer de nouveau à
l'arrosage.

Il importe au succès d'un établissement
de ce genre, où tout le travail de la vitriolisation est confié aux soins de la nature, de
faire présenter beaucoup de surfaces aux
pyrites, et d'en établir de grandes masses
en décomposition, pour que la lixiviation
entraîne des eaux très-chargées et en four-

nisse assez abondamment pour donner des produits considérables en couperose.

Ces couches ne s'épuisent qu'au bout de quelques années; lorsque la pyrite est pure, le résidu en est presque nul.

Si la vitriolisation se ralentit, on a l'attention de retourner la couche. Ce n'est que dans ce cas qu'il faut remuer la pyrite; car, lorsqu'elle est en travail d'efflorescence, le remuement ralentiroit son action.

On trouve, sur les bords de la mer en Angleterre, et sur la partie de notre côte qui y répond, des pyrites roulées, dont l'efflorescence est facile et donne une excellente qualité de couperose. J'ai vu à Honfleur un établissement de couperose qui est alimenté par des pyrites de cette nature, ramassées parmi les galets que rejette la mer.

Quelquefois la nature nous présente des terres noirâtres, semées de petits grains pyriteux qui se décomposent avec une merveilleuse facilité ; ces sortes de mines abondent aussi en alumine, et donnent, par la vitriolisation, du sulfate de fer et de l'alun. A Cremnitz en Hongrie, à Baurin en Picardie, on exploite des terres de cette nature.

3°. La pyrite est presqu'inséparable de la houille et des tourbes : mais toutes les houilles et toutes les tourbes ne sont pas également pyriteuses; il en est même où le sulfure n'est pas sensible; tandis qu'il en est d'autres qui exhalent une odeur de soufre insupportable, lorsqu'on les brûle, et qui se décomposent promptement lorsqu'on les laisse exposées à l'air. Cette décomposition produit même très-souvent l'incendie de la masse.

L'efflorescence des diverses espèces de houille et de tourbe, ne fournit pas constamment les mêmes produits : souvent l'alumine y prédomine, et alors le principal résultat est de l'alun : c'est, au contraire, du sulfate de fer, et on l'exploite pour obtenir ce sel, lorsque le fer y prédomine. Il est rare que l'alumine et le fer ne se trouvent pas unis dans ces sortes de pyrites.

Toutes les mauvaises mines de charbon ou houille, dont on caractérise le vice dominant par l'épithète *pyriteuses* ou *sulfureuses,* peuvent être exploitées pour en extraire de l'alun ou du vitriol. On reconnoît aisément la nature de ce charbon à l'odeur de soufre qu'il exhale dans la combustion, à des veines de pyrite qui, presque toujours, existent dans les couches, et sur-tout à la propriété qu'a ce charbon de se réduire en poussière à l'air, de présenter peu de consistance, de s'échauffer lorsqu'il est entassé, d'user promptement les vaisseaux de cuivre ou de fer en les pyritisant, de n'être point propre à la forge ni à la fonte des métaux qu'il rend aigres, et de se recouvrir d'efflorescences salines dont l'analyse fait connoître le genre d'exploitation qu'il est le plus avantageux de lui appliquer.

Dans le Beauvoisis, on exploite des tourbes pyriteuses pour en retirer la couperose (1) : on les expose à l'air pendant quelque temps; elles ne tardent pas à effleurir; alors on les transporte sous des hangars couverts où on les dispose par couches peu épaisses; on les laisse, dans cet état, jusqu'au moment où on en fait la lixiviation.

Dans une très-grande étendue de la Picardie et du Soissonnois, se trouve une couche d'une terre noire et pyriteuse, con-

_____

(1) Journal de Physique, tome IV, octobre 1774.

nue, dans le pays, sous le nom de *cendre* et de *terre de houille*. Cette terre se décompose dès qu'elle a le contact de l'air; elle s'échauffe et s'enflamme, et l'on emploie, avec un très-grand avantage, le résidu de la combustion comme *engrais*. Cette couche repose sur une couche d'argile, et est recouverte d'un bon terreau ocracé et très-friable. On a déjà formé quelques établissemens de couperose sur les points les plus pyriteux de cette couche.

L'opération de la vitriolisation est assez difficile à conduire sur les mines de cette nature, attendu qu'on doit craindre l'inflammation, toujours prête à se manifester, lorsque la pyrite est amoncelée en couches trop épaisses.

Il paroît que les couches de pyrites ont été plus nombreuses sur ce globe qu'elles ne le sont aujourd'hui. Nous trouvons, presque par-tout, des restes de leur décomposition : les terres ocreuses, les matières volcaniques, attestent leur existence primitive ; et la chaleur des eaux minérales, l'éruption des volcans brûlans, nous prouvent encore que les entrailles de la

terre en récèlent des couches qui sont en
décomposition.

§. II.

De la Lixiviation des Pyrites vitriolisées.

Du moment que le vitriol est formé
par la décomposition de la pyrite, il ne
s'agit plus que de l'en extraire; et c'est cette
opération qu'on appelle le *lavage* ou la
lixiviation des pyrites.

Nous avons déjà observé que, lorsque
la pyrite se décompose en plein air et en
couches sur une aire, la lixiviation s'en
faisoit naturellement, et à chaque instant,
par l'eau des arrosages.

Il est des fabriques où l'on pratique des
fosses ou réservoirs dans lesquels on met
la pyrite sur laquelle on fait séjourner
l'eau pendant vingt-quatre heures, après
lesquelles on la fait couler dans un réservoir commun, où elle s'épure avant de se
rendre aux chaudières d'évaporation.

Si le minerai qu'on exploite, contient
peu de vitriol, il devient nécessaire de
passer la même eau sur plusieurs couches,
pour la charger davantage.

Dans presque toutes les fabriques de vitriol, on fait couler les eaux de lessive
dans des réservoirs où elles commencent à
déposer de l'ocre et tous les corps étrangers qu'elles ont chariés ; de-là, on les fait
passer dans un réservoir commun où elles
se mêlent et se clarifient de nouveau.

Ce sont les eaux de ce dernier réservoir
qui fournissent à l'évaporation dans les
chaudières.

L'évaporation des eaux de lessive se fait
généralement dans des chaudières de plomb.
La capacité de ces vaisseaux varie dans les
divers ateliers. M. Jars en a vu, en Angleterre, de 15 pieds (5 mètres) de longueur
sur 12 (4 mètres) de largeur. Ces masses
énormes sont supportées sur des plaques de
fer coulé, assises elles-mêmes sur des ar-
ceaux de brique ; et c'est vers le milieu
qu'est la grille du fourneau.

Ailleurs, les chaudières sont assez généralement de 2 à 3 pieds (un mètre) de profondeur sur 5 à 6 (2 mètres) de largeur,
et 8 à 10 (3 mètres) de longueur. On les
pose sur de fortes barres de fer recouvertes
de plaques de tôle très-épaisses, pour que
la chaudière ne s'affaisse pas dans les inter-

valles que laissent entr'eux les barreaux de fer.

L'eau du réservoir commun est ordinairement emmenée dans la chaudière par une pente naturelle, à l'aide de tuyaux qui communiquent de l'un à l'autre : on remplit la chaudière de cette eau de lessive ; et, dès qu'elle est en ébullition, on maintient l'eau à la même hauteur, en en faisant couler de nouvelle sans interruption.

On continue l'évaporation jusqu'à ce qu'il se forme une pellicule à la surface du liquide : on ne peut pas porter la lessive à une concentration plus forte que 40 à 41 degrés du pèse-liqueur de Baumé, sans qu'elle se trouble et forme un précipité blanc qui s'attache au fond des chaudières et en détermine la fonte.

Lorsqu'on a éteint le feu, on laisse reposer et clarifier la cuite pendant quelques heures : on la fait couler ensuite dans les cristallisoirs. Au bout de huit à dix jours, on enlève les cristaux qui se sont formés, et on fait couler les eaux-mères dans des puisards.

Dans tous les ateliers, on épaissit les eaux de lessive par le mélange d'une por-

tion d'eau – mère : mais, dans quelques-
uns, on les mêle avec la première eau de
lessive; tandis que dans d'autres, le mélange
se fait vers la fin, et cette dernière méthode
me paroît plus avantageuse.

On est dans l'usage, en Angleterre et
ailleurs, de faire bouillir la liqueur sur de
la ferraille dont on garnit le fond de la
chaudière avant d'y faire couler l'eau : cette
méthode a l'avantage de saturer l'acide sulfurique qui, presque toujours, est en excès
dans les eaux de lessive, et de décomposer
le peu de sulfate de cuivre, dont le minerai n'est pas toujours exempt.

Les cristallisoirs sont, dans quelques établissemens, des carrés en bois d'environ
2 pieds (0,650 mètre) de largeur sur autant de profondeur : ailleurs, ce sont des
bassins en maçonnerie, revêtus d'un bon
ciment. On emploie encore des tonneaux ou
des caisses, dont l'assemblage se démonte
facilement lorsqu'on veut faire couler les
eaux-mères.

On a encore l'habitude de disposer, dans
les cristallisoirs, des bâtons croisés, ou des
épines, pour multiplier les surfaces et
donner des points d'appui aux cristaux.

J'ai déjà observé que, lorsque l'évaporation est portée au-dessus de 40 ou 41 degrés du pèse-liqueur de Baumé, le bain se trouble, et qu'il se précipite, dans le moment, un dépôt blanchâtre qui prend, au fond de la chaudière, la consistance du plâtre, d'où il est bien difficile de le détacher. Le dépôt se forme plutôt, lorsque la liqueur est acide que lorsqu'elle est convenablement saturée.

Dans tous les cas, dès que le dépôt est formé, le bain descend à une concentration moindre de 5 à 6 degrés; la couleur redevient verte, et l'on peut continuer l'évaporation jusqu'au même degré. On obtient encore un semblable dépôt, qui est suivi d'une semblable diminution de concentration : on peut, par ce moyen, convertir tout le sulfate dissous dans les eaux de lessive en un dépôt blanchâtre.

L'analyse de ce dépôt m'a prouvé que c'étoit du sulfate sec ou *anhydre*, à-peu-près semblable à celui qu'on obtient lorsque, par la chaleur, on a décoloré le sulfate vert. J'ai distillé séparément parties égales de sulfate vert et de ce sulfate blanc : le premier m'a donné l'eau ordinaire de cristallisation, le second n'en a presque pas fourni.

J'ai dissous le sulfate blanc avec l'eau obtenue de la distillation du sulfate vert, et je l'ai converti en sulfate vert.

Ce précipité est donc du sulfate blanc anhydre.

Il paroît que, lorsque le rapprochement des eaux de lessive est arrivé au point qu'il n'y a plus assez d'eau de cristallisation pour tout le sulfate contenu dans le bain, alors une partie se précipite à l'état de sulfate sec : il est même probable que les divers degrés d'oxidation dans lesquels se trouve le fer dans la dissolution, concourent à produire ce phénomène, et que la solubilité, plus ou moins grande des sulfates selon ce degré d'oxidation, détermine le départ d'une partie avant l'autre.

ARTICLE II.

Du Sulfate de fabrique.

On fait la couperose de toutes pièces, comme l'alun.

Plusieurs établissemens de ce genre existent à Paris, à Rouen, à Montpellier.

Nous pouvons réduire à deux méthodes tout ce qui est connu sur la fabrication artificielle du sulfate de fer.

La première consiste à former des pyrites artificielles qu'on livre ensuite à la vitriolisation.

La seconde a pour but de combiner directement l'acide sulfurique avec le fer.

1°. On forme une pyrite artificielle en mêlant, avec soin, parties égales de limaille de fer et de soufre, qu'on humecte avec assez d'eau pour en faire une pâte. Ce mélange s'échauffe, se boursouffle et s'enflamme : il est connu sous le nom de *volcan de Lemery*, parce que ce chimiste paroît être le premier qui ait fait connoître cette expérience.

Lorsqu'on veut employer ce moyen pour fabriquer de la couperose, il faut éviter l'inflammation, qui décompose le sulfate en partie; on y parvient, en remuant et retournant le mélange, dès qu'on craint que la chaleur qui s'excite ne produise l'incendie.

J'ai formé, par ce procédé, du très-beau sulfate, en employant, néanmoins, le soufre dans une proportion moins forte : mais

j'ai constamment observé qu'il se produisoit une quantité considérable d'ocre qui
échappoit à la combinaison, et qui m'a
paru, par le résultat de plusieurs expériences, dans la proportion du quart du fer
employé.

J'ai encore soumis à mes recherches sur
la vitriolisation, des sulfures de fer faits
par le feu ; et j'ai trouvé constamment que
leur décomposition étoit très-longue et difficile ; de manière que le mélange seul m'a
paru préférable.

2°. L'art de fabriquer l'acide sulfurique
s'est tellement perfectionné, et les établissemens de ce genre sont aujourd'hui si nombreux, que la consommation de l'acide est
beaucoup au-dessous de la quantité qu'on
en fabrique. Dès-lors, les manufacturiers
d'acide ont cherché à l'employer eux-
mêmes dans leurs ateliers, en le combinant avec l'alumine ou le fer pour former
l'alun ou la couperose.

La dissolution du fer dans l'acide se fait
de plusieurs manières :

A On verse de l'acide foible dans une
chaudière dans laquelle on met le fer
nécessaire : la dissolution se fait peu à peu

il se forme un dépôt extrêmement abondant; le liquide disparoît presqu'en entier
sur la fin. On met ce dépôt en couches;
et on le remue, de temps en temps, jusqu'au moment de le lessiver pour former
la couperose.

B On verse une partie d'acide sulfurique
concentré sur 3 parties d'eau, et on dissout
du fer dans ce mélange jusqu'à saturation.

C On prend de l'eau des chambres à 35
degrés, et on la sature par le fer.

Dans tous ces cas, il est nécessaire d'employer, vers la fin, du fer très-divisé, tel
que la limaille ou les rubans des tourneurs;
sans cela, il seroit difficile de saturer l'acide.

Le fer de fonte se dissout plus difficilement que le fer ouvré.

L'évaporation et la cristallisation n'exi-
geant aucun procédé particulier, nous n'en-
trerons dans aucun détail à leur sujet.

SECTION VII.

Des Combinaisons de l'Acide sulfurique avec le Cuivre (Sulfate de cuivre, Vitriol bleu, Vitriol de Chypre).

Le sulfate de cuivre (vitriol bleu, vitriol de Chypre), quoique beaucoup moins employé que l'alun et le sulfate de fer, a des usages assez étendus pour mériter un article particulier dans cet ouvrage.

Il a une couleur bleue qui ne s'altère pas sensiblement à l'air.

Il cristallise aisément; et la forme la plus ordinaire de ses cristaux, est celle d'un parallèlipipède rhomboïdal.

La saveur en est styptique, suivie d'un arrière-goût métallique.

Il se fond au feu, perd son eau de cristallisation, et se réduit en une poudre d'un gris bleuâtre.

Au chalumeau, il se boursouffle au premier feu, avec bruit et bouillonnement, puis il reste tranquille, et le métal se réduit alors lorsqu'on opère sur un charbon.

Il se dissout aisément dans l'eau, qu'il

colore en bleu. Quatre parties d'eau en dissolvent une, à la température de 60 degrés du thermomètre de Fahrenheit.

L'ammoniaque précipite l'oxide de cuivre en une couleur d'un blanc bleuâtre ; mais, si on l'y ajoute en excès, la liqueur prend la plus belle couleur bleue par la dissolution de l'oxide précipité.

Le fer en précipite le cuivre à l'état de métal : il suffit de frotter un cristal de vitriol bleu sur une lame de couteau, pour porter le cuivre sur le fer, sur-tout si on humecte la surface du cristal.

Sa pesanteur spécifique est à celle de l'eau dans le rapport de 2,23 à 1.

Il est composé de 0,27 cuivre.
0,30 acide.
0,43 eau.

Nous réduirons à quatre, tous les procédés employés pour extraire ou fabriquer le sulfate de cuivre.

1°. La vitriolisation des pyrites cuivreuses.

2°. L'évaporation des eaux cuivreuses.

3°. La formation et la vitriolisation des pyrites artificielles.

4°. La dissolution du cuivre par l'acide sulfurique.

1°. Les pyrites cuivreuses se distinguent des pyrites martiales par une couleur plus vive.

Elles se trouvent, suivant la remarque d'Henckel, assez généralement, à des profondeurs plus grandes que celles de fer.

Le même chimiste y a trouvé depuis une jusqu'à 50 livres de cuivre par quintal.

Elles se vitriolisent plus difficilement : cependant, l'existence des sources d'eau cuivreuse, et l'examen des mines de cuivre sulfureuses, ne laissent pas de doute sur la décomposition spontanée des pyrites cuivreuses dans les entrailles de la terre.

Pour décomposer les pyrites et en préparer la vitriolisation, on les stratifie avec des couches minces de combustible, et on y met le feu. Il faut avoir l'attention de ne pas donner une trop forte chaleur ; il vaut mieux qu'elle soit modérée et long-temps entretenue.

A Marienberg, où l'on exploite une mine d'étain sulfureuse mêlée de cuivre, on grille le minerai, pendant dix à douze heures, dans un fourneau de réverbère chauffé au rouge; on continue à remuer la matière, après avoir arrêté le feu, jusqu'à ce que le fourneau ne soit plus rouge; et on jette le minerai, encore chaud, dans un cuvier plein d'eau où on l'agite pendant quelque temps. Lorsque l'eau est suffisamment chargée, on la fait évaporer, pour en extraire le sulfate de cuivre qui y est dissous.

Il est des pyrites dont le produit en cuivre ne couvriroit pas les frais d'un établissement de fonderie; et néanmoins on en exploite quelques-unes pour en retirer le soufre et le vitriol, par des procédés faciles que nous avons fait connoître à l'article *soufre.*

2°. La vitriolisation des pyrites cuivreuses dans l'intérieur de la terre, s'annonce, d'une manière évidente, par la nature des eaux qui en sortent.

Ces eaux sont tellement chargées de vitriol de cuivre, dans plusieurs sources, qu'on peut les exploiter avec avantage pour en extraire le cuivre : il ne s'agit que de jeter de la ferraille dans l'eau, pour en précipiter le cuivre, qui prend la place du fer, à mesure que ce métal remplace le cuivre dans sa combinaison avec l'acide sulfurique. Le cuivre qu'on obtient par ce procédé, est connu sous le nom de *cuivre de cémentation.*

Dans les mines de Neussol, en Hongrie, à une profondeur de 60 toises (116,94240 mètres) au-dessous d'une galerie d'écoulement, on a placé, de distance en distance, plusieurs caisses où se rassemblent les eaux cuivreuses, dont on sépare le métal par le procédé que nous venons d'indiquer.

On emploie des moyens semblables dans les mines de Graslitz, en Bohême, de Smolnitz, au pied des monts Krapacks, à Altemberg, à Rammelsberg et ailleurs.

Lorsqu'on a précipité le cuivre par le fer, on pourroit extraire, par évaporation, le sulfate de fer qui s'est formé, mais il y est contenu en trop petite quantité pour fournir aux frais.

3°. Dans les principales fabriques de vitriol bleu établies en France, on opère de la manière suivante.

On trempe dans l'eau le cuivre qu'on veut vitrioliser, et on en revêt la surface humide d'une couche de soufre en poudre. On porte ces lames, ainsi préparées, dans un four chauffé au rouge ; on les retire encore chaudes pour les plonger dans un cuvier rempli d'eau : on leur fait subir successivement plusieurs de ces opérations, jusqu'à ce qu'elles soient entièrement usées et converties en vitriol. Peu à peu l'eau se charge de sulfate ; et, lorsqu'elle est suffisamment saturée, on la concentre, pour en extraire le vitriol.

J'ai voulu simplifier encore ce procédé, et voici le résultat de mes expériences.

J'ai fondu 2 livres (un kilogramme) de soufre dans un creuset rougi au feu ; j'ai coulé dans ce bain poids égal de lames de cuivre, en tenant constamment le creuset au milieu des charbons ardens. Bientôt, il s'est élevé une grande flamme, à travers laquelle on voyoit les lames rouges dans le creuset. Dès que la flamme a eu cessé, j'ai retiré le creuset du feu ; et, après le refroidissement, j'ai trouvé les lames de cuivre très-cassantes, d'une belle couleur rouge sombre, d'une cassure soyeuse striée : elles pesoient 2 livres 10 onces (12,84948 hectogrammes). J'ai broyé et divisé ce sulfure en deux parties : j'en ai humecté une

IV.   8

avec de l'eau pure, et l'autre avec de l'acide
sulfurique affoibli. La première n'a pas
effleuri ; et, malgré tous mes soins, treize
mois n'ont pas suffi pour y développer la
moindre apparence de vitriolisation : la seconde a effleuri ; et, en l'arrosant de temps
en temps avec l'eau acidulée, j'en ai extrait
à-peu-près 5 livres de vitriol (2,44755
kilogrammes).

On peut économiser le soufre en le pro-
jetant sur le cuivre rougi : par ce moyen, le
cuivre devient aussi très-friable, la cassure
est d'un bleu rougeâtre, et l'acide sulfurique l'attaque facilement.

4°. L'acide sulfurique n'attaque point le
cuivre à froid ; mais, si on le fait digérer
sur du cuivre à une forte chaleur, alors il
se décompose en partie ; il s'en exhale beaucoup d'acide sulfureux, et il reste une pâte
blanche qu'on peut dissoudre dans l'eau et
en obtenir, par l'évaporation, de beaux cristaux de vitriol.

On peut aider l'action de l'acide sulfurique en oxidant le métal par l'acide nitrique
qu'on emploie avec lui.

Une dissolution de nitrate de cuivre,

bouillie avec du sulfate de potasse, produit de beaux cristaux de sulfate de cuivre.

Le métal de cloches, broyé et mis en digestion avec l'acide sulfurique au bain de sable, se réduit en une poudre blanche qui n'est que de l'oxide d'étain; la liqueur qui surnage se colore en bleu et donne du sulfate de cuivre.

SECTION VIII.

Des Combinaisons de l'Acide sulfurique avec le Zinc (Sulfate de zinc, Vitriol blanc, Vitriol de Goslar).

OUTRE le sulfate de fer et de cuivre, on trouve encore, dans le commerce, le sulfate de zinc, appelé *vitriol blanc* ou *vitriol de Goslar,* et distingué, de tous les autres sels, par les caractères suivans:

Couleur d'un blanc-sale, devenant jaunâtre par vétusté.

Cassure grenue.

Saveur sytptique.

Soluble dans environ deux fois son poids d'eau, à la température de 60 degrés de Fahrenheit.

Cristallisable en prismes tétraèdres, terminés par des pyramides à quatre pans.

Il perd au feu une partie de son acide; se boursoufle au chalumeau, au premier feu, avec bruit et pétillement; puis il s'affaisse, et le métal se réduit lorsqu'on opère sur des charbons; il s'enflamme et produit tous les phénomènes qui accompagnent la combustion du zinc.

Les proportions de ses principes constituans sont dans l'ordre suivant :

BERGMANN.	KIRWAN.	
40	20,5	acide.
20	40,0	oxide.
40	395	eau.

M. Tennant a trouvé, dans ce sulfate desséché, 50 acide et 50 oxide.

La pesanteur spécifique comparée à l'eau, est dans le rapport de 2 à 1, d'après Kirwan, et de 19 à 10 d'après Brisson.

Le sulfate de zinc est fourni par la décomposition des *blendes,* ou sulfures de zinc natifs. Ce minerai est très-commun; on le trouve souvent mêlé ou à côté des *galènes* ou sulfures de plomb : il en impose aux mineurs sur l'abondance de la vraie mine.

Mais, quoique le sulfure de zinc soit commun, le sulfate est assez rare, parce que la vitriolisation du minerai est très-difficile. Cependant on le trouve dans quelques eaux minérales de Suède, d'après les résultats des analyses du célèbre Bergmann ; et les minéralogistes ont eu occasion de l'observer plusieurs fois dans les mines.

Toutes les blendes peuvent être vitriolisées à l'instar de celle de Rammelsberg qu'on traite dans les fonderies de Goslar. Cette dernière contient du zinc, du cuivre et du plomb minéralisés par le soufre.

On grille le minerai, et on le jette tout rouge dans une cuve pleine d'eau; on laisse le minerai dans l'eau pendant dix-huit heures; on y éteint du minerai rougi au feu, à plusieurs reprises; et, après avoir laissé clarifier la dissolution dans de grands bassins, on l'évapore dans des chaudières de plomb, pour opérer la cristallisation du sel.

On fait fondre les cristaux dans une chaudière de cuivre; et, aussitôt qu'ils sont fondus, on écume la surface avec un tamis de crin. On verse alors la disssolution dans une cuve de bois, où on la remue sans interruption avec des pelles, jusqu'à ce qu'elle se refroidisse et prenne de la consistance : on en forme des

pains qu'on répand dans le commerce. Ils
ont, dans ce premier état, la couleur et le
grain du sucre raffiné.

J'ai moi-même extrait, par un procédé
semblable, une assez grande quantité de sulfate de zinc de la blende de Saint-Sauveur,
dans le département de la Lozère.

On peut former facilement du sulfate de
zinc en dissolvant le métal dans l'acide sulfurique affoibli. La dissolution se fait avec
une grande facilité, et il se dégage une quantité considérable de gaz hydrogène par la décomposition de l'eau sur le métal.

CHAPITRE X.

Des Combinaisons de l'Acide nitrique.

DE toutes les combinaisons de l'acide nitrique, la seule qui soit employée dans les
arts, est le *nitrate de potasse.*

SECTION PREMIÈRE.

Des Combinaisons de l'Acide nitrique avec la Potasse (Nitrate de potasse , Nitre , Salpêtre).

Le nitrate de potasse, appelé encore *nitre, salpêtre, sel de nitre,* se reconnoît aux propriétés suivantes :

Sa forme la plus ordinaire , est celle d'un prisme à six pans, terminé par des pyramides hexaèdres.

Sa pesanteur spécifique, comparée à celle de l'eau, est dans le rapport de 1,9369 à 10,000.

Sa saveur est piquante, suivie d'un arrière-goût de fraîcheur.

Il craque dans la main lorsqu'on le presse.

Il est soluble dans sept fois son poids d'eau, à la température de 60 degrés de Fahrenheit. L'eau bouillante en dissout à-peu-près poids égal.

Il n'est pas sensiblement altéré par le contact de l'air.

Il entre en fusion à une forte chaleur, et son acide se décompose en laissant d'abord

échapper son oxigène, dès qu'il est au rouge-
blanc, et puis l'azote.

Mêlé avec des corps combustibles, et exposé au feu, il fuse, et l'acide se décompose
en présentant tous les phénomènes d'une
combustion très-rapide.

Ses principes constituans sont dans les
proportions suivantes :

BERGMANN.	KIRWAN.	
31	44,0	acide.
61	51,8	potasse.
8	4,2	eau.

Les usages multipliés du salpêtre dans les
arts, et la propriété qu'il a de faire la base
des principes constituans de la *poudre à canon*, rendent l'étude de ce sel aussi importante que pleine d'intérêt.

C'est d'après cette considération que nous
nous occuperons successivement de la formation, de l'extraction, du raffinage et de
l'emploi de ce sel.

ARTICLE PREMIER.

De la Formation du Salpêtre.

Le salpêtre se forme journellement, mais il ne s'en produit pas par-tout.

On ne le trouve que près des habitations ou dans les lieux imprégnés des produits de la décomposition végétale ou animale.

Il n'existe en quantité, ni dans les lieux fortement frappés par le soleil, ni dans les endroits très-secs, ni dans les souterrains où règne une obscurité absolue.

Les caves peu profondes, et foiblement éclairées, sont les plus salpêtrées.

Les rues étroites dont les maisons sont très-élevées, et où le soleil ne pénètre jamais, offrent le plus de ce sel.

Les terres calcaires les plus poreuses, paroissent les plus propres à le fixer; et, parmi celles-ci, celles qui sont légèrement ocreuses sont encore les plus favorables à la nitrification.

Les craies mêlées d'un peu d'alumine, sont encore plus favorables à la formation du salpêtre que lorsqu'elles sont pures,

d'après l'observation de M. de Larochefou-
cault.

La température trop chaude ou trop froide
nuit également à la formation du salpêtre.

Il se forme, de préférence, dans les lieux
exposés au nord.

Il se développe, en plus grande quantité,
dans les portions de mur qui sont près de
la terre.

On le trouve sur-tout dans les terres qui
sont exposées aux émanations des substances
animales ou végétales en putréfaction.

Presque tout le salpêtre formé dans les
platras, les craies, les marnes, le tuffeau,
est à base de chaux.

Presque tout le salpêtre formé dans les
bergeries, remises, écuries, est à base de potasse.

Telles sont les leçons de l'observation.

Il nous reste à rapprocher ces faits des
principes de la science, pour en démontrer
l'accord, et en déduire des conséquences
propres à diriger dans la fabrication artificielle du salpêtre.

Le nitrate de potasse résulte de la combinaison de l'acide nitrique avec la potasse.

L'acide nitrique est composé lui-même d'azote et d'oxigène.

Tout le secret de la formation du salpê-tre se réduit donc à faire connoître les cas, les circonstances et le moyen par lesquels s'opère cette combinaison.

L'azote et l'oxigène, lorsqu'ils sont à l'état de gaz, ne peuvent entrer en combinaison que par l'effet de l'étincelle électrique. Mais il paroît que le gaz azote est celui sur-tout qui se refuse à la combinaison, car l'oxigène se concrète aisément lorsqu'on lui présente une base convenable.

Pour opérer la combinaison de l'azote et de l'oxigène, il faut donc prendre l'azote sortant de ses combinaisons, c'est-à-dire, en ce moment où il ne jouit pas encore de sa force élastique ou expansive, et où, par con-séquent, il est plus propre aux combinai-sons.

La décomposition des matières animales et végétales nous l'offre dans cet état, puisqu'il en est un des principes constituans; et, à me-sure qu'il est mis à nu par leur désorganisa-tion, l'oxigène ou l'hydrogène s'en empa-rent, l'un pour former de l'acide nitrique, l'autre pour former de l'ammoniaque.

Lorsque les principes d'un végétal ont été désunis à l'abri de l'air et de la lumière, par exemple, sous les planches des habitations ou des greniers à foin, ces principes désunis et confondus ne demandent que le contact de l'air pour donner du salpêtre. Il en est de la décomposition de ce terreau comme de celle des terres pyriteuses qui n'effleurissent que par le contact de l'air; et nous pouvons considérer le terreau formé dans une obscurité absolue, et à l'abri de l'air, comme une *tourbe nitreuse.* Nous donnerons à sa décomposition le nom de *nitrification,* pour nous rapprocher d'un phénomène semblable que nous présente la *vitriolisation* des tourbes pyriteuses.

Cette idée-mère de la production du salpêtre, par la nitrification du terreau, doit nous conduire dans la recherche des procédés les plus propres à hâter la formation de ce sel.

Les observations de tous les temps, de tous les lieux, de tous les hommes, s'accordent à faire regarder les terres calcaires ou crayeuses comme les plus propres et les plus promptes pour la nitrification. Mais ces terres ne présentent qu'une base à l'acide nitrique, et il faut, ou qu'elles soient imprégnées des substances qui en fournissent les principes, ou qu'elles en reçoivent les émanations. Ainsi, le mélange de ces terres avec des débris de végétaux ou de matières animales, exposé à une température et à une lumière convenables, forme une nitrière excellente.

Il paroît que, pour préparer les matières végétales et animales à la nitrification, il convient d'en désunir les principes ou de les désorganiser, à l'abri de la lumière, pour les exposer ensuite à l'action de l'air qui opère la combinaison de l'azote avec l'oxigène, et forme un acide qui s'unit de suite aux bases alkalines et terreuses qui se trouvent dans le mélange.

Il suit encore de ce que nous venons d'exposer, que toutes les plantes ne sont pas également propres à la nitrification, parce que toutes ne fournissent pas de l'azote dans la même proportion.

Les plantes vireuses, celles qui exhalent une odeur forte ou fétide, paroissent les plus favorables : la ciguë, le tabac, le bouillon blanc, la jusquiame, le chou, le marrube, l'ortie, occupent la première place; on a même observé que leur extrait, long-temps

conservé, se recouvre de cristaux de salpêtre.

Il en est des matières animales comme
des végétales : toutes ne sont pas également
propres à la nitrification. On préfère les animaux herbivores aux carnivores : les émanations des premiers salpêtrent mieux et
plutôt que celles des derniers.

Parmi les parties appartenant au même
animal, le sang est, de toutes les humeurs,
celle qui est la plus favorable à la nitrification.

L'urine concourt à produire beaucoup
de muriate.

Les parties molles sont préférables aux
parties dures.

Dans tous les pays où la nature ne produit
pas assez de salpêtre pour fournir aux besoins de la société, on forme ce sel par le
moyen des nitrières artificielles.

En Prusse, on mêle cinq mesures de terre
noire végétale, de terre de caves ou d'autres
souterrains, avec une mesure de cendres
lessivées et de la paille d'orge : on gâche ces
matières avec de l'eau de fumier, et on élève
des murs de 20 pieds de long sur 6 à 7 de
haut. On met des bâtons dans la couche, et

on les retire lorsqu'elle a pris assez de consistance. Ces murs sont placés dans des lieux humides, à l'abri du soleil, couverts d'un toit de paille ; on les arrose, de temps en temps, pour les lessiver au bout de l'année.

A Malte, on prend la terre calcaire la plus poreuse qu'on mêle avec de la paille lessivée ; on en forme des piles triangulaires oblongues, qu'on construit en élevant des couches successives de terre et de fumier ; on arrose avec un mélange d'eau-mère de salpêtre, d'urine et d'eau de fumier.

On laisse dessécher les surfaces de ces terres empilées ; on les brise, on les retourne et on les arrose de nouveau.

Lorsque le fumier est détruit, on le remplace par une boue composée d'eau et de fumier.

On ne lessive que tous les trois ans ; et, la première année, on saupoudre, tous les mois, avec de la chaux éteinte.

En Suède, on forme des couches à salpêtre avec du chaume, de la chaux, des cendres et de la terre des prés. La base est construite en briques posées de champ : sur cette base est un lit de mortier fait avec la terre des prés, la cendre, la chaux, et suffisante

quantité d'eau-mère de salpêtre ou d'urine;
on recouvre avec un lit de chaume, et on
élève alternativement des lits de chaume
et de mortier.

On garantit les couches de la pluie avec
des planches et un toit de bruyères.

On les arrose avec de l'urine, des eaux
croupissantes, etc.

Ces couches rapportent au bout d'un an,
et en durent dix.

On en détache le salpêtre avec des balais,
tous les huit jours; on les arrose dès qu'elles
sont balayées, avec des eaux-mères étendues
d'eau pure.

Le résidu, au bout de dix ans, est un excellent engrais pour la culture du chanvre
et du lin.

Dans le canton d'Appenzell, en Suisse,
on a profité de la position des étables, sur la
pente des montagnes, pour y former des nitrières très-productives.

Ces étables carrées sont appuyées, par un
des côtés, contre la montagne elle-même;
tandis que le côté opposé est élevé sur des
dés de pierre, et laisse un intervalle ouvert
entre le plancher et la terre. C'est dans cet
espace qu'on creuse une fosse profonde de

trois pieds, dans laquelle on met des terres poreuses très-propres à la nitrification , et qui s'imprègnent aisément de l'urine des bestiaux qui coule dans ces fosses.

On lessive cette terre tous les deux ou trois ans. On dessèche le résidu lessivé, et on le remet dans la fosse.

On retire un millier de salpêtre d'une étable de médiocre grandeur.

On a l'attention de diriger vers le nord, l'ouverture de cette nitrière.

ARTICLE II.

De la Lixiviation des terres salpêtrées.

AVANT de travailler une terre pour en extraire le salpêtre, il faut s'être assuré qu'il y existe en assez grande quantité, pour que l'exploitation soit profitable.

Les moyens qu'emploie le salpêtrier pour acquérir ces connoissances, lui sont fournis par la vue ou la dégustation des terres.

Les pierres pénétrées de salpêtre se gercent et effleurissent : les mousses et autres plantes ne sauroient végéter ni sur leurs surfaces ni dans leurs joints.

IV.   9

Quelques atomes très-divisés de ces terres salpêtrées, portés sur la langue, y déterminent un goût salé qui varie selon que le salpêtre est à base de terre ou d'alkali, et selon la nature et la proportion des sels étrangers qui sont mêlés avec lui.

Lorsqu'on a reconnu qu'une terre est suffisamment salpêtrée pour permettre l'exploitation, on creuse dans plusieurs endroits et à une profondeur de quelques pouces, pour s'assurer de l'épaisseur de la couche de terre salpêtrée.

On enlève toute la terre salpêtrée avec beaucoup de soin, et on la laisse exposée à l'air, pendant quelque temps, avant de procéder à son exploitation.

Pour lessiver les terres, on a des tonneaux ou des bassins de pierre percés d'un trou qu'on garnit d'une chantepleure fermée avec une broche. Au dedans, on applique, contre le trou, un bouchon de paille, pour que l'eau sorte claire en filtrant à travers.

Lorsque le tonneau est ainsi disposé, on le remplit de matériaux salpêtrés, jusqu'à deux ou trois doigts du bord supérieur. On ferme la chantepleure, et on jette de l'eau

sur ces matériaux, jusqu'à ce qu'elle surnage; on la laisse reposer pendant quatre à
cinq heures; on ouvre la chantepleure, et
on reçoit l'eau qui s'écoule dans un baquet
placé au-dessous du tonneau.

Cette première eau n'est pas assez chargée
de salpêtre pour pouvoir être évaporée avec
fruit. La terre elle-même n'est pas épuisée
de ce sel : et c'est pour cela qu'on est dans
l'usage de passer la même eau sur trois
terres, dont l'une a été lessivée deux fois,
l'autre, une fois, tandis que la troisième
ne l'a pas été du tout.

Comme une grande partie du salpêtre est
à base terreuse et qu'il importe de le ramener à l'état de nitrate de potasse, tant pour
faciliter la cristallisation que pour en augmenter le produit, on emploie la potasse
pure, ou mélangée, ou combinée avec d'autres corps.

Quelques salpêtriers mêlent les terres salpêtrées avec les cendres de nos foyers; d'autres forment une couche de cendres au fond
des tonneaux dans lesquels on fait le lessivage : quelques-uns font bouillir les cendres
avec l'eau de cuite : d'autres mêlent la lessive des cendres avec celle des terres.

Il est des salpêtriers qui emploient le salin; d'autres, la potasse; et plusieurs se servent aujourd'hui du sulfate de potasse, que fournissent abondamment les résidus de la combustion du mélange de soufre et de salpêtre employé à la fabrication des huiles de vitriol, de même que le résidu de la décomposition du nitrate de potasse par l'acide sulfurique.

Ce procédé mérite quelques détails : on lessive avec soin le sulfate de potasse, et on porte sa dissolution à 20 degrés de concentration : pour l'employer, on remplit, aux trois quarts, une cuve profonde, d'eau de cuite marquant 20 degrés par le mélange d'un peu d'eau-mère : on y verse un cinquième en mesure de la dissolution de sulfate à 20 degrés, et on agite le mélange qui se trouble, forme un précipité et la liqueur s'éclaircit. On doit augmenter ou diminuer la dose de sulfate suivant que les eaux salpêtrées contiennent plus ou moins de nitrate terreux. Ce procédé est de M. Bérard.

Lorsqu'une fois on a saturé une *eau de cuite*, il n'est plus question que d'évaporer.

On fait l'évaporation dans une chaudière

de cuivre ; et , à défaut , dans une chaudière de fer.

A mesure que l'eau diminue par évaporation , on ajoute pour la remplacer de l'eau salpêtrée nouvelle : on soutient l'évaporation pendant quelques jours , et jusqu'à ce que la liqueur soit assez rapprochée pour donner son sel par le simple refroidissement. On reconnoît que la concentration est suffisante, lorsque les parties qu'on en retire sur des assiettes y cristallisent.

On fait couler les eaux convenablement rapprochées dans des cristallisoirs de terre, de bois ou de cuivre ; et , après quelques jours de repos, on sépare les eaux-mères de dessus les cristaux qui se sont formés.

On ajoute les eaux-mères aux eaux de lessive, de manière que, dans un atelier de salpêtrier, il y en ait toujours une même quantité.

Lorsque le salpêtre est mêlé d'une grande quantité de sel marin , sel qui se forme partout où se produit le nitrate , on profite de la propriété qu'il a de se précipiter par ébullition pour l'en séparer : on l'enlève avec une écumoire , dès que l'évaporation est avancée ; et on le met dans un panier d'osier

que l'on suspend au-dessus de la chaudière
pour ne rien perdre de ce qui peut en dé-
goutter.

ARTICLE III.

Du Raffinage du Salpêtre.

LE salpêtre qu'on obtient par une première cristallisation, s'appelle *salpêtre de
première cuite* ou *salpêtre brut* : il n'est pas
au degré de pureté convenable pour être
employé dans les opérations délicates de la
composition de la poudre : il contient du
muriate de soude, des nitrates et des muriates terreux, un principe colorant, etc.

L'art du raffinage a pour but de le débarrasser de tous les corps étrangers.

Le procédé le plus usité consiste à faire
dissoudre 2000 livres (979,02000 kilogrammes) de salpêtre brut, dans une chaudière
de cuivre, par le moyen d'environ 1600
livres (793,21600 kilogrammes) d'eau. A
mesure que la dissolution se fait par la chaleur, on enlève l'écume. On y jette ensuite
12 onces (3,67128 hectogrammes) de colle-
forte dissoute dans 10 pintes d'eau bouillante et mêlée avec quatre seaux d'eau froide.

Cette addition refroidit la lessive ; on agite la liqueur qui ne tarde pas à reprendre son bouillon ; on l'écume avec soin , on ajoute de l'eau à diverses reprises, et on ne cesse que lorsqu'il ne se forme plus d'écumes. On sépare , avec une cuiller percée, le sel marin qui cristallise.

On enlève alors toute la liqueur , qu'on porte dans des bassins de cuivre, qui ont un couvercle de bois, et qu'on a soin d'étouper exactement pour empêcher le contact de l'air.

On laisse refroidir pendant quatre à cinq jours. Ce salpêtre est connu sous le nom de *salpêtre de la seconde cuite.*

Ce salpêtre est beaucoup plus blanc , mais il contient encore un peu de sel marin. On lui fait subir un second raffinage pour n'avoir que du nitrate de potasse.

On met 2000 livres (979,02000 kilo-grammes) de salpêtre de *deux cuites* dans une chaudière de cuivre ; on verse par-dessus le quart de son poids d'eau , et on donne le feu.

Lorsque la dissolution du salpêtre est faite , on en sépare les premières écumes; on y verse une dissolution de 8 onces(2,44742 hectogrammes) de colle-forte, et on raffraî-chit la liqueur avec un ou deux seaux d'eau froide. On brasse bien pour former des écumes qu'on enlève avec soin. Lorsque la liqueur est bien pure et très-claire, on la fait couler dans des bassines de cuivre : le salpêtre s'y fige en masses ; et, au bout de cinq jours, on retire ces masses pour les mettre à égoutter en les plaçant de champ sur un plan incliné. Il faut six ou huit semaines pour que la dessiccation soit complète. C'est alors du salpêtre pur, appelé *salpêtre de trois cuites*, et employé à la fabrication de la poudre.

Lorsque, dans les jours terribles de la révolution française, le gouvernement s'est vu, tout-à-coup, attaqué de toutes parts, il a fait un appel aux sciences pour se procurer le salpêtre, la poudre et les armes nécessaires ; et, comme on ne pouvoit pas composer avec le besoin, on a été forcé d'abandonner toutes les méthodes de fabrication pour en créer de plus promptes : l'effet a surpassé l'attente : le salpêtre a été extrait, raffiné et employé, par des procédés nouveaux, que nous croyons devoir faire connoître avec quelques détails.

On savoit déjà que l'eau froide avoit la faculté de dissoudre le sel marin et d'entraîner les sels déliquescens et le principe colorant ; on a profité de cette propriété reconnue pour dépouiller , par des lavages à froid , le salpêtre brut de tout le sel marin qu'il contient,

Cette méthode proposée par Baumé a été perfectionnée par M. Carny , et elle est réduite aujourd'hui à ce qui suit :

On écrase le salpêtre brut avec des battes ; on porte le salpêtre écrasé dans des cuviers ; on verse sur le salpêtre vingt pour cent d'eau , et on brasse le mélange.

On laisse en dissolutiou jusqu'à ce que la liqueur n'augmente plus eu degrés : six à sept heures suffisent pour cette première opération , et l'eau prend depuis 25 jusqu'à 35 degrés.

On fait écouler cette première eau de lavage , et on verse encore dix pour cent d'eau sur le même salpêtre.

On brasse et on laisse en dissolution pendant une heure.

On fait écouler l'eau.

On verse, pour la dernière fois, cinq pour

cent d'eau sur le salpêtre; on l'agite, et on le met à égoutter un moment après.

On dissout ensuite le salpêtre égoutté, dans une chaudière contenant cinquante pour cent d'eau bouillante. La dissolution marque 66 à 68 degrés au pèse-liqueur de Baumé.

Cette dissolution est portée de suite, dans des cristallisoirs de plomb de 15 pouces (44,6050 décimètres) de profondeur sur une grande largeur. La précipitation des cristaux commence au bout de demi-heure; et est finie au bout de quatre à six heures.

Mais, comme il importe d'obtenir le salpêtre en petites aiguilles pour en faciliter la dessiccation, on agite la liqueur, pour troubler la cristallisation.

A mesure que le dépôt se forme, on ramène les cristaux sur les bords du cristallisoir, et on les enlève avec une écumoire pour les mettre à égoutter dans des paniers.

On porte ensuite ce salpêtre dans des caisses de bois à double fond : le fond supérieur est percé de petits trous pour laisser couler l'eau du dernier lavage qui se fait avec quatre ou cinq pour cent d'eau.

Ce salpêtre sèche facilement; et on peut

l'employer à la fabrication de la poudre, quelques heures après. On peut faciliter sa dessiccation, lorsque le temps n'y est pas favorable, par le moyen d'une étuve ou d'une chaudière de cuivre dans laquelle on le fait chauffer.

Ce procédé de raffinage a sur l'ancien les avantages suivans :

Il consomme moins de combustible.

Il exige moins de temps.

Il donne du salpêtre plus facile à sécher.

Il occasionne moins de perte en salpêtre.

Tous ces avantages ont été prouvés par la comparaison des deux procédés, dans le premier volume de mes *Élémens de Chimie*, 4ᵉ édit, p. 261 et suiv.

ARTICLE IV.

De l'Emploi du Salpêtre dans la composition de la Poudre.

LE mélange exact du salpêtre, du charbon et du soufre forme la poudre. Les proportions entre les principes constituans, la pureté des matières, leur trituration et leur mélange plus ou moins exacts, déterminent les différentes qualités de poudre.

Des expériences très-nombreuses que j'ai
été dans le cas de faire à la fameuse poudrière de Grenelle, je puis tirer les conséquences suivantes :

1°. La proportion du salpêtre doit être au
moins d'environ 75 pour 100.

2°. Les proportions qui m'ont donné la
meilleure poudre, sont 77 salpêtre, 14
charbon, 9 soufre.

Les proportions les plus généralement
employées sont :

> 76 salpêtre.
> 12 charbon.
> 12 soufre.

3°. On peut diminuer la proportion du
soufre, on peut même s'en passer : mais,
dans ce dernier cas, la poudre est très-po-
reuse, elle n'a pas de consistance, et elle
s'altère par le transport.

Lorsqu'on diminue la proportion du
soufre, il faut porter plus de soin dans la
trituration. J'ai obtenu de la bonne poudre,
en ne faisant entrer dans la composition que
3 pour 100 de soufre.

La poudre à canon supporte plutôt un
moindre dosage en soufre que la poudre
fine.

4°. Le charbon a plus d'influence dans la composition de la poudre que le soufre.

On emploie les charbons de bois blancs, tels que ceux de peuplier, de saule, de coudrier, de bourdaine, etc.

On ne fait servir à la carbonisation que les jeunes branches de deux à trois ans.

Le charbon doit être employé, au moment qu'il est fait. Son séjour à l'air lui fait absorber 20 à 25 pour 100 d'air et d'eau qui altèrent sa vertu.

Le charbon fait dans les *fosses* ou en *plein air* (vol. 1 , pag. 137 et suiv.), présente de grandes différences : le premier est moins pesant, moins compact, et il est préféré pour la composition de la poudre.

Toute la poudre fabriquée en France, est préparée par la trituration des trois matières dans des *batteries à pilon*. Le mécanisme et le jeu de ces pilons sont assez connus ; nous nous bornerons à présenter une idée succincte des principales opérations qu'on exécute dans les poudrières.

On pèse, pour la composition de la poudre de mine, 13 livres salpêtre, 4 livres soufre et 3 livres charbon.

Et, pour la composition de la poudre

fine et de la poudre de guerre, 15 livres
salpêtre, 2 livres 8 onces soufre et 2 livres
8 onces charbon.

Chacune de ces mesures fait la charge
d'un mortier à pilon.

Les ouvriers agitent d'abord le mélange
avec un bâton, et l'imprègnent d'une petite
partie d'eau qui empêche la volatisation du
soufre et du charbon.

Le battage dure ordinairement vingt-
une heures : le terme moyen de la vîtesse
des pilons est de 55 coups par minute;
leur poids est de 80 livres; ils s'élèvent et
retombent de la hauteur d'un pied.

On rechange, d'heure en heure, d'un
mortier dans un autre, pendant les trois
premières heures; et après, de trois en trois
heures. A chaque rechange, on entretient
l'humidité nécessaire pour que la pâte conserve sa cohérence.

Lorsque la pâte est bien formée, que le
mélange est parfait et la division convenable, on la retire des mortiers et on la
porte au grainoir.

L'humidité que retient la pâte en sortant des moulins, ne permet pas qu'on la
graine tout de suite; on la laisse, deux

ou trois jours, dans le grenoir avant de la travailler.

On fait le grain, en mettant de cette matière dans un crible dont la grandeur des trous est proportionnée au grain qu'on a le projet de faire; on charge la matière déposée sur le crible d'un tourteau de bois dur, de 7 à 8 pouces de diamètre sur 2 d'épaisseur, auquel on donne un mouvement de rotation en faisant glisser le crible sur une barre placée en travers d'une grande maïe dans laquelle tombe le grain. On prépare ordinairement la matière qu'on veut former en menus grains, en la brisant d'abord dans un crible dont les trous ont 3 lignes de diamètre.

On forme ensuite les diverses espèces de grains, tels que le *grain de guerre pour le canon*, le *grain à mousquet*, le *grain fin pour la chasse*, le *grain superfin pour les pistolets*, etc. en employant des cribles dont les trous soient de différens diamètres.

Ce qui reste, après la séparation de tous les grains, est du *poussier*, qu'on rebat, pendant deux ou trois heures, après avoir été bien humecté.

Lorsque le grain est fait, on le sèche en l'étendant, en plein air, sur des tables recouvertes de toiles. On le retourne, plusieurs fois par jour, et on le retire lorsqu'il est bien sec.

Lorsqu'on veut préparer la poudre de chasse, on ne l'expose à l'air que pour lui faire perdre sa première humidité ; c'est ce qu'on appelle *issorer :* dans cet état, on en met 150 livres dans des tonneaux qui tournent autour de leur axe, et qui sont traversés de quatre barres parallèles à l'axe. Le mouvement lent et continu qu'on leur imprime, expose le grain à un frottement qui lui donne du lustre et en détruit les aspérités.

C'est après avoir lissé la poudre de chasse qu'on la met à sécher.

On nettoie la poudre de tout le poussier qui adhère à la surface des grains, en l'agitant dans un tamis. Cette dernière opération est encore connue sous le nom d'*époussetage.*

Les mêmes savans réunis par le gouvernement, qui avoient enseigné à raffiner le salpêtre avec autant d'économie que de promptitude, se sont encore occupés de rendre plus facile la fabrication de la poudre. Le succès de leurs travaux fut tel que, dans l'espace de quelques mois, on récolta, en France, 16 millions de salpêtre, et qu'on étoit parvenu à fabriquer 34 milliers de poudre, par jour, dans la seule poudrière de Grenelle.

C'est sur-tout à M. Carny qu'on doit la découverte du nouveau procédé pour fabriquer la poudre : j'ai, à la vérité, apporté quelques changemens avantageux dans les opérations; mais le mérite de la découverte est tout entier à M. Carny.

On peut réduire à trois opérations, tout ce qui intéresse la fabrication de la poudre par le nouveau procédé :

1°. Broyer et tamiser les matières premières.

2°. En opérer le mélange et une division plus parfaite dans des tonneaux.

3°. Donner au mélange la consistance requise et le grain de la poudre.

La pulvérisation ou le broiement des matières s'exécute séparément par le moyen de deux meules de bronze enfilées aux deux extrémités du même axe, et tournant dans une auge.

Le même mécanisme fait tourner, en même temps, quatre blutoirs qui tamisent la matière à mesure qu'on la tire de l'auge.

Il est nécessaire de porter le soufre à un degré de division extrême. Le salpêtre et le charbon n'exigent pas le même degré de finesse; mais ils demandent à être fortement desséchés avant qu'on les porte sous la meule.

Lorsque les matières premières ont été convenablement broyées, on les mêle dans les proportions requises; et on met la composition dans des tonneaux de 32 pouces de longueur, sur 22 de large.

Ces tonneaux sont construits solidement en bois de chêne bien épais; et on pratique, sur un de leurs fonds, une ouverture d'environ 6 pouces en carré, à laquelle on adapte une porte pour faciliter la charge et la décharge des matières.

Ces tonneaux sont enfilés dans leur diamètre longitudinal, par un axe en fer recouvert en bois; cet axe, saillant aux deux extrémités, repose sur un chevalet, et peut tourner librement sur lui-même: aux deux extrémités sont adaptées deux manivelles pour mouvoir le tonneau.

Chaque tonneau reçoit 75 livres de com-

position , et fait sur lui-même 35 à 45
révolutions par minute.

Le mélange et la trituration sont faci-
lités , dans ces tonneaux, par 80 livres de
petites boules de bronze, du diamètre de
4 lignes, qu'on introduit dans chaque tonneau , et par des liteaux de bois appliqués
sur les parois intérieures du tonneau.

On reconnoît que la composition est convenablement divisée , lorsqu'en l'écrasant
avec une lame de couteau sur une palette
de bois, on n'apperçoit aucun grain ; lorsque la couleur est bien unie et que la lame
du couteau n'éprouve aucune résistance
en l'appliquant sur la planchette.

Du moment que la composition est retirée du tonneau, il n'est question que de
donner à cette poussière très-divisée , la
consistance requise pour pouvoir la grainer, et on y parvient à l'aide d'un peu
d'eau et d'une forte compression.

A cet effet, on a des plateaux de bois de
noyer, carrés, longs de 16 pouces, et larges
d'un pied ; on garnit les côtés de liteaux
saillans de 5 à 6 lignes. On abat avec soin
les bords inférieurs des plateaux, de même
que les angles intérieurs de ces liteaux,

pour que les plateaux puissent commodément s'enchâsser les uns dans les autres.

On commence par garnir le fond d'un plateau avec une toile mouillée ; on met sur cette toile une couche de composition ; on la recouvre d'une seconde toile mouillée ; on adapte par-dessus un second plateau qu'on charge de la même manière.

On place de cette manière 23 plateaux l'un sur l'autre ; on recouvre le dernier avec un carré de bois ; et on les soumet à la pression d'une forte presse.

On forme par ce moyen une galette dure, qu'on brise à la main, qu'on laisse sécher pendant quelques heures et qu'on soumet ensuite à l'opération du grainage.

J'ai toujours cru qu'on pourroit exécuter cette opération par le moyen d'une meule qu'on feroit mouvoir sur la composition. L'expérience m'a prouvé que ce dernier procédé étoit préférable au premier.

Cette manière de fabriquer la poudre présente plusieurs avantages : promptitude dans l'exécution , économie dans les dépenses , supériorité dans le produit et sureté dans les travaux. On peut voir dans le tome 1 de mes *Elémens de Chimie* , 4ᵉ édit. , page

306 et suivantes, de nouveaux détails et la démonstration de toutes ces vérités.

CHAPITRE XI.

Des Combinaisons de l'Acide muriatique.

Les combinaisons de l'acide muriatique sont connues depuis long-temps par les usages qu'on en fait dans la société ; mais la plus commune et la plus utile de toutes est celle que cet acide forme avec la soude.

On trouve le muriate de soude dans l'intérieur de la terre, en masses considérables ; on l'extrait abondamment des eaux de la mer ; il accompagne presque par-tout la formation du salpêtre ; de sorte qu'il ne paroît pas douteux que l'acide muriatique ne se forme sous nos yeux, quoique, jusqu'à ce jour, nous ayons ignoré le mode de sa formation et la nature de ses principes.

Les muriates ont des caractères qui leur sont propres ; ils ne se décomposent pas par la chaleur, mais ils se subliment ; ils prennent peu d'eau de cristallisation.

SECTION PREMIÈRE.

Des Combinaisons de l'Acide muriatique avec la Soude (Muriate de soude , Sel marin , Sel de cuisine).

Le muriate de soude a une saveur assez vive sans être désagréable; il se dissout aisément dans la bouche.

Il cristallise en cubes , et chaque cristal paroît formé par d'autres petits cubes enchâssés les uns dans les autres.

Gmelin a observé que le sel des lacs salans des environs de Sellian , sur les bords de la mer Caspienne , forme des cristaux cubiques et des rhombes.

Selon Delisle , une dissolution de sel marin , abandonnée pendant cinq ans à l'évaporation insensible , chez Rouelle , avoit formé des cristaux octaèdres réguliers comme ceux de l'alun.

On peut obtenir le muriate de soude en octaèdres , en versant de l'urine fraîche dans une dissolution de sel marin très-pur. Berniard s'est assuré que cette addition changeoit la forme du sel sans altérer sa nature.

Ce sel décrépite sur les charbons et se

disperse en éclats : il perd par là cette légère transparence qui lui est naturelle, et devient opaque.

Ce sel résiste long-temps à la chaleur sans se fondre, même lorsqu'on le pousse au rouge ; les grains se collent légèrement entr'eux. Si cependant on augmente la chaleur, il entre en fusion et se volatilise peu à peu à un degré de feu plus fort. C'est ce qui s'observe chaque jour dans les verreries où le sel qui est mêlé à la soude se fond, forme un bain à la surface des pots, et s'évapore en grande partie pendant le temps que se fait l'affinage du verre.

Ce sel, lorsqu'il est pur, n'effleurit pas à l'air ; il s'humecte au contraire légèrement dans une atmosphère humide, mais pas assez pour se résoudre en liqueur.

Deux parties et demie d'eau, à la température de 60 degrés Fahrenheit, en dissolvent une de ce sel. L'eau bouillante n'en dissout qu'un peu plus, ce qui fait que, lorsque l'eau en est saturée, il commence à se précipiter dès les premiers momens de l'évaporation, et fournit le moyen de le séparer d'avec tous les autres sels qui peuvent être tenus en dissolution avec lui.

Sa pesanteur spécifique est à celle de l'eau pure dans le rapport de 21,250 à 10,000.

Selon Bergmann, les principes constituans y sont contenus dans les proportions suivantes :

52 acide ;
42 soude ;
6 eau.

Selon Kirwan, lorsque le sel est desséché à une chaleur de 80 degrés Fahrenheit, il contient :

38,88 acide ;
53,00 soude ;
8,12 eau.

La consommation du muriate de soude est immense; aussi est-il connu spécialement dans la société sous le nom de *Sel* ; et, par cette expression qui convient à toutes les combinaisons d'un acide avec une base quelconque, on n'entend parler dans la société et dans le commerce que du muriate de soude.

Le muriate de soude forme l'assaisonnement de presque tous nos mets dont il relève la saveur ; il aide à la digestion ; il est le principe conservateur de toutes les substances animales qu'on veut garder long-temps avant d'en faire usage, de même que des poissons.

La nature nous l'offre abondamment presque par-tout. Non-seulement les eaux de la mer en sont des réservoirs inépuisables, mais la terre en recèle dans ses flancs des dépôts immenses, et nous trouvons encore sur sa surface des lacs et beaucoup de sources d'eau salée.

Pour prendre une idée exacte de la manière dont on extrait ce sel, nous pouvons le considérer dans deux états :

1°. En masse dans les entrailles de la terre ;

2°. En solution dans l'eau.

1°. Dans le premier état, il forme ce qu'on appelle des *mines de sel*. Ces mines existent ordinairement dans les montagnes calcaires; on trouve assez souvent des couches de plâtre dans le voisinage; et il n'est pas rare d'y rencontrer des coquillages, des empreintes de poissons, et autres indices de leur formation sous-marine. La description des mines de sel de la Sibérie, de la Pologne, de l'Autriche, de la Transilvanie, par Gme-

lin , Pallas , Macquart, etc. ne laisse aucun doute à ce sujet.

Ce sel de mine est presque par-tout plus
ou moins coloré ; il est quelquefois rouge ;
rarement bleu ou vert. De-là, la dénomination de *sel gemme.*

On exploite ces mines comme des carrières. On emploie même la poudre dans
quelques-unes.

Ce sel est rarement assez pur pour qu'on
puisse le faire servir à ses différens usages,
sans autre préparation. Dans plusieurs endroits on le fait fondre dans l'eau pour procéder ensuite à son évaporation. C'est ainsi
que , selon MM. Jars et Duhamel , dans le
Tyrol , près de la ville de Halle , on introduit l'eau douce, dans les travaux faits sur
la mine elle-même , pour la saturer de sel ;
après quoi on la conduit, par des tuyaux de
bois, jusqu'aux chaudières où s'en fait l'évaporation. C'est ainsi que dans les mines
de Norwich , en Angleterre , au comté de
Chester, le sel exploité se porte à Liverpool,
où il est dissous dans l'eau de la mer ; et,
lorsqu'elle en est saturée, on l'élève avec des
pompes qu'un moulin à vent fait mouvoir,
et on la conduit par des tuyaux dans les

chaudières à évaporer ; on a la précaution
de battre quelques blancs d'œufs dans un
petit baquet avec un peu de sel pour faire
mieux écumer, et on verse cette écume dans
les canaux qui conduisent dans les chaudières. On fait dans cette saline deux sortes
de sel ; l'un à petits grains que l'on obtient
par une ébullition précipitée ; l'autre à gros
grains qui est le résultat d'une lente évaporation.

Les mines de Wielicska, en Pologne, sont
les plus riches et les plus étonnantes qu'on
connoisse. On a pratiqué des chapelles et
des habitations dans l'épaisseur du sel. Les
galeries y sont tirées au cordeau. Le grand
diamètre des travaux exécutés dans cet
immense souterrain est de trois lieues.
Les ouvriers n'y vivent pas long-temps ; ils
meurent presque tous de la poitrine ; ils
sortent tous les jours et ne travaillent que
quatre heures de suite. Le nombre s'en
élève de 1200 à 2000 selon Berniard. En
1785, lorsque M. Macquart les a visitées,
on n'en portoit le nombre qu'à 900.

Le bois se conserve très-bien dans ces
mines, les briques s'y délitent.

Les eaux qui filtrent à travers les travaux

se rendent dans un réservoir commun, d'où on les élève, pour les porter au-dehors de la mine, avec de grands seaux de peau de bœuf; on les verse dans un ruisseau qui va se perdre dans la Vistule.

On a été assez heureux que de trouver, dans l'intérieur de la mine, une source d'eau douce qui filtre à travers un banc d'argile sablonneuse de 3 à 4 pieds d'épaisseur. M. De Born fait mention de dix-sept lacs remplis d'eau douce qui se trouvent à côté de mines de sel.

2°. Indépendamment des mines de sel qu'on exploite sur divers points du globe, il existe de nombreuses sources d'eau salée d'où l'on extrait le *sel commun* pour l'usage des pays éloignés de la mer.

Il ne paroît pas douteux qu'au moins la plupart de ces sources salées ne tirent leur origine des couches de sel : on trouve ordinairement, dans les montagnes qui les avoisinent, des crevasses ou cavernes qui paroissent avoir contenu primitivement un sel qui s'est dissous. Ces observations ont été faites dans les salines d'Illetzky, près d'Orembourg, et par M. Hassenfratz dans celles du Mont-Blanc.

Mais il existe encore des lacs d'eau salée qui peuvent alimenter ces sources : Gmelin décrit un lac de cette nature qui fournit aux sources de Tobolsk et de Jenissey, dont l'eau est tellement chargée, qu'elle laisse déposer quelque peu de sel. (*Voyage en Sibérie*, tom. 1.)

La France compte plusieurs sources d'eau salée dans la Lorraine, la Franche-Comté, le Béarn, la Savoie, etc. et, comme l'art d'évaporer les eaux, pour en extraire le sel, a quelques principes généraux auxquels tous les travaux peuvent être rapportés, nous nous bornerons ici à les faire connoître.

Les divers établissemens formés en Angleterre pour évaporer l'eau de la mer, me paroissent dirigés avec autant d'économie que d'intelligence.

On trouve, dans la ville de Shields, distante de huit milles de celle de Newcastle, un grand nombre de chaudières où l'on évapore l'eau de la mer. Les chaudières sont en fer de tôle dont les lames sont assemblées par le moyen de clous bien rivés; ces chaudières ont de 20 à 25 pieds de longueur, sur 12 à 15 de largeur, et 2 à 3 de profon-

deur. On ne prend l'eau qu'à la haute ma-
rée; elle marque ordinairement 3 degrés,
rarement 4.

On remplit la chaudière de cette eau,
et on évapore jusqu'à ce que l'on apperçoive les *pieds de mouche* sur la surface du
liquide, c'est-à-dire, de petits cristaux qui
commencent à paroître. Alors on la remplit
de nouveau; et l'on continue l'évaporation,
de la même manière, jusqu'à quatre fois.
Mais, à la quatrième, lorsque la chaudière
est presque pleine, on y jette un quart de
pinte de sang de bœuf, et on écume avec
soin lorsque l'ébullition commence. On
ajoute de l'eau à cinq reprises, et, à la
dernière, on fait encore usage du sang
de bœuf : après quoi, on évapore presque
jusqu'à siccité. On rejette l'eau-mère comme
ne contenant plus que des muriates à base
terreuse ou des sulfates de soude et de magnésie.

Il se forme, dans le fond de la chaudière, une croûte considérable qu'on n'enlève qu'après deux mois de travail : elle a
alors 3 pouces d'épaisseur. Nous présumons
que c'est principalement du *sulfate de*

soude anhydre, tel qu'on l'observe dans quelques salines de France.

En Ecosse, dans le comté de Cumberland et dans d'autres provinces de l'Angleterre, on évapore l'eau de la mer par des moyens peu différens de ceux-ci. Seulement, les chaudières varient par leurs dimensions, qui sont telles, qu'à Whitehaven elles n'ont que 12 pieds de largeur, sur 12 de longueur ; tandis qu'à Kinneil elles en ont 55 de long, sur 35 de large. Il y a encore quelque légère différence sur la manière de clarifier l'eau : ici, on emploie des blancs d'œufs ; là, du sang de bœuf, etc.

Dans quelques pays, on évapore dans des chaudières de plomb : dans le Hanovre, aux salines de Lunébourg, les chaudières sont formées d'une lame de plomb dont les bords sont relevés au marteau ; leur milieu n'offre pas une profondeur de plus de 3 ou 4 pouces.

Les chaudières de la saline de Salliés, dans le Béarn, diffèrent peu de cette construction.

Il est des pays où l'on commence la concentration des eaux par des moyens assez simples : là, on fait couler l'eau dans de vastes réservoirs, on l'élève par le secours des pompes, et on la tient dans une agitation continuelle, pour en faciliter l'évaporation ; ici , on porte les eaux dans un grand réservoir , d'où on la précipite par filets , au moyen d'un grand nombre de robinets , sur des épines entassées à la hauteur de 18 pieds ; on les reporte dans le même réservoir , pour les précipiter de nouveau , et on leur donne, par ce seul moyen , une concentration de 11 à 12 degrés : on les fait couler alors dans les chaudières d'évaporation.

Il suffit de lire les ouvrages des voyageurs naturalistes pour connoître toute l'étendue de l'industrie des habitans du globe, dans la manière d'extraire le sel des eaux salées.

Au Japon, on fait des trous qu'on remplit de sable, on y fait couler de l'eau salée, puis on laisse dessécher. On renouvelle la même manœuvre jusqu'à ce que le sable paroisse encroûté de sel : alors on le met dans une cuve dont le fond est percé en trois endroits; on y jette encore de l'eau de la mer qu'on laisse filtrer à travers le sable; on évapore l'eau qui en sort. (*His-*

toire naturelle du Japon, par Kœmpfer, tom. I.)

Le procédé usité dans les salines de la baie d'Avranches, en Normandie, diffère peu de celui que nous venons de décrire : on ramasse le sable salé des bords de la mer, pendant neuf mois de l'année ; on en forme de gros tas qu'on couvre de fagots sur lesquels on met de la terre grasse, pour empêcher la pluie de pénétrer : lorsqu'on veut lessiver le sable, on le lave dans une fosse enduite de glaise bien battue, et revêtue de planches entre les joints desquelles l'eau peut s'écouler ; on évapore cette eau dans des chaudières de plomb peu profondes. (Mémoires de Guettard, Académie des Sciences, année 1758.)

On compte, en Bretagne, plus de soixante petits établissemens de ce genre. (*Observations d'Histoire naturelle,* par Lemonnier, tom. IV.)

Dans les pays chauds de la France, tels que la Provence et le Languedoc, on profite de l'ardeur du soleil, pendant l'été, pour opérer l'évaporation des eaux de la mer. On commence, d'abord, par s'assurer d'un local où l'eau puisse parvenir aisément, sans

IV.   11

être sujet aux inondations; on a encore l'attention de choisir un sol ferme, glaiseux, imperméable à l'eau; on préfère une exposition qui reçoive le vent et les rayons du soleil sans obstacle.

Dès qu'on a fait choix d'un local, on le divise en *compartimens* qui aient chacun 5o à 100 arpens (25 à 5o hectares) de surface. On les entoure d'un mur ou d'une forte chaussée; de manière qu'ils soient à l'abri des vagues, et qu'ils n'aient aucune communication avec l'eau de la mer ni directement ni par filtration.

On subdivise ensuite ces grands compartimens en d'autres plus petits. Les séparations se font par le moyen de pieux enfoncés dans la terre, dont les intervalles sont remplis par des planches, des fascines et de la glaise.

L'eau de la mer entre dans les compartimens par le moyen de portes ou *martellières* qu'on ouvre et ferme à volonté: à cet effet, lorsque le vent de mer souffle, et que les eaux sont poussées vers la côte, on reçoit l'eau dans les compartimens, et on ferme les portes, dès qu'elle y est parvenue à une hauteur convenable, pour rompre toute communication avec les eaux de la mer.

L'eau s'évapore par la seule ardeur du soleil et par l'agitation continuelle qu'imprime à la masse le plus léger mouvement dans l'air.

Dès que l'eau commence à former dépôt, on l'élève, à l'aide de puits à roue, sur des plates-formes bien glaisées, subdivisées elles-mêmes en petits compartimens, et placées à quatre pieds au-dessus des grands compartimens dans lesquels se préparent les eaux.

On met une légère couche d'eau, de 10 à 11 lignes d'épaisseur, sur chaque table. L'évaporation s'en fait en un jour; on la remplace par une seconde, et ainsi de suite, pendant une vingtaine de jours.

On enlève ensuite la couche de sel qui s'est formée; elle a ordinairement 3 ou 4 pouces d'épaisseur.

Il est inutile d'observer, 1°. que la surface du sol des tables doit être bien nivelée; 2°. que le sol doit en être dur et ne permettre aucune infiltration; 3°. que toutes les divisions de la table doivent communiquer par une rigole commune; 4°. que la table sera d'autant plus propre à l'évaporation, qu'elle sera plus élevée au-dessus du niveau des eaux.

C'est au commencement de mai que les *saulniers* commencent leurs opérations, pour les terminer à la fin de l'été.

Lorsqu'on détache la couche de sel cristallisé sur les tables, on est forcé quelquefois d'employer le fer pour la rompre, surtout lorsqu'elle s'est formée par un vent du nord.

On élève d'abord le sel en pyramides sur les tables; après vingt-quatre heures de séjour, on démonte ces pyramides, et on forme des tas de sel, plus ou moins élevés, plus ou moins larges; on en recouvre le sommet avec de la paille ou des roseaux. Chaque tas de sel s'appelle *camelle*.

Lorsque la première récolte a été faite, et que l'été paroît permettre une suite de beaux jours, on procède à une seconde, qui n'est jamais d'un produit égal à la première : aussi est-il rare qu'en Languedoc on entreprenne cette seconde *campagne*.

Le sel amoncelé et formé en *camelles*, s'épure, de tous les sels déliquescens, par son séjour en plein air. On voit ruisseler au pied

des camelles les sels déliquescens qui s'écou-
lent sans interruption, par des rigoles qu'on
y a pratiquées.

A mesure que le sel vieillit, on voit diminuer progressivement ces ruisseaux, ils
finissent même par tarir. L'eau qui s'échappe,
de cette manière, contient les muriates de
chaux et de magnésie, les sulfates de soude
et de magnésie; et j'ai vu former, dans les
environs de Narbonne, des établissemens
particuliers pour extraire ces divers sels, sur-
tout les sulfates.

Le simple séjour du sel en camelle, pendant quelques mois, suffit pour lui ôter l'â-
creté et l'amertume qu'il a, lorsqu'il est ré-
cemment fabriqué; alors il est plus dur, il
ne se liquéfie pas à l'air avec autant de facilité, et c'est dans cet état qu'il faut le livrer
au commerce.

Le sel est d'autant meilleur qu'il a séjourné plus long-temps en camelle : autrefois on ne vendoit le sel de Pecais qu'après
un repos de trois années : aussi jouissoit-il
d'une grande réputation.

Dès que le sel devint marchand, par suite
de la suppression de la gabelle, les propriétaires de salines se hâtèrent d'opérer la vente

de leur sel avant qu'il fût bien purgé, et l'enlèvement s'en fit immédiatement après la saunaison.

Ce nouvel usage a excité quelques plaintes, mais elles n'ont pas été générales, et il me paroît nécessaire d'éclairer l'opinion sur les différences qu'il y a, dans l'emploi, entre le sel bien épuré et le sel frais.

Le sel récent est amer et déliquescent, nous en avons déjà donné la raison.

Le sel vieux a une saveur vive, une consistance solide, et ne s'humecte qu'à l'air humide.

D'après cela, le sel récent ne peut pas servir aux salaisons : il donneroit un mauvais goût aux viandes, il rendroit leur couleur morne, et ne pourroit point leur faire acquérir cette consistance qui est nécessaire pour leur conservation.

Ce sel récent a encore l'inconvénient d'éprouver des déchets considérables dans le transport, et de se ramollir avec le temps humide.

Mais il me paroît qu'il est préférable au sel épuré, lorsqu'il s'agit de le donner aux bestiaux, tels que bêtes à laine et bêtes à corne : car ces animaux ont les viscères du

bas-ventre lâches et volumineux; ils sont
sujets aux obstructions, dont la seule nour-
riture des plantes fraîches et savonneuses
peut les guérir ou les garantir. Or, les muriates terreux sont les fondans les plus
actifs qu'on connoisse : de sorte que le sel
frais qui en est chargé, peut être considéré
comme un excellent remède soit curatif,
soit préservatif pour les animaux, tandis
que le sel vieux doit être préféré pour les
salaisons et pour la table.

On peut blanchir le sel et le dépouiller
de tout ce qui le rend déliquescent, en le
faisant fondre dans l'eau d'où on le précipite
par une douce évaporation.

SECTION II.

*Des Combinaisons de l'Acide muriatique
avec l'Ammoniaque (Muriate d'ammoniaque, Sel ammoniaque).*

LE muriate d'ammoniaque, généralement connu dans le commerce sous le nom
de *sel ammoniaque*, a les caractères suivans :

1°. Saveur âcre et très-piquante.

2°. Couleur grise; mais d'un blanc-mat, lorsqu'on l'a purifié.

3°. Consistance ferme, cédant et s'aplatissant sous le choc du marteau.

4°. Trois parties et demie d'eau, à la température de 60 degrés de Fahrenheit, en dissolvent une, et l'eau bouillante en dissout poids égal.

Sa solution dans l'eau y produit un refroidissement très-marqué.

5°. Ce sel fume et s'évapore sur les charbons.

Lorsqu'on le sublime dans des vaisseaux clos, il se condense en une masse dure, compacte, comme fondue, sur-tout si la chaleur est assez forte.

La sublimation répétée le blanchit, et c'est ce qu'on appelle *sel ammoniaque purifié*.

6°. La chaux en dégage l'ammoniaque à l'état de gaz, par le simple mélange des deux substances en poudre.

Quelques oxides métalliques, tels que ceux de plomb, produisent le même effet.

Les carbonates de chaux, de potasse et de soude, en dégagent, par la distillation, du carbonate d'ammoniaque.

7°. Sa forme primitive est tétraèdre, mais

la plus ordinaire est celle d'un prisme tétraèdre, terminé par des pyramides à quatre
pans.

On trouve souvent, dans la partie con-
cave des pains de sel ammoniaque du commerce, des cristaux cubiques très-prononc-
cés; quelquefois même, de grosses pyramides tétraèdres qui paroissent adossées à la
base d'autres pyramides plus longues, dont
l'assemblage forme le corps des pains, comme
dans les pyrites globuleuses.

8°. Sa pesanteur spécifique est à celle de
l'eau dans le rapport de 14530 à 10000.

9°. Ses principes constituans sont, selon
Kirwan, dans les proportions suivantes :

> 42,75 acide.
> 25,00 ammoniaque.
> 32,25 eau.

Les connoissances précises qu'on a sur la
nature et la préparation du sel ammoniaque,
ne datent que du commencement du dix-
huitième siècle. Tournefort paroît être le
premier qui ait avancé que ce sel étoit composé d'acide muriatique et d'ammoniaque.
(Vol. de l'Acad. 1700.)

En 1716, Geoffroy le cadet lut un mémoire à l'Académie, pour prouver que ce sel se fabriquoit en Egypte, et qu'il étoit le produit de la sublimation. Ce mémoire éprouva de telles oppositions, de la part d'Homberg et de Lemery, qu'il ne fut pas imprimé.

Ce ne fut que trois ans après qu'on reçut à Paris une lettre de M. Lemaire, consul au Caire, qui donna des renseignemens positifs sur la fabrication du sel ammoniaque. Il nous apprit qu'il étoit le produit de la distillation de la suie provenant de la combustion de la fiente de divers animaux nourris de plantes salées.

Geoffroy publia, la même année (1720), une suite d'expériences pour prouver qu'on pouvoit fabriquer le sel ammoniaque, de toutes pièces, dans nos laboratoires.

Depuis cette époque, nous avons acquis de nouvelles lumières sur le sel ammoniaque; et non-seulement nous nous sommes instruits sur tout ce qui concerne le procédé de sa fabrication en Egypte, mais nous avons appris à le former économiquement.

Nous allons décrire successivement tout ce qui est parvenu à notre connoissance sur cette importante matière.

Hasselquist, disciple du célèbre Linné, a

décrit, d'une manière très-exacte, le procédé usité dans l'Égypte pour fabriquer le
sel ammoniaque. Il résulte des observations
de cet habile naturaliste, insérées dans le
recueil de ses *Voyages dans le Levant,* que
la matière première, employée à la formation de ce sel, est la suie produite par la combustion de la fiente des animaux qui se nourrissent de plantes salées.

Les plantes dont se nourrissent ces animaux, sont les *salicornia,* les *chenopodium,*
les *mesembryon,* etc.

Les pauvres ramassent avec soin la fiente
des animaux; ils ne s'occupent de ce travail que pendant quatre mois de l'année;
et lorsque la fiente est trop molle, ils y
mêlent de la paille hachée pour en aider la
dessiccation. Ils l'appliquent contre des murs
pour qu'elle sèche à l'ardeur du soleil.

Cette fiente desséchée forme le seul combustible de la classe la plus pauvre des habitans. On en ramasse la suie avec soin, et on
la porte aux divers ateliers, où on l'achète
pour en extraire le sel ammoniaque.

Le fourneau dans lequel s'en fait la sublimation, est une galère couverte d'une voûte,
dans laquelle on pratique cinq rangées de

trous, de 10 pouces chacun (0,271 mètre).

On place, dans chaque trou, un matras
de verre, luté avec le limon du Nil, et
surmonté d'un col qui a 1 pouce de long
(2,7070 centimèt.), sur 2 de large (5,4140 cen-
timètres). Les matras ont 10 à 12 pouces de
diamètre (0,271 à 0,325 mètre).

On charge les matras de suie, en ayant
l'attention de laisser un vide suffisant pour
que le pain de sel qui se sublime puisse s'y
établir, suivant l'observation de Rudins-
kield.

Le feu est entretenu pendant trois jours
consécutifs, et alimenté avec la fiente desséchée. On gradue le feu avec beaucoup de
soin.

Dès que la matière commence à s'échauffer, il sort une flamme bleue ou violette qui
s'éteint ensuite.

Lorsque la sublimation est commencée,
on a l'attention d'introduire, de temps en
temps, un fil-de-fer pour empêcher que le
col du matras ne s'obstrue.

On retire ordinairement 6 livres (2,93706
kilogrammes) de sel ammoniaque de la dis-

tillation de 26 livres de suie (12,72726 kilogrammes).

J'ai retiré moi-même du sel ammoniaque,
de la suie provenant de la combustion de la
fiente des bœufs et chevaux sauvages qui vivent dans les plaines immenses de la Ca-
margue et de la Crau, et sur les bords des
nombreux marais de la Méditerranée ; mais
je dois prévenir que ces animaux, qui pré-
fèrent les plantes douces aux herbes salées,
ne se nourrissent de ces dernières que pendant l'hiver, et que leurs excrémens ne
m'ont fourni du sel ammoniaque que pendant cette saison.

On trouve du sel ammoniaque naturellement formé sur plusieurs points du globe :
le pays des Kalmoucks en fournit qui est
apporté dans les principales villes de Sibérie
et vendu pour les usages de la médecine et
pour l'étamage. Il paroît qu'on le trouve
sublimé et adhérent à des rochers, dont il
présente quelquefois de petits fragmens
qu'on n'en a pas séparés ; il est aussi mêlé
assez souvent de soufre vif. Il est pulvérulent et spongieux. (*Model, Récréations
chimiques*, tom. 2.)

Swab, Scheffer, Ferber et autres natura-

listes ont observé l'existence du sel ammoniaque parmi les produits volcaniques de
l'Italie : on peut le ramasser dans les grottes
de Pouzzol.

Les débris terreux provenant de la décomposition des substances marines, végétales et animales, en fournissent à l'analyse;
et on peut en démontrer l'existence dans
quelques charbons de terre et dans les
schistes secondaires par la distillation.

Le sel ammoniaque se forme encore dans
le corps humain par suite de dégénérations
d'humeurs. On rapporte, dans la 14ᵉ feuille
du Commerce littéraire de Nuremberg,
pour l'année 1739, qu'une personne atta-
quée d'une fièvre chaude éprouva une sueur
extrêmement ammoniacale qui termina la
maladie. Model raconte qu'à la suite d'une
fièvre maligne, il lui survint une sueur cri-
tique qui, en quatre jours, termina le dé-
lire : comme ses mains étoient très-grais-
seuses, il les plongea dans une légère dissolution de potasse; et, à peine furent-elles
trempées, qu'il fut frappé d'une odeur d'ammoniaque très-caractérisée. Il dit avoir souvent répété cette expérience, et avec un

égal succès, dans les hôpitaux de l'Amirauté.

Pendant long-temps, presque tout le sel ammoniaque du commerce nous a été apporté d'Egypte. Mais, depuis quelques années, ce sel se fabrique en Europe, en assez grande quantité pour fournir à tous les besoins.

Nous allons décrire les seuls procédés qui soient parvenus à notre connoissance.

Dans la Belgique, le pays de Liége et quelques cantons de l'Allemagne, on fabrique le sel ammoniaque en brûlant un mélange de charbon de terre, suie, argile et sel marin.

Avec ces matières, employées dans les proportions de vingt-cinq parties (en volume) charbon de terre en poudre, cinq suie de cheminée, deux argile et suffisante quantité d'eau saturée de sel marin pour les pétrir, on forme des briques ovales de 6 pouces (0,162 mètre) de long, larges de 3 pouces 8 lignes (0,180 mètre), épaisses de 2 lignes (4,51166 millimètres).

On brûle, à la fois, quinze à dix-huit briques avec des os qu'on interpose entre les briques, dans un très-petit foyer qui

communique, par une petite ouverture de
2 pouces de diamètre placée à la hauteur
de la porte du fourneau, dans une chambre
oblongue voûtée, d'environ 12 pieds (3
mètres) de longueur sur 3 (un mètre) de
largeur. La suie qui passe par cette chambre peut s'échapper par une autre ouverture pratiquée à l'extrémité opposée vis-à-
vis la première.

Plusieurs foyers sont disposés sur la même
ligne; et, conséquemment, il doit être
construit un nombre égal de chambres parallèles l'une à l'autre.

Toutes ces chambres aboutissent, par
leur petite ouverture pratiquée vis-à-vis le
foyer et au côté opposé, dans une galerie
commune où se rendent les vapeurs qui
n'ont pas pu se condenser dans les premières.

Enfin celles des vapeurs qui sont purement gazeuses vont se perdre dans les airs
par une cheminée.

On brûle dans ces fourneaux, pendant
quatre, cinq ou six mois. La suie qui s'est
fixée sur la voûte et les parois des chambres
est légère et riche en sel. Celle du sol est
grasse et pauvre.

Les premiers dépôts n'exigent qu'un raffinage ; mais ceux du sol contiennent trop
d'huile et en demandent plusieurs.

On sublime dans des *cuines* de terre de
18 pouces (0,487 mètre) de haut sur 15
(0,406 mètre) de large au ventre. On met
dans chacune 14 à 15 livres (7 kilogrammes) de matière qu'on n'introduit que lorsqu'elles sont chaudes ; on les enchâsse dans
les trous de la voûte d'un fourneau, de manière qu'elles reposent sur leur renflement.

L'opération dure quarante-huit heures.

Chaque cuine donne 5 à 6 livres (3 kilogrammes) de sel ammoniaque.

Les dépôts formés sur le sol des chambres
doivent être brûlés encore, ou fondus dans
les cuines et ensuite sublimés.

Chaque fourneau peut fournir par an
800 livres de sel.

Ce procédé me paroît susceptible d'être
perfectionné : par exemple, on pourroit
mêler des matières animales avec les substances qui entrent dans la composition des
briques ; on pourroit pétrir ces substances
avec de l'urine ou du sang, etc. Il paroît,
sur-tout , qu'on devroit opérer plus en
grand et mettre les matières mélangées dans

un fourneau de forme ronde, qu'on allume-
roit par le bas pour que les produits qui se
dégagent s'échappassent par le haut, et fus-
sent se condenser dans les chambres, du moment que la chaleur qui gagneroit peu à peu
toute la masse, les éleveroit en vapeurs.

Baumé avoit formé un établissement de
sel ammoniaque dans lequel on se procuroit
l'ammoniaque par la distillation des substances animales. Il décomposoit ensuite,
avec ce carbonate d'ammoniaque, les muriates de magnésie que contiennent les eaux-
mères des salines, et évaporoit l'eau qui re-
tenoit en dissolution le muriatique d'ammoniaque, après l'avoir décantée de dessus le
dépôt; il sublimoit le résidu de l'évaporation, pour séparer le sel ammoniaque de
tous les autres sels fixes qui étoient dissous
dans la liqueur.

A Saint-Denis, près Paris, MM. Leblanc
et Dizé formoient du sel ammoniaque par
la réunion, qui se faisoit, dans une chambre
de plomb, des vapeurs d'ammoniaque et
d'acide muriatique. L'alkali y étoit fourni
par la distillation des substances animales;
et l'acide, par la décomposition du muriate
de soude à l'aide de l'acide sulfurique.

Ces deux derniers procédés ne sont plus suivis : on les a remplacés par une méthode plus sûre et plus économique ; et c'est à MM. Pluvinet et Bourlier que nous devons les deux premiers établissemens qu'on en ait faits en France.

On distille les os et des chiffons de laine dans de gros cylindres de fer; le produit va se condenser dans une suite de vaisseaux en fer, rafraîchis par l'eau dans laquelle ils plongent, et qui s'ouvrent dans un réservoir où va se rendre le produit de la distillation. Ce produit est composé d'huile animale et de carbonate d'ammoniaque liquide.

On sépare avec soin l'huile qui surnage.

On filtre ensuite le carbonate d'ammoniaque à travers une couche de sulfate de chaux calciné et broyé ; cette couche est disposée sur une toile bien tendue ; il s'opère une décomposition d'où il résulte du sulfate d'ammoniaque qui passe à travers le filtre, et du carbonate de chaux qui reste par-dessus. On renouvelle trois fois la filtration pour que la décomposition soit complète.

Le sulfate d'ammoniaque, traité avec le muriate de soude par l'ébullition dans une

chaudière, donne du muriate d'ammoniaque et du sulfate de soude.

Par l'évaporation on sépare le sulfate de
soude.

Le résidu sublimé forme le sel ammoniaque.

Je crois qu'en exposant de l'acide muriatique dans les fosses d'aisance d'où s'exhale une vapeur ammoniacale très-forte,
on pourroit, à peu de frais, produire du
sel ammoniaque. Quelques expériences que
j'ai faites à ce sujet, m'en ont fait concevoir la possibilité. Il se produit un nuage
de vapeurs blanches dès qu'on dépose dans
ces lieux des capsules évasées contenant
l'acide muriatique; et, en assez peu de temps,
l'acide est figé sans être pourtant neutralisé.

J'ai encore essayé, avec espoir de succès,
de faire passer les vapeurs de la distillation des
substances animales à travers l'acide muriatique. On parvient à le saturer en peu de temps;
j'ai toujours regardé ce procédé comme un
des plus économiques et des plus simples.

Parmi les matières animales, les cornes,
les os, les chrysalides du ver-à-soie m'ont
paru les substances les plus propres à cette
fabrication.

Le sel ammoniaque se distingue dans le commerce sous le nom de *sel gris* et de *sel blanc* : ils ne diffèrent que parce que le dernier est raffiné.

Tous deux ont leurs usages propres : le blanc est préféré pour la teinture ; le gris est recherché pour l'étamage et le *décapage* des métaux. On a regardé long-temps cette préférence comme un effet du caprice ou de l'habitude : mais un examen plus réfléchi m'a fait voir qu'elle étoit motivée sur les propriétés particulières aux deux variétés. Lorsque le sel ammoniaque est employé dans la teinture, il avive les couleurs, il facilite la dissolution de l'étain pour former la *composition* pour l'écarlate ; et, dans tous ces cas, il faut qu'il soit pur : on doit donc préférer le sel raffiné, dans ces opérations. Mais, lorsque le sel ammoniaque sert à décaper pour étamer, alors il faut que non-seulement il dissolve l'oxide du métal pour bien nétoyer la surface, mais il faut encore qu'il empêche l'oxidation ultérieure, et c'est sur-tout par l'huile qui existe dans le sel gris, qu'il peut produire cet effet : de sorte que le choix de l'un ou l'autre sel n'est pas au pouvoir de l'artiste; il est décidé par l'emploi qu'il veut en faire.

Outre les usages assez étendus qu'a le sel ammoniaque dans la teinture et dans les opérations de l'étamage , on le mêle encore aujourd'hui, dans certaines fabriques, au tabac pour lui donner du montant.

On en consomme une quantité considérable dans les pharmacies pour en extraire l'alkali volatil ou ammoniaque.

SECTION III.

Des Combinaisons de l'Acide muriatique avec l'Etain (Muriate d'étain, Sel d'étain.

LE muriate d'étain, plus connu sous le nom de *sel d'étain*, n'a pu être classé parmi les sels qu'on prépare pour les arts, que depuis qu'on l'a employé comme mordant dans les opérations d'impression sur toile, et comme un sel propre à aviver les couleurs de garance dans les ateliers de teinture en coton.

On a commencé par le préparer en traitant l'étain très-divisé avec quatre parties

d'acide, et à la chaleur du bain de sable ;
on obtient ensuite le sel par évaporation.

Mais, comme la dissolution est lente et
qu'il y a déperdition d'une portion d'acide
assez notable, je fais passer les vapeurs acides, à travers un peu d'eau, dans un vase où
j'ai mis l'étain que je veux dissoudre, et la
dissolution se fait par la seule chaleur que
produit l'action de l'acide sec sur l'eau.

La dissolution du muriate d'étain prend
l'oxigène de l'atmosphère et l'enlève même
avec avidité à la plupart des corps qui l'ont
pour principe. Il peut même passer, dans
quelques cas, à l'état de muriate oxigéné,
comme Pelletier l'a observé. La dissolution
du muriate d'étain, abandonnée pendant
quelque tems à l'air, change de couleur ;
elle brunit.

Lorsqu'on évapore la solution de sel
d'étain, il s'en dégage une odeur très-piquante qui permet à peine au chimiste de
rester à côté des vases évaporatoires.

Ce sel est un des plus pesans qu'on connoisse.

Il contient 19 de métal sur 11 d'acide et
10 d'eau.

SECTION IV.

*Des Combinaisons de l'Acide muriatique
avec le Mercure.*

Les combinaisons de l'acide muriatique
avec le mercure forment deux substances
très-différentes, par leur vertu: l'une s'appelle *mercure doux;* l'autre est connue sous
le nom de *sublimé corrosif.* Elles ne paroissent différer que par le degré d'oxidation
du mercure dont l'oxide, dans le muriate
sublimé corrosif, contient, 12,3 d'oxigène
sur 69,7 de métal, tandis que dans le muriate sublimé doux il ne contient que 9,5
oxigène sur 79 de métal.

Nous décrirons séparément ces deux combinaisons.

ARTICLE PREMIER.

*Du Muriate sublimé corrosif (Sublimé
corrosif).*

Ce muriate a une saveur styptique, suivie d'un arrière-goût métallique des plus
désagréables.

Sa couleur est d'un blanc-mat très-brillant.

Il s'évapore en fumée sur les charbons.

L'eau en dissout à-peu-près un vingtième à la température de l'atmosphère ; elle en dissout moitié de son poids lorsqu'elle est bouillante, suivant Macquer.

Ce sel cristallise par évaporation et par sublimation. Dans le premier cas il suffit de rapprocher la dissolution ; il se forme alors de longues aiguilles aplaties et de largeur inégale dans leur longueur. Dans le second cas, lorsque la sublimation s'opère par un feu doux, on obtient aussi des cristaux prismatiques, en lames minces, d'un blanc brillant, fragiles et légères.

Ce sel n'attire point l'humidité de l'air.

L'eau de chaux le précipite en flocons d'un jaune citron qui passe à la couleur rouge briquetée.

L'ammoniaque y forme un précipité blanc qui prend aussitôt une couleur ardoisée ; c'est, selon M. Fourcroy, un trisule, formé par l'oxide de mercure, l'ammoniaque et l'acide qui y sont dans une exacte combinaison.

Selon M. Chenevix, les principes con-

stituans y sont dans les proportions suivantes :

Mercure 69,7.
Oxigène 12,3.
Acide . . 18.

Ou en d'autres termes :

82 oxide de mercure.
18 acide muriatique.

Le muriate sublimé corrosif a été fabriqué jusqu'à ce jour, presque exclusivement,
en Hollande et en Angleterre.

Les procédés qu'on y a successivement
employés ont reçu divers degrés de perfection ; mais il paroît que le premier de tous
a consisté à mêler ensemble, par un broyement long-temps continué, 280 livres de
mercure, 400 livres de sulfate de fer calciné
au rouge, 200 livres de nitrate de potasse,
200 livres de muriate de soude décrépité,
et 50 livres du résidu de l'opération précé-
dente, et, à défaut, pareille quantité du
résidu des eaux-fortes faites par le vitriol.
On distribuoit ce mélange, par égales portions, dans huit vaisseaux de verre qu'on
ne remplissoit qu'à moitié ; sur ces vaisseaux, qui ressembloient à des cucurbites

écrasées; on ajustoit des chapiteaux auxquels
on adaptoit des récipiens. Ces vaisseaux
sublimatoires étoient enterrés dans le bain
de sable jusqu'au niveau de la matière. On
donnoit le feu par degrés , et on le soute-
noit pendant cinq jours sans interruption.
Dès que le sublimé étoit monté , on enle-
voit les récipiens pour en extraire l'acide
nitrique; on soulevoit les vases pour les
refroidir. Le produit de chaque opération
étoit de 360 livres de sublimé.

Ce procédé, pratiqué long-temps à Venise,
et ensuite à Amsterdam , a été simplifié au
point qu'on n'emploie plus que le mélange,
à parties égales , de nitrate de mercure desséché, de muriate de soude décrépité, et de
sulfate de fer calciné à blanc.

Il est des fabriques où l'on a substitué le
mercure coulant au nitrate de mercure ;
et d'autres où , avec plus de raison , on a
remplacé le nitrate par l'oxide rouge de
mercure. ,

Un autre procédé publié par Boulduc,
en 1730 , a été généralement suivi pendant
long-temps; il consiste à former d'abord
un sulfate de mercure en faisant digérer
dans une cornue, au bain de sable et à

un feu très-fort, trois parties acide sulfurique et une de mercure ; on mêle avec soin le résidu blanc qui reste après l'opération, avec parties égales de muriate de soude décrépité, et on procède à la sublimation.

La méthode de Boulduc a été perfectionnée en Hollande, où on l'exécute comme il suit :

On met dans de vastes cornues de grès, 50 livres de mercure et 25 d'acide sulfurique ; on opère sur le bain de sable comme nous venons de l'observer, et on mêle le résidu avec 50 livres de muriate de soude fortement desséché et broyé. Le mélange devient pâteux ; on le distribue dans des pots qu'on arrange, sur des barres de fer, dans un fourneau de galère ; on recouvre chaque pot d'un couvercle convexe en dehors, profond en dedans de deux à trois pouces, et percé d'un trou vers son milieu ; on lute soigneusement les jointures ; on gradue le feu et on le soutient jusqu'à ce qu'il ne sorte plus, par les trous des couvercles, aucune vapeur humide ; on augmente alors le feu, et dès qu'on voit se former des aiguilles vers les trous des couvercles, on les bouche et on les recouvre de sable froid. Dès ce moment, on tient les fonds des pots d'un rouge obscur pendant trente à trente-six heures.

Lorsqu'on délute l'appareil, on trouve dans chaque couvercle un pain de muriate sublimé corrosif.

Si l'on précipite le mercure, de sa dissolution dans l'acide nitrique, par l'acide muriatique oxigéné, on obtient du sublimé corrosif.

On en forme encore en dissolvant l'oxide rouge de mercure par l'acide muriatique ordinaire.

On peut varier les qualités du muriate corrosif, en dissolvant le mercure à divers degrés d'oxidation, ou en employant le sulfate de fer plus ou moins calciné, ou en variant les proportions entre le nitrate, le sulfate, le muriate et le mercure, ainsi que Scopoli s'en est assuré.

ARTICLE II.

Du Muriate sublimé doux (Mercure doux).

QUOIQUE formée par le même métal et le même acide, cette combinaison a des pro-

priétés et des caractères tout différens de
ceux que nous venons de reconnoître à
la première.

Ce sel n'a pas de saveur.

Il ne se dissout ni dans l'eau ni dans
l'alcool.

Il cristallise en prismes tétraèdres, terminés par des pyramides à quatre pans,
lorsqu'on le sublime à une douce chaleur.

Il éprouve une demi-fusion, qui lui donne
une demi-transparence, lorsqu'on lui applique une forte chaleur.

Les proportions entre ses principes constituans sont, d'après M. Chenevix :

11,5 acide.
79,0 mercure.
9,5 oxigène.

Et en d'autres termes,

88,5 oxide de mercure.
11,5 acide pur.

Ce sel se prépare dans tous les laboratoires; mais on le fabrique en grand dans
les ateliers de Hollande et d'Angleterre.
Par-tout, on broie du nouveau mercure
avec le muriate sublimé corrosif; et les

proportions qui ont paru les meilleures, sont celles de quatre parties de muriate sublimé corrosif, sur trois de mercure.

Quelquefois on les mêle à parties égales.

On triture avec soin ces deux substances jusqu'à ce que le mercure ait disparu : il en résulte une poudre grise qu'on peut porphyriser encore pour plus de sureté.

On distribue cette poudre dans des vaisseaux sublimatoires, qu'on ne remplit qu'à moitié ; on les dispose sur un bain de sable, et on procède à la sublimation par un feu gradué, qu'on augmente progressivement jusqu'à ce qu'on apperçoive une légère vapeur blanche qui sort des vaisseaux. On soutient alors le feu au même degré, pendant cinq à six heures.

Les vaisseaux refroidis offrent, à leur partie supérieure, une masse saline, compacte et très-pesante, qu'on détache aisément en cassant le vaisseau sublimatoire.

Chaque pain présente, vers le sommet de sa partie convexe, un mamelon qui n'a ni la consistance ni les caractères du muriate doux : il faut le séparer, pour le triturer de nouveau avec le mercure, dans une seconde opération.

On broie le muriate sublimé, et on lui fait subir une seconde sublimation ; on le broie une troisième fois pour le sublimer encore. C'est alors ce qu'on appelle du *mercure doux*.

La préparation de la *panacée mercurielle* diffère de celle du mercure doux, en ce qu'on réitère la sublimation huit fois pour former la panacée.

La trituration du mercure avec le sublimé corrosif développe une vapeur malfaisante, contre laquelle l'artiste doit se prémunir : Baumé a proposé de verser un peu d'eau sur le mélange. Bailleau conseille de pétrir le sublimé avec l'eau avant de le triturer avec le mercure.

Comme il arrive souvent que le mercure doux retient quelques portions de sublimé corrosif en nature, pour plus de sûreté, on passe de l'eau bouillante sur le mercure doux, afin d'enlever tout le sublimé corrosif qui peut s'y trouver.

Il paroit, d'après les expériences de Baumé, que des sublimations répétées produisent un peu de sublimé corrosif, ce qui paroit provenir de l'oxidation progressive du mercure par la chaleur. D'où il suit que

Voy. la suite après la page. 384.

avec un peu de levain de boulanger ; on y ajoute, si l'on veut, environ 8 onces (0,24474 kilogramme) de vinaigre, et on laisse ce levain bien couvert à une douce chaleur pendant deux ou trois jours. Lorsqu'on veut l'employer, on prend de la composition de farine d'orge dont nous venons de parler, avant qu'elle ait bouilli, et on y délaie le levain de froment. Ce levain, ainsi délayé, est versé, dans les cuves, à parties égales ; quelquefois on le fait chauffer avant de l'y introduire.

On répand sur chaque cuve 6 livres (2,93706 kilogrammes) de sel, on les remue, et on les couvre de nouveau pour les laisser aigrir pendant douze à quinze jours. On a l'attention de les remuer deux fois par jour.

Ces passemens ne sont employés que pour gonfler les peaux ; la composition suffit pour les débourrer.

On peut substituer la farine de seigle à celle d'orge.

Les peaux préparées par la farine d'orge donnent les *cuirs de Valachie;* et celles qui sont apprêtées par la farine de seigle font

IV. 21

les *cuirs de Transilvanie*. Ces derniers sont préférés aux premiers.

On peut remplacer, avec avantage, l'acide des farines par celui de l'écorce de tan épuisée. On appelle alors les cuirs, *cuirs à la jusée*, *cuirs de Namur* ou *de Liége*; ils sont très-estimés dans le commerce.

Pour préparer cet acide, on ramasse l'écorce épuisée par le tannage; on la met dans un grand bassin, et on la foule aux pieds, en l'abreuvant d'eau claire ou d'eau de tan jusqu'à ce qu'elle soit submergée. On fait un trou dans la tannée pour y recevoir le jus qui s'écoule, et on le reverse sur la tannée jusqu'à ce qu'il soit aigri.

Du côté de Sedan, on laisse reposer l'eau sur l'écorce pendant six mois; et, lorsqu'elle est bien aigrie, on relève l'écorce vers une des parois pour puiser commodément l'eau qui se ramasse dans la partie opposée. L'eau qu'on retire est rouge, claire et acide comme du bon vinaigre.

On repasse de la nouvelle eau sur l'écorce, à trois ou quatre reprises; on l'y laisse séjourner quelques heures, et on mêle ces eaux de lavage avec la première.

On rend les passemens plus ou moins

forts en mêlant plus ou moins de cet acide dans de l'eau ordinaire. On emploie les plus foibles pour débourrer.

Les Kalmoucks se servent du lait aigri. Pseiffer a proposé l'eau acide provenant de la distillation de la houille ou de la tourbe.

Il paroît que tous les acides végétaux peuvent servir à ces usages.

Quelques fabricans débourrent en répandant du sel sur une moitié de la peau, sur laquelle on renverse l'autre moitié. A mesure qu'on les prépare, on les met en pile les unes sur les autres; on couvre la pile avec de la paille ou avec de la toile. La fermentation s'établit en peu de temps; on les retourne une ou deux fois par jour; et on débourre dès que le poil peut se détacher.

On peut encore parvenir au débourrement sans employer le sel. On se contente de plier les peaux et de les coucher sur un lit de paille de litière; on les recouvre de la même paille; et, après vingt-quatre heures, on les change de côté; on les visite deux fois par jour, pour s'assurer du moment où les peaux peuvent être débourrées.

Il est des tanneurs qui enfouissent les peaux dans le fumier; il en est d'autres qui se contentent de les enfermer dans une étuve bien fermée, qu'on chauffe avec un feu de tannée qui ne produit que de la fumée et de la chaleur. On y suspend les peaux sur des perches, et la chaleur y est entretenue à 30 ou 35 degrés.

Tous les procédés par la fermentation sont connus sous le nom de procédés à l'*échauffe*.

De quelque manière qu'on ait opéré, dès qu'on s'apperçoit que le poil se détache, on débourre sur le chevalet, ou à l'aide d'un couteau rond qui ne coupe ni du milieu ni des talons, ou à l'aide d'une pierre à aiguiser, qu'on appelle la *queurse*.

Cette opération a pour but, non-seulement d'enlever les poils, mais encore de dépouiller la peau de son épiderme. Car l'épiderme est d'une nature très-différente de celle de la peau : il n'est soluble ni dans l'eau ni dans l'alcool ; il se dissout dans les acides; il n'est pas susceptible de combinaison avec le tan ; de manière que, lorsque la peau est revêtue de son épiderme, le tan ne peut la pénétrer que par le côté des chairs, ce qui rend le tannage très-long.

ARTICLE III.

Du Gonflement des Peaux.

LORSQU'ON a dépouillé la peau du poil et de l'épiderme, on s'occupe d'en enlever les chairs et de la gonfler. Il n'y a que les peaux destinées à former des *cuirs à œuvre*, telles que celles de veau pour empeigne, celles de vache pour baudrier, qui ne doivent pas subir de gonflement. Dès que celles-ci sont débourrées, on les passe dans un passement neuf, on les écharne et on les couche en fosse.

Les peaux destinées à faire des semelles et autres cuirs forts, sont gonflées d'après des procédés qui varient dans les divers pays.

Lorsqu'on emploie la chaux, on commence par mettre les peaux débourrées dans le plein mort, et on les fait passer successivement par le plein foible et le plein neuf.

On les laisse quatre mois dans chacun des deux premiers, et deux dans le plein neuf. On a l'attention de les mettre en retraite tous les huit jours, en les sortant du plein et les laissant amoncelées sur les bords

pendant huit jours, après lesquels on les
abat de nouveau dans le plein, après l'avoir
bien brassé.

La chaux dessèche la peau; et, dans les
fabriques où l'on s'en sert, on les ramollit
en les mettant dans la fiente de pigeon, d'où
on les retire, chaque jour, pendant demi-
heure, pour les mettre en retraite. On les
travaille de la sorte pendant dix à quinze
jours.

On se sert aussi des compositions acides
dont nous avons déjà parlé pour gonfler les
peaux. On peut accélérer l'opération en employant ces acides chauds, ainsi qu'on le
pratique en Angleterre, où on fait passer
les peaux d'un passement foible à un plus
fort, jusqu'à ce qu'elles soient convenablement gonflées.

Macbride a proposé, en 1774 et 1778,
d'opérer le gonflement dans un passement
d'eau acidulée par un deux-centième d'acide
sulfurique. J'ai vu qu'en vingt-quatre heures, par ce procédé, les peaux étoient suffisamment gonflées et bien disposées à être
écharnées.

Lorsque ces passemens se donnent dans
les eaux acidules, il est avantageux d'y en-

treténir un tel degré de chaleur qu'on puisse y tenir la main. On maintient ce degré de chaleur, en tenant la composition bouillante dans une chaudière, pour réparer la déperdition qui se fait par la portion dont les cuirs s'imprègnent.

Il faut encore avoir l'attention de faire pénétrer la composition dans les peaux d'une manière égale : c'est à quoi l'on parvient en les lavant, les faisant égoutter et les abattant, à plusieurs reprises, après avoir bien remué le bain.

Lorsque les peaux sont ainsi préparées, on détache les chairs sur le chevalet. On nettoie et on assouplit bien la peau.

Dès que les peaux ont été écharnées, on les laisse égoutter; on les rince à l'eau, on les met à égoutter encore et on les passe ensuite au *passement rouge*, qui est préparé avec un peu d'écorce hachée en morceaux gros comme le doigt et qu'on a mis à infuser dans une grande cuve. Ce passement commence par raffermir la peau et la dispose à recevoir le tan. Il a encore l'avantage de lui donner une couleur jaune agréable.

A R T I C L E I V.

Du Tannage des Peaux.

LA peau étant ainsi préparée, il ne s'agit que de la tanner, et il n'y a que les végétaux astringens qui servent à cet effet (1).

Les végétaux conviennent d'autant mieux qu'ils contiennent plus de ce principe, connu aujourd'hui sous le nom de *tanin*.

M. Davy a démontré que le cachou, ou terre du Japon, est la matière végétale la plus riche en tanin qu'on connoisse; mais l'écorce

---

(1) M. Hatchett a fait voir qu'on pouvoit obtenir du tanin en dissolvant le charbon, soit végétal, soit minéral, soit animal, dans l'acide nitrique. Il met à digérer 100 grains de charbon avec une once d'acide nitrique à 1,40 de pesanteur spécifique, étendue de deux onces d'eau. Il place le matras sur le bain de sable; il se produit d'abord beaucoup de gaz nitreux. Au bout de deux jours, il ajoute une seconde et quelquefois une troisième once d'acide, et laisse continuer la digestion pendant cinq à six jours.

Le résultat qu'on obtient est soluble dans l'eau et l'alcool, il a une saveur très-astringente, il se boursoufle par la chaleur et se charbonne, il rougit le papier de tournesol, il précipite la plupart des sels métalliques, et les sels terreux; de même que la colle-forte, et tanne parfaitement les peaux.

de chêne est la substance la plus employée dans nos climats : car, outre qu'elle est très-abondante en Europe, elle contient beaucoup de tanin. Toutes les espèces de chêne ne fournissent pas une écorce de même qualité : le chêne blanc est inférieur au chêne vert qui croît dans le Midi, et celui-ci le cède encore à l'écorce de la racine du chêne qui porte le kermès, et dont on se sert dans les climats méridionaux pour tanner les cuirs forts.

Quelle que soit l'écorce qu'on emploie, on la broie sous des meules pour la réduire en poudre.

Les fosses, dans lesquelles s'opère le tannage, sont des creux pratiqués dans la terre, de forme ronde ou carrée, revêtus, sur les parois, en bois ou en maçonnerie, et de grandeur proportionnée à l'usage.

La manière de donner le tan présente de bien grandes différences dans les différens pays : on peut néanmoins réduire à trois toutes les méthodes connues.

Quelquefois on emploie le tan presque sec; et, dans ce cas, on met au fond de la fosse, un bon demi-pied (0,162 mètre) de l'écorce qui a déjà servi. Sur cette couche,

on étend de l'écorce neuve , bien moulue ,
de l'épaisseur d'un pouce (2,7070 centi-
mètres). Sur ce lit de tan , on couche une
peau avec soin ; sur celle-ci , on forme une
seconde couche de tan qu'on recouvre d'une
seconde peau ; et , de cette manière , on
remplit la fosse. Après quoi , on la recouvre
d'un demi-pied (0,162 mètre) de tannée
qu'on foule aux pieds. On appelle cette
dernière couche *chapeau.*

Par ce procédé , le tannage est très-long
et n'est parfait qu'au bout de quinze à dix-
huit mois.

Mais on l'abrége en faisant couler, peu à
peu, de l'eau dans le fond de la fosse, à l'aide
d'un canal en bois qui est placé dans l'un
des angles et qui descend jusqu'au bas. Dans
quelques fabriques, on établit un double
fond en bois, percé de trous, pour que l'eau
qui est versée sous ce double fond se ré-
pande plus également dans la masse.

La première écorce dure deux ou trois
mois ; on démonte la fosse pour y mettre de
la seconde écorce ; et , trois ou quatre mois
après , on en donne une troisième.

Chaque fois qu'on change l'écorce , on

balaie, on bat et on frotte les cuirs avec soin.

Lorsqu'on juge que le tan est presque épuisé, on peut faire couler, dans la fosse, de la lessive d'écorce qui produira un grand effet. On peut, par ce moyen, s'épargner la peine de rechanger les peaux jusqu'à ce que le tannage soit parfait.

Il est plus nécessaire d'humecter, vers la fin, que dans le principe, parce que vers la fin, le tan, pénétrant plus difficilement, demande du véhicule.

En Angleterre, à côté de chaque fosse, il y a des puisards où se rendent les eaux. C'est de-là qu'on les pompe pour les reporter sur les cuirs.

Le tannage au *sippage* ou *l'apprêt à la danoise* consiste, après les premières opérations, à coudre les peaux comme des sacs, et à les remplir de tan et d'eau. On ferme toutes les ouvertures, et on les couche dans des fosses remplies d'eau de tan. Deux mois suffisent pour le tannage. Les cuirs éprouvent, par ce procédé, une forte extension.

Rankin et Holle-Waring ont prouvé qu'on pouvoit tanner par une décoction de bruyère employée tiède.

Macbride a proposé l'infusion de tan faite dans l'eau de chaux.

M. Séguin a substitué l'eau ordinaire à l'eau de chaux.

Ces procédés de tannage, par infusion, sont très-expéditifs, puisque, dans quelques jours, on peut tanner une peau de bœuf, et, dans quelques heures, une peau de mouton; mais il a aussi des inconvéniens : 1°. il faut une suite d'appareils considérables, tant pour lessiver l'écorce que pour conserver le jus, ce qui demande dès-lors des emplacemens d'une étendue immense. 2°. Les cuirs s'imprègnent d'une si grande quantité d'eau, qu'ils restent spongieux et qu'ils se rident en séchant. 3°. Il m'a paru très-difficile d'arranger les peaux dans un cuvier, de manière qu'elles soient isolées l'une de l'autre, qu'elles ne touchent par aucun point ni entr'elles ni aux parois de la cuve; sans cela, cependant, le tannage ne seroit pas égal. 4°. J'ai encore observé que les infusions foibles ne produisoient presque plus d'effet, et que, par conséquent, il étoit difficile d'épuiser les lessives.

La meilleure des méthodes est celle qui fournit à la peau le tan légèrement humide;

de manière à présenter constamment à la peau le principe astringent dans un état de solution. On peut ensuite nourrir l'action affoiblie du tan par de l'infusion, en la faisant couler dans la fosse.

Ce procédé n'exige pas plus de trois ou quatre mois pour qu'une peau de bœuf soit bien tannée.

Les peaux humaines et celles de cochon, présentent plus de difficulté pour le tannage, en ce que la chair adhère à la peau, et qu'il est extrêmement difficile de les décharner.

On a calculé qu'il falloit, à-peu-près, 5 à 6 livres (2,93706 kilogrammes) de tan par livre (0,48951 kilogramme) de cuir fort; qu'une peau pesant 100 livres (5 myriagrammes) donnoit 52 à 56 livres de cuir (26 à 28 kilogrammes).

CHAPITRE XXI.

Des Combinaisons des Alkalis.

SECTION PREMIÈRE.

Des Combinaisons des Alkalis avec les Huiles (Savons).

La combinaison d'une huile avec un alkali, donne toujours pour résultat un composé soluble dans l'eau, et dans lequel les propriétés caractéristiques des huiles et des alkalis se trouvent détruites ou changées.

On appelle toutes ces combinaisons des *savons :* mais, comme on n'emploie guère dans les arts que les savons de soude ou de potasse, nous ne nous occuperons que de ceux-ci.

Il est probable qu'on a été long-temps avant de connoître cette combinaison d'huile et d'alkali qu'on appelle *savon.*

Les plantes qu'on appelle *savonneuses,* les argiles douces, les marnes, les magnésies ont dû être employées pour dégraisser le linge, dans les temps antérieurs à la découverte du savon.

Nous voyons même qu'on s'est servi, avec succès, de quelques matières animales, telles que la bile et les excrémens de porc dont, en Angleterre, on fait encore un usage assez général.

Il est encore assez vraisemblable que l'emploi de la lessive des cendres a dû précéder la découverte du savon.

Mais ce fut une grande et utile découverte pour les arts, que celle qui apprit à combiner l'huile avec l'alkali, pour en former un composé solide, soluble dans l'eau et capable de dissoudre les taches d'huile et de graisse, sans altérer les étoffes sur lesquelles elles sont portées.

Cette découverte, successivement perfectionnée, constitue aujourd'hui l'*art du savonnier*.

ARTICLE PREMIER.

Des Matières employées à la fabrication du Savon.

TOUTES les huiles et les graisses sont susceptibles de se combiner avec les alkalis, pour former des savons : mais toutes ne donnent pas un savon d'égale qualité.

Il importe donc de faire connoître les diverses matières dont on peut se servir, et d'indiquer rapidement leurs différences, pour éclairer la conduite de l'artiste.

§. Ier.

Des Huiles et des Graisses.

L'HUILE d'olive est généralement employée à la préparation du savon. Elle se combine parfaitement avec la soude : le savon en est très-blanc, bien lié, d'une consistance convenable, et exhalant une odeur particulière qui est propre à cette espèce de savon.

Mais toute huile d'olive n'est pas également propre à la saponification : on en distingue trois sortes dans le commerce : l'*huile fine* ou *vierge*, l'*huile commune* ou *de teinture*, et l'*huile de force* ou *de presse*.

La première, est celle qui coule d'abord par la pression de l'olive ; la seconde, a exigé une pression plus forte et le secours de l'eau chaude ; la troisième, est le résultat d'une pression extraordinaire qu'on exerce sur le marc, pour extraire quelques gouttes d'huile mêlées d'une grande quantité de mucilage et de corps ligneux.

La première est pure et presque sans mélange de principe muqueux.

La seconde est déjà mêlée d'une assez grande quantité de corps muqueux qui forme, avec l'huile, une espèce d'émulsion.

La troisième contient peu d'huile et beaucoup de principe muqueux et fibreux.

L'huile vierge brûle facilement, sans donner presque de charbon.

L'huile de teinture, ou la seconde, brûle moins aisément, et donne beaucoup de charbon.

L'huile de presse, ou la troisième, brûle avec peine.

Ces huiles présentent de grandes différences dans la manière dont elles se comportent avec les alkalis.

La plus fine ne se mêle que difficilement avec eux : lorsqu'on verse de la lessive alkaline sur cette huile, le mélange devient laiteux, et paroît parfait au premier moment; mais l'huile ne tarde pas à se séparer et à monter à la surface de la lessive, où elle forme une couche dans laquelle on voit isolément quelques gouttes d'huile et un *magma* savonneux où l'huile prédomine. La lessive qui est au-dessous n'offre plus qu'une liqueur légèrement laiteuse et de couleur opale.

L'huile de teinture se comporte bien différemment avec les lessives alkalines. Elle contracte avec elles une prompte combinaison, et ne s'en sépare plus ; de manière qu'on peut l'épaissir par la chaleur, sans craindre que la combinaison en soit rompue.

La troisième espèce d'huile n'est guère employée seule, attendu que, lors même qu'on parviendroit à former une combinaison durable, on n'obtiendroit qu'un savon de mauvaise qualité.

Pour s'assurer, par des moyens simples et préparatoires, de la qualité d'une huile, on doit avoir de la lessive faite à froid et marquant un à deux degrés au pèse-liqueur de Baumé. On met dans un verre quelques gouttes de l'huile qu'on veut éprouver, et on y verse dessus de la lessive. On transvase le mélange, devenu laiteux, d'un verre dans un autre, à plusieurs reprises, et on le laisse ensuite reposer dans le verre. Si, au bout de quelques heures, la combinaison reste blanche, et qu'on n'apperçoive à la surface aucune goutte d'huile qui surnage, on peut assurer que l'huile est de bonne qualité. Dans le cas contraire, elle est mauvaise.

L'huile fine exige qu'on emploie des lessives plus fortes que lorsqu'on opère sur des huiles communes.

On n'emploie, dans les savonneries, que l'huile commune, parce que, non-seulement, elle est moins chère, mais parce qu'elle *saponifie* mieux. L'huile fine est réservée pour le service de nos cuisines et de nos tables.

C'est sur-tout d'Italie, et principalement de la rivière de Gênes, qu'on tire la meilleure huile employée dans les fabriques.

Les côtes de Barbarie en fournissent aussi; et, concurremment avec le pays de Gênes, elles alimentent les superbes établissemens de savonnerie formés à Marseille.

Après l'huile d'olive, celle d'amandes douces donne le savon le plus *consistant*. Mais le prix de cette huile n'en permet pas l'emploi dans les ateliers de savonnerie; on ne s'en sert que pour composer le *savon médicinal*.

Les huiles de colza et de navette, forment des savons moins secs, et sur-tout moins blancs.

L'huile de chenevis donne un savon vert, peu consistant, et qui se réduit en pâte par une petite quantité d'eau.

Les huiles de faine et d'œillet fournissent des savons pâteux et gluans, en général grisâtres.

Le savon d'huile de noix n'est pas propre au savonnage à la main; il est d'un blanc jaunâtre, d'une consistance moyenne, gras, gluant, sans sécher à l'air.

Le savon d'huile de lin est d'abord blanc; mais il jaunit, en peu de temps, par le contact de l'air. Il a une odeur forte; il est gras, pâteux, gluant, ne sèche pas à l'air, et se ramollit à l'aide d'une très-petite quantité d'eau.

On peut conclure, de ce qui précède, que les huiles siccatives saponifient mal; et que les savons qui en proviennent restent toujours gluans et changent facilement de couleur par le contact de l'air.

Toutes les huiles dont nous venons de parler, sont des huiles *grasses* ou *fixes*. Les huiles volatiles ne sont pas moins susceptibles de former des combinaisons avec les alkalis; mais, comme ces savons sont de peu d'usage dans les arts, nous n'en parlerons pas dans cet article.

Les matières animales qui, presque toutes, sont susceptibles de se combiner avec les alkalis, nous fournissent des ressources précieuses pour la fabrication des savons.

Le suif forme, avec la soude, un savon blanc, de bonne qualité, qui n'a que le défaut de conserver toujours une légère odeur de graisse qu'il transmet au linge.

On doit commencer la saponification du suif par des lessives fortes.

Ce savon peut prendre beaucoup d'eau sans perdre de sa consistance.

A Arsamas, ville russe, capitale du cercle de ce nom, on fabrique beaucoup de savon avéc le suif et la lessive des cendres; les chaudières sont de fer battu : chaque cuite fournit jusqu'à 80 quintaux de savon.

Le savon que fournit l'axonge (sain-doux, oint), a une belle couleur blanche; il est très-solide et n'a pas de mauvaise odeur.

On peut encore combiner le beurre avec la soude : le savon qui en provient est blanc et solide. Il conserve un goût rance si on a employé du beurre ranci.

Pelletier a fait un savon blanc, solide et sans odeur, en combinant l'huile de cheval avec la soude.

Bullion, en formant à froid un mélange de 25 livres d'huile de cheval et de 25 livres d'huile d'œillet, avec 25 livres de lessive concentrée des savonniers, a obtenu un excellent savon.

Les huiles de poisson, baleine, morue, donnent toutes des savons d'une couleur gris-sale, de consistance ferme, qui conservent l'odeur particulière à ces huiles.

On peut présenter les huiles et les graisses dans l'ordre suivant, eu égard à leurs propriétés pour la saponification.

1°. Huile d'olive et huile d'amandes douces.

2°. Suif, sain-doux, beurre, huile de cheval.

3°. Huiles de colza et de navette.

4°. Huiles de faine et d'œillet.

5°. Huile de poisson.

6°. Huiles de chenevis, de noix et de lin.

J'ai proposé, depuis long-temps, de faire servir la vieille laine, les recoupes et les tontes de drap à la fabrication des savons: ces matières animales se dissolvent facilement et jusqu'à saturation dans les lessives d'alkali caustique ; il en résulte une pâte savonneuse, verdâtre, qu'on peut employer avec succès, dans les arts, pour le foulage des draps et autres usages. Ce procédé est déjà connu et pratiqué dans quelques fabriques, où l'on compose ce savon avec les débris de la laine et une lessive caustique des cendres de foyer ; mais sa fabrication doit devenir plus générale, parce que ses usages sont très-étendus, et que la composition en est aussi facile qu'économique.

§. II.

Des Alkalis.

LA chimie connoît trois espèces d'alkalis qu'on peut employer successivement à la fabrication des savons : la soude, la potasse et l'ammoniaque.

La soude et la potasse sont les seuls employés pour fabriquer les savons du commerce. L'ammoniaque ne sert que pour former quelques compositions savonneuses, en usage dans la médecine.

La soude forme des savons solides.

La potasse forme des savons mous, attirant l'humidité de l'air.

Cette différence provient de la nature des alkalis, dont l'un effleurit à l'air, tandis que le second s'y résout en liqueur presqu'instantanément.

Il n'est donc pas au pouvoir de l'artiste d'employer, à volonté, la soude ou la potasse : le choix est déterminé par la nature du savon qu'on veut obtenir.

Toutes les plantes salées, croissant près de la mer, fournissent de la soude par incinération ; mais toutes n'en donnent pas la même quantité ni de la même qualité.

L'alkali est toujours mêlé dans la soude avec du sel marin et des terres, le meilleur est celui qui contient le plus de principe alkalin.

Les seules soudes qu'on emploie à la fabrication du savon, sont la *barille* ou *soude d'Alicante*, le *salicor* ou *soude de Narbonne*, les *cendres de Sicile* et le *natron*.

Les soudes les plus estimées sont celles d'Alicante, dont on connoît trois qualités dans le commerce : 1°. la *soude douce* ou *barille douce* qui en est la première qualité ; 2°. la *soude proprement dite* ou la *barille mélangée* : celle-ci est dure, casse net, est d'un noir grisâtre et se dissout difficilement dans l'eau ; 3°. la *bourde* ou la dernière qualité.

Les soudes de Carthagène ont, à peu près, les mêmes vertus que la seconde qualité de celles d'Alicante.

Les cendres du Levant et de Sicile sont de qualité inférieure aux soudes d'Alicante, mais, néanmoins, elles les remplacent, lorsque ces dernières viennent à manquer.

Le natron est aussi très-employé : le bas prix qu'il a dans le commerce, en temps de paix, fait qu'on trouve de l'avantage dans son emploi, quoiqu'il contienne peu d'alkali pur.

La potasse, proprement dite, est rarement employée dans cet état à la fabrication des savons. Presque par-tout, on se sert de lessives de cendres rendues caustiques par la chaux.

ARTICLE II.

Des Savons de soude, ou des Savons solides.

LE savon blanc et solide du commerce est fait avec la soude et l'huile d'olive.

On peut distinguer plusieurs opérations majeures dans sa fabrication : la préparation des lessives et la cuite des savons.

§. Ier.

De la Préparation des Lessives.

LES alkalis, tels qu'ils sont dans le commerce, ne peuvent pas servir à la fabrication du savon.

Il faut préalablement les dépouiller de l'acide carbonique, des sels et des terres qu'ils contiennent : on y procède comme il suit :

Dans un encaissement d'environ 8 pieds (2 mètres $\frac{1}{2}$) en carré et d'un pied (un tiers de mètre) de profondeur, on met de la chaux vive dans la proportion du cinquième du poids de l'huile qu'on veut saponifier. On l'arrose légèrement avec de l'eau ; elle s'échauffe, se gerce, fume, se divise, tombe en poussière, et on y mêle, avec le plus grand soin et à l'aide d'une pelle , la soude précédemment concassée en petits fragmens.

Pour en faciliter l'action, on y répand un peu d'eau.

Dès que le mélange est fait, on le porte dans des cuviers, qu'on appelle *bugadières* dans les fabriques de Marseille.

Ces cuviers sont en bois blanc, dans toutes les petites fabriques; mais, dans toutes celles qui sont de quelqu'importance, ils sont construits en pierre, et l'intérieur en est revêtu de briques, posées de champ et noyées dans du mortier de pouzzolane ou de terre d'eau-forte.

Souvent les cuviers sont faits en briques posées de plat et cimentées du même mortier.

Ces cuviers ont, pour l'ordinaire, 5 pieds (un mètre et deux tiers) en carré sur 4 pieds $\frac{1}{2}$ (un mètre et demi) de profondeur: ils sont percés, à la partie inférieure du côté de l'atelier, de deux trous, qu'on ferme avec un robinet ou avec des chevilles de bois.

Sous chacun de ces cuviers sont placés deux réservoirs construits avec les mêmes précautions, et destinés à recevoir et à conserver les lessives. A Marseille, on appelle ces réservoirs des *récibidous*.

On place quelques *tuileaux* au fond de ces cuviers pour faciliter l'écoulement de la lessive.

Dès qu'on a porté le mélange de chaux et de soude dans le cuvier, on y verse une suffisante quantité d'eau pour l'imbiber convenablement et le recouvrir d'environ un pied et demi (un demi-mètre).

On laisse séjourner l'eau, quelques heures; après lesquelles on ouvre le robinet, pour faire écouler la lessive, qu'on fait tomber dans l'un des réservoirs situés au-dessous.

Cette lessive marque 15 à 20 degrés, et porte le nom de *première lessive.*

Lorsque la lessive a cessé de couler, on ferme le robinet; on verse dans le cuvier une nouvelle quantité d'eau; et, au bout de quelques heures, on la fait couler dans le second réservoir : c'est-là ce qu'on appelle la *seconde lessive;* elle marque 10 à 12 degrés.

On extrait une troisième lessive avec les mêmes soins; elle marque 4 à 6 degrés à l'aréomètre.

On épuise la soude en y passant une quatrième eau, et même une cinquième si besoin est.

On fait servir les dernières lessives comme de l'eau ordinaire, pour lessiver les soudes neuves.

Dès que les soudes sont épuisées, on vide les bugadières, et on rejette, comme inutiles, ou l'on emploie, comme engrais, dans les terres humides, tous les résidus.

Pour faciliter le service de l'atelier, on dispose des conduites d'eau qui s'ouvrent dans chaque cuvier; on pratique encore des rigoles sur le devant de ces cuviers, par le moyen desquelles on peut commodément faire circuler la lessive.

Comme les soudes ne sont pas toutes d'une égale bonté, les lessives présentent de grandes différences entr'elles. Le maître-ouvrier en détermine le degré à l'aide du pèse-liqueur, ou, par le moyen d'un œuf frais, qui plonge plus ou moins, selon la force de la lessive; il les *coupe*, les mélange jusqu'à ce qu'il les ait ramenées au degré convenable.

Les saisons influent encore puissamment sur les lessives : en hiver, elles sont plus foibles, si on n'a pas l'attention, ou de se servir de meilleures soudes, ou de les employer en plus grande quantité.

Les proportions de soude et de chaux varient dans les divers pays et dans chaque atelier. J'ai vu employer, depuis parties égales jusqu'à un sixième de chaux vive. Cette différence, dont j'ai cherché à me rendre compte, paroît provenir de la chaux, et, plus souvent, de la nature de la soude : en général, les vieilles soudes et les natrons exigent plus de chaux. La chaux effleurie n'a pas la même force que la chaux récente; et, comme il est difficile d'avoir toujours à sa disposition de la chaux récente, on la conserve dans des vases, à l'abri du contact de l'air et de l'humidité, pour prévenir toute altération.

On emploie rarement une seule sorte de soude pour former la lessive : on forme, presque toujours, un mélange, à diverses proportions, de natron, de soude d'Alicante, de cendres de Sicile, de salicor de Narbonne, etc.

§. II.

De la Cuite des Savons solides.

LA cuite des savons solides, ou l'art de combiner l'huile avec la soude caustique, et de porter cette combinaison au degré de consistance convenable, est l'opération la plus difficile et la plus importante du *savonnier*.

C'est dans une chaudière, et à l'aide de la chaleur, que se fait cette combinaison.

La chaudière présente une construction qui la fait différer essentiellement des autres: la partie inférieure est en cuivre, tandis que les côtés sont élevés en maçonnerie ou en briques posées de plat.

Il faut de l'habileté et une grande pratique dans ce genre de constructions, pour *monter* un fourneau de savonnerie : car il est aisé de voir que, s'il existoit quelque joint mal lié, la matière fuiroit. D'un autre côté, ces établissemens sont tellement dispendieux, la suspension des travaux est si onéreuse, qu'il convient de ne rien négliger pour donner toute la solidité possible au fourneau.

Si on travaille dans des chaudières entièrement métalliques, au lieu d'opérer dans celles dont nous venons de parler, non-seulement le savon est moins blanc, mais la conduite de l'opération devient extrêmement difficile, attendu que le métal, transmettant la chaleur plus facilement que la pierre, détermine le boursouflement de

la matière savonneuse, et la brûle très-
souvent.

Les fourneaux de ces sortes de chaudières ont encore cela de particulier, que
la grille est placée derrière le fond de la
chaudière elle-même ; tandis que la cheminée est immédiatement sur la porte du
foyer ; de sorte que la flamme et la chaleur
reviennent en torrent vers la porte, pour
gagner la cheminée. On peut prendre une
idée de cette construction, dans la *fig. 1,
pl. 6, du premier volume.*

Les chaudières des ateliers de savonnerie
ont une capacité qui varie infiniment dans
les diverses fabriques : elles fournissent, en
général, depuis 50 jusqu'à 200 quintaux de
savon par cuite.

La manière de cuire le savon varie encore dans les divers ateliers. Ici, on commence la saponification par l'emploi des
lessives foibles ; là, par l'emploi des lessives
fortes. Nous décrirons succinctement l'une
et l'autre de ces deux méthodes.

Du moment que les lessives sont préparées, on met dans la chaudière toute l'huile
qu'on veut employer. Mais on ne sauroit
assigner des proportions exactes et con-

stantes entre les quantités respectives d'huile et de soude ; car ces proportions varient selon la nature des soudes et des huiles, et il n'appartient qu'à l'expérience de prononcer.

Il faut, en général, 6 parties d'huile d'olive contre 5 parties de bonne soude.

Dans quelques ateliers, on commence par porter l'huile à l'ébullition, sans y ajouter de la lessive ; et, lorsque l'huile est très-épaisse et qu'elle contient beaucoup de *crasse*, on la mêle avec deux barils de lessive forte, et on la fait bouillir : l'huile claire et transparente ne tarde pas à occuper le dessus, tandis que les crasses se précipitent. Alors, on arrête le feu ; et l'ouvrier enlève, avec une longue *casse*, l'huile qui surnage, pour la séparer du dépôt qui occupe le fond. Il nettoie la chaudière, y remet l'huile *lampante* qu'il avoit enlevée, rallume le feu, et procède à la cuite.

On verse quelques seaux de la lessive la plus foible, sur l'huile ; on porte le mélange à une douce ébullition, qu'on entretient soigneusement pendant tout le temps que dure la cuite. On facilite la combinaison, en remuant, sans interruption, avec

IV.   23

une longue spatule de bois. On ajoute, peu
à peu, de la même lessive; et, lorsqu'elle
est épuisée, on emploie la seconde.

L'huile se nourrit peu à peu, la matière
s'empâte et devient blanche: on ajoute alors,
peu à peu, de la première lessive; et, bientôt après, la pâte, devenue plus épaisse, se
sépare insensiblement d'une liqueur aqueuse
qu'elle surnage. MM. Pelletier, Darcet et
Lelièvre conseillent de jeter, dans le moment, quelques livres de sel marin dans la
chaudière, pour opérer une séparation plus
parfaite : la pâte prend alors une forme grenue, et ressemble à de la crême tournée;
on continue l'ébullition pendant deux
heures, après lesquelles on éteint le feu et
on cesse de remuer.

Quelques heures après, on fait couler,
par l'*épine* (tuyau pratiqué au fond de la
chaudière), la liqueur qui occupe le fond;
on rallume le feu; on dissout le savon à
l'aide d'un peu d'eau qu'on verse dans la
chaudière; on agite le mélange; et, lorsqu'il est parfaitement liquéfié et bouillant,
on y ajoute, peu à peu, les dernières portions de la première lessive.

On reconnoît que le savon est porté au

degré de consistance convenable, 1°. en en laissant tomber et figer quelques gouttes sur une ardoise; 2°. en secouant fortement dans l'air une spatule qu'on retire de la pâte, le savon fait s'en détache en rubans, sans adhérer au bois; 3°. à l'odeur particulière du savon; 4°. en le maniant entre les doigts.

Il est peu de fabriques où l'on procède à l'aide du sel marin, pour *grainer* le savon et le séparer de sa partie aqueuse : néanmoins cette méthode a été pratiquée avec succès dans plusieurs établissemens, depuis qu'elle est connue. On peut, à la vérité, terminer une cuite sans l'emploi du sel ; mais comme, trop souvent, les cuites tournent vers la fin de l'opération, et que cet accident tourmente et embarrasse l'artiste le plus exercé, il paroîtra peut-être avantageux de connoître le moyen d'y remédier.

Dans quelques fabriques, on commence la cuite par employer la lessive la plus forte : par cette méthode, la pâte est presque de suite portée à un degré d'épaississement considérable, et la conduite de l'opération demande une grande habitude de ces sortes de travaux. On juge qu'il faut verser de nouvelle lessive, lorsque la pâte reste affaissée et sans mouvement. On continue à employer la lessive forte jusqu'à ce qu'elle soit presqu'épuisée. Alors la cuite *flaque,* c'est-à-dire qu'elle s'affaisse et reste comme immobile; elle bout, de cette sorte, pendant trois ou quatre heures; après quoi, on l'humecte, en y versant de la seconde lessive; on augmente progressivement l'activité du feu.

Il est rare que, lorsqu'on a commencé par la première lessive, on se serve de la troisième : celle-ci n'est employée que dans les cas où la pâte refuse de bouillir, parce qu'alors il s'agit de la délayer.

Dès que le savon est cuit, on éteint le feu; on vide la lessive par l'épine; on laisse refroidir la pâte, et on la puise, avant qu'elle soit figée, avec des seaux de cuivre ou de bois, pour la transporter dans les *mises* (1),

(1) On appelle *mises* les moules dans lesquels on coule la pâte de savon. Les plus ordinaires sont des caisses faites de planches ajustées dans des membrures assujéties par des clefs de bois. Il y a des mises qui peuvent contenir deux milliers de savon. La planche du devant est à coulisse pour pouvoir être retirée à volonté. Elles sont ordinairement établies de telle manière, que la lessive qui s'écoule puisse se rendre dans un réservoir.

APPLIQUÉE AUX ARTS. 357

au fond desquelles on a mis un peu de chaux en poudre pour éviter que le savon ne s'y attache.

Au bout de deux ou trois jours, lorsque le savon est durci, on défait les clefs qui assujétissent les parois des mises, et on coupe le savon en pains plus ou moins larges, à l'aide d'un fil de laiton.

On pose ces pains sur un plancher, par la tranche, pour leur donner le temps de s'affermir.

Trois livres d'huile donnent 5 livres de savon : c'est sur ce produit que l'honnête fabricant fonde ses espérances.

Le savon ne peut être versé dans le commerce que lorsque les doigts ne s'y impriment plus.

Ce seroit une erreur de croire qu'on peut invariablement employer, sans interruption, la lessive dont on a commencé à faire usage. Le grand art du savonnier consiste à savoir déterminer, à chaque moment, d'après les caractères de la pâte, quelle est la lessive qu'il convient de donner. Les chefs-ouvriers ont, à cet égard, des principes de conduite que l'habitude leur a donnés: la forme et la grosseur des bouillons, la couleur de la pâte, le volume de ce qui est rejeté sur les bords, la consistance de la matière, la couleur de la fumée, la disposition à se boursoufler, fournissent des indices d'après lesquels l'ouvrier dirige sa conduite.

Il arrive souvent que la pâte paroît très-liée; mais, lorsqu'on la met à l'air pour se refroidir et se figer, il s'en sépare beaucoup de liquide, et la masse se résout en petits grains sans consistance : dans ce cas, il est évident que la lessive est trop abondante, et il faut la dissiper par le feu ou en déterminer la précipitation par le sel marin.

Souvent encore, la pâte se *graisse*, et l'huile paroît se séparer de la soude; j'ai observé que, presque toujours dans ce cas, la pâte n'avoit pas l'eau suffisante pour être maintenue en parfaite combinaison : il suffit alors d'ajouter de la lessive très-foible ou de l'eau pour remédier à ce défaut.

Dans les fabriques de savon blanc, on est dans l'usage de *veiner* quelques cuites de savon, de rouge et de bleu, pour former ce qu'on appelle *savon marbré*. Les oxides de fer sont employés à cet usage : c'est après deux jours de cuite, qu'on commence à

bleuir le savon : à cet effet, on délaie et décompose dans de la lessive foible une cent
quarantième partie de sulfate de fer, comparativement à l'huile qu'on saponifie ; on
jette cette dissolution dans la chaudière,
qu'on maintient à l'ébullition jusqu'à ce
que la pâte devienne noire : alors on éteint
le feu, et l'on fait couler, par l'épine, la
portion de lessive qui n'est pas incorporée;
on rallume le feu, on nourrit la pâte de
lessive pendant vingt-quatre heures; on
éteint le feu, on laisse reposer, et on soutire encore la lessive.

Cette manœuvre est renouvelée pendant
neuf à dix jours, au bout desquels on ôte
le feu, et on fait couler la lessive. Lorsque
la masse est bien assise, bien tranquille, on
y verse dessus 10 à 12 livres (5 à 6 kilogrammes) de brun-rouge délayé dans de
l'eau commune. Alors deux ouvriers, placés
sur des planches posées sur la chaudière,
et armés de longues perches, au bout desquelles est attaché un bout de planche de
10 pouces (3 décimètres) en carré, soulè-
vent la pâte, l'agitent en tout sens, tandis
que d'autres jettent, par intervalle, de la
lessive dans la chaudière jusqu'à ce que la

pâte soit liquide. Après cette opération, on porte le savon dans les mises.

Le savon marbré est plus dur que le blanc, et il lui est préféré pour le blanchissage. Cette dureté provient, non-seulement de ce que la pâte a été plus rapprochée, mais je suis porté à croire que cette consistance est due, en grande partie, à une portion d'oxigène qui abandonne l'oxide pour s'unir à l'huile. Cette opinion me paroît établie, 1°. sur ce que le savon marbré n'acquiert ses véritables qualités que lorsque, par l'ébullition, la couleur de l'oxide a été ramenée à une teinte noirâtre; 2°. sur ce que le savon blanc, quoique fortement rapproché, ne prend jamais le même caractère que le marbré.

De tout temps la fabrique de savon a joui, à Marseille, d'une réputation méritée : lorsque la cupidité a fait dévier certains fabricans de la bonne route, le commerce entier, intéressé à maintenir une bonne fabrication, les a signalés à l'opinion publique.

Les sophistications les plus ordinaires qu'on se permette sur les savons, sont les suivantes : d'abord, lorsqu'il est fait, et avant d'être coulé dans les mises, on lui fait prendre une très-grande quantité d'eau, ce qui lui donne de la blancheur. Souvent, on y incorpore de la poudre de chaux, du plâtre cuit ou de l'argile tamisée et blanche.

La première de ces fraudes se reconnoît aisément par le déchet qu'éprouve le savon qu'on laisse exposé à l'air pendant quelque temps.

La seconde ne peut être rendue sensible que par la dissolution du savon à grande eau, car alors les matières terreuses se précipitent.

La sophistication par le moyen de l'eau peut être pratiquée avec moins d'avantage par le fabricant que par le droguiste qui vend en détail : le premier éprouveroit, à son détriment, dans ses magasins ou dans le transport, tout le déchet que subit le savon en séchant, tandis que le second allèche l'acheteur par l'offre séduisante d'un rabais dans le prix ; et, après avoir saturé d'eau le savon, il le conserve dans une dissolution de sel marin, d'où il ne le retire que pour le vendre.

Il suffit, pour reconnoître et constater cette fraude, d'exposer, pendant quelques

jours, à l'air le savon sophistiqué, il s'apla-
tit, se racornit, et devient jaune.

ARTICLE III.

Des Savons faits à froid.

DE tout temps, on s'est tourmenté pour
fabriquer des savons à froid. On regarde
même encore ce problême comme le plus
important à résoudre pour perfectionner la
fabrication du savon. Mais, quoiqu'on soit
parvenu, par plusieurs procédés, à obtenir
un très-beau savon sans le secours du feu,
la méthode suivie jusque-là n'a pas été
abandonnée, ce qui prouve qu'on n'a pas
trouvé un grand avantage à fabriquer du
savon à froid.

Lorsqu'on mêle une lessive forte avec
de l'huile très-propre à la saponification, il
suffit de laisser le mélange en repos pour
qu'il prenne une grande consistance. Le savon se fige, et surnage une liqueur abondante et claire qui s'en est séparée.

On a observé que, pour combiner à froid
une huile avec une lessive, il faut battre et
brasser fortement le mélange. On emploie,

à cet effet, une espèce de moussoir pareil à ceux dont on se sert pour faire le beurre. On fait entrer l'huile dans la proportion de deux parties contre une de lessive à 8 degrés ; on agite le mélange pendant un quart-d'heure ; on y ajoute ensuite une pinte et demie de lessive à 18 degrés, et on agite pendant une heure et plus. Enfin on verse sur la matière pareille quantité de lessive à 18 degrés, et l'on agite jusqu'à ce que l'on ait une pâte de bonne consistance. On laisse reposer cette pâte, deux à trois heures, avant de la retirer du vaisseau. On la malaxe avec une spatule, et on la coule dans les mises. Au bout de quelques jours, le savon a acquis assez de consistance pour être retiré des mises.

Les huiles de navette ou de colza exigent de la lessive à 20 degrés, et demandent deux mois pour sécher.

Les pharmaciens composent à froid leur savon médicinal : on unit deux parties d'huile d'amandes douces à une partie de lessive des savonniers, concentrée au point qu'une bouteille qui contient 8 onces d'eau en contienne 11 de lessive. Le savon préparé de cette matière acquiert de la consistance au bout de quelques jours. Il conserve quelquefois une saveur caustique pendant quelques jours, mais on la détruit en combinant une nouvelle dose d'huile, ou en mêlant avec plus de soin le premier composé.

On peut faire servir à la composition des savons à froid les graisses des cuisines : à cet effet, on prend 6 pintes de lessive à 10 degrés, qu'on ajoute, peu à peu, en fouettant le mélange, à 3 livres de graisse fondues dans une bassine de cuivre. On tient la bassine sur les cendres chaudes pendant une heure sans discontinuer d'agiter. On retire alors la bassine de dessus les cendres, et on bat encore pendant demi-heure, jusqu'à ce que le mélange s'épaississe. On coule la pâte savonneuse dans une terrine : le lendemain on l'agite avec un petit bâton, et on la coule dans une mise.

Dans trois ou quatre jours, on peut l'en retirer, pour la mettre au séchoir, où le savon acquiert une dureté convenable.

ARTICLE IV.

Des Savons mous ou des Savons de potasse.

L<small>E</small> savon mou a pour principes la potasse et une huile.

Ce savon a des usages qui lui sont propres, tels que le foulage ou dégraissage des étoffes.

Les fabriques les plus considérables de savon mou sont établies dans la Flandre, la Picardie et la Hollande. L'emploi qu'ont fait les Hollandais de l'huile de poisson, a donné une mauvaise odeur au savon, et n'a pas peu contribué à décrier leurs fabriques. Les statuts de la Flandre et de la Picardie défendent d'employer cette huile ; et on ne se sert que de celles de lin, de chenevis, d'œillet, de colza et de navette. Les trois premières sont appelées *huiles chaudes* ; les deux dernières sont connues sous la dénomination d'*huiles froides.* Ce que les Flamands appellent *huiles chaudes*, les Picards le nomment *huiles jaunes*, et réservent le mot *huile verte* à l'*huile froide.*

Les huiles chaudes sont plus chères que

les froides ; et c'est la raison pour laquelle
on les mêle.

Les potasses qu'on emploie à la saponification, viennent du Nord ou de l'Alsace.

Les chaudières sont faites de plaques de
fer battu, rivées les unes aux autres.

On commence par mettre dans la chaudière la moitié de l'huile qu'on destine à
une cuite. On allume le feu ; et, lorsque
l'huile commence à être chaude, on y mêle
de la lessive ; on porte à l'ébullition ; et,
peu à peu, on ajoute le reste de la lessive
et de l'huile.

Si on commence par employer trop de
lessive, la liaison ne se fait pas ; si les lessives
sont trop fortes, le mélange se résout en
grumeaux ; si elles sont trop foibles, la liaison reste imparfaite.

La quantité de lessive qu'on emploie dans
une cuite est dans le rapport de quatre à
trois par rapport à celle de l'huile. Deux
cents parties d'huile et cent vingt-cinq de
potasse fournissent trois cent vingt-cinq de
savon.

Lorsque la liaison est bien faite, que les
grands bouillons sont passés, alors la matière doit s'éclaircir, c'est-à-dire, qu'il ne

doit plus y avoir de grumeaux ; et, dès que l'on en est venu à ce point, il ne reste plus qu'à donner à la matière la cuisson convenable.

Le savonnier juge du degré de cuisson à l'épaississement, à la couleur et au temps que le savon met à se figer.

Pour amortir les bouillons, et mettre la matière dans le cas d'être entonnée, on vide dans la chaudière une tonne de savon déjà fait.

Le savon le plus recherché est d'un brun tirant au noir.

Les fabricans de la Flandre, demi-heure avant de terminer la cuisson, colorent par une composition faite avec une livre sulfate de fer, une demi-livre noix de galle, et demi-livre de bois rouge, qu'on fait bouillir avec de l'eau de lessive. On jette cette composition dans la chaudière.

Lorsque le savon est fait avec une grande quantité d'huile *chaude* ou *jaune*, on lui donne une couleur verte en versant dans la lessive une dissolution d'indigo. Ce savon est réputé première qualité.

Ce savon reste toujours en pâte molle, ce

qui force le fabricant de l'expédier dans des
tonneaux.

A R T I C L E V.

Des Savons économiques.

Le savon n'est porté à l'état solide que
pour en faciliter le transport et le disposer
au *savonnage à la main*. Mais, dans un
grand nombre de ses usages, on le reporte
à l'état de liqueur pour en rendre l'emploi
plus commode.

Il m'avoit donc paru que, dans les ménages, on pouvoit éviter l'opération de la
cuite, et se borner à former une liqueur savonneuse très-propre au blanchissage des
étoffes et du linge. Mes essais, à ce sujet,
ont été suivis du plus grand succès; et je me
bornerai à donner quelques détails sur la
préparation et l'emploi de ces liqueurs savonneuses.

1°. On peut employer la potasse du commerce, ou se servir d'une bonne lessive des
cendres de foyer.

Dans le premier cas, on verse de l'eau
sur un peu de potasse, et on l'y laisse dis-

soudre jusqu'à ce que la dissolution marque
2 degrés au pèse-liqueur de Baumé.

On décante alors cette dissolution, et on
la verse sur un peu d'huile qu'on a déposée
dans un vase. Le mélange blanchit et forme,
sur-le-champ, une liqueur laiteuse. En général, il faut employer une petite quantité
d'huile, et, tout au plus, dans la proportion
d'un quarantième avec le volume de la
lessive.

Dans le second cas, on mêle un peu de
chaux vive aux cendres qu'on veut employer, et on les lessive par les procédés
connus. On se sert de cette lessive, comme
de la dissolution de potasse, après l'avoir
ramenée au degré de concentration convenable.

Il importe de ne préparer la lessive qu'au
moment de l'employer.

Il faut préférer les cendres neuves à celles
qui ont vieilli.

Les huiles grasses, appelées *huiles de teinture*, sont préférables aux huiles fines.

Lorsque l'huile est puante, elle communique une odeur au linge; on la fait
disparaître en le passant dans une lessive
pure.

IV.   24

Si la liqueur est trop épaisse, on la délaie avec la lessive foible.

Il est avantageux d'agiter, de battre et de faire mousser la liqueur avant de s'en servir.

Lorsqu'au lieu de potasse, on veut se servir de soude, on la brise en petits morceaux, qu'on met dans un vase et qu'on recouvre d'eau pour obtenir une solution qui marque un à deux degrés.

On met de l'huile dans un vase, et on verse dessus quarante à quarante-cinq parties de lessive de soude : le mélange devient laiteux dans le moment, et se conserve, sans changement, dans cet état, lorsque l'huile et la soude sont de bonne qualité.

La soude d'Alicante est la meilleure qu'on puisse employer. On n'a recours à la chaux que lorsqu'elle est vieille et effleurie.

On peut former plusieurs lessives, en reversant de nouvelle eau sur les mêmes fragmens de soude.

Indépendamment de ces procédés très-simples, on peut former des savons avec les graisses, le beurre rance et autres produits huileux ou graisseux qu'on rejette dans les ménages.

J'ai aussi enseigné à faire un savon de laine, qui, en même temps qu'il est très-économique, possède de très-bonnes qualités. Il suffit, pour former ce savon, de faire dissoudre, dans de la lessive bouillante, jusqu'à saturation, les résidus de laine qu'on rejette des ateliers. Ce savon est excellent pour fouler et dégraisser les étoffes.

Les Anglais fabriquent aussi un savon économique, avec les débris des poissons qu'on emploie aux salaisons ou à la fabrication de la colle.

Mais on peut se trouver dans des circonstances qui soient telles qu'on ait à sa disposition, de la potasse, du sel marin et de l'huile, sans avoir de la soude propre à la saponification; et alors on peut néanmoins fabriquer du savon solide ou du savon de soude, en décomposant le savon de potasse par le sel marin: si, par exemple, on a combiné 3 livres d'huile avec de la potasse pour former un savon mou, il suffit d'ajouter vers la fin, et peu à peu, une dissolution de 6 livres de sel marin. On commence la saponification avec la potasse, et on la finit avec le sel.

ARTICLE VI.

Des Usages du Savon.

LE premier et le plus important des usages du savon, est celui de servir au blanchissage des étoffes ; car il a la propriété de s'unir à l'huile et aux graisses qui peuvent les salir, et de les rendre solubles à l'eau, sans dissoudre ni altérer le tissu du lainage, de la soie, ni du coton.

La manière de blanchir varie, selon la nature de l'étoffe et la consistance du savon : lorsque le savon est solide, on blanchit à la main, c'est-à-dire qu'on frotte le savon contre l'étoffe elle-même, pour former la combinaison directe de l'huile ou de la graisse avec le savon ; on entraîne ensuite cette combinaison par le secours de l'eau.

Souvent, on dissout le savon dans l'eau, et on se sert de cette liqueur savonneuse pour en imprégner l'étoffe et en extraire, par l'action répétée de l'eau et du frottement, tous les corps gras qui la salissent.

Les draps de laine, les couvertures, les molletons et tous les tissus formés par des

substances animales , sont blanchis ou dé-
graissés par des savons mous ou savons de
potasse.

Toutes les eaux ne sont pas propres à
dissoudre le savon. Celles qui tiennent en
dissolution des sels terreux le décomposent.

Le savon de soude fait la base des *savon-
nettes*. On le fond et on le mêle avec de
l'amidon très-fin pour former les savonnet-
tes communes. On emploie ordinairement
trois parties d'amidon sur cinq de savon;
on coupe ce dernier par tranches; on le fait
fondre dans un chaudron avec un peu d'eau,
et on y met les deux tiers de l'amidon , en
ayant soin de remuer souvent ; on verse
sur une planche et on pétrit avec les mains
pour y incorporer le tiers restant de l'amidon. On lui donne alors la forme qu'on
desire.

On dissout encore le savon blanc dans
l'alcool à froid : à cet effet , on laisse digérer
l'alcool sur le savon coupé à tranches; vingt-
quatre heures après, on broie ce mélange
ou cette pâte dans un mortier avec quelques
aromates qui sont, ou des poudres impal-
pables , ou des huiles aromatisées , telles
que celles de jasmin , de tubéreuse , de cé-

drat, de citron, d'orange ; lorsque la pâte a pris de la consistance, on en forme des boules qui sont agréablement parfumées.

Quelquefois on incorpore les aromates avec le mucilage de gomme adragant, et les blancs d'œufs.

Il est en usage, dans quelques fabriques, de préparer une teinture très-aromatisée en faisant infuser divers aromates dans l'alcool: on s'en sert ensuite pour embaumer le savon avec lequel on le pétrit.

On forme l'essence de savon en dissolvant les savons aromatisés dans le double de leur poids d'eau-de-vie.

CHAPITRE XXII.

Des Combinaisons de l'Alcool.

LA solution des résines dans l'alcool et dans les huiles forme les *vernis* ou ces *couvertes* qu'on applique sur le bois et les métaux pour les préserver de l'action immédiate de l'air et de l'eau.

Pour qu'une couche de vernis réunisse les propriétés convenables, il faut: 1°. qu'elle empêche le contact immédiat de l'air et de l'eau avec le corps vernissé ; 2°. qu'elle ne s'écaille point ; 3°. qu'elle soit assez transparente pour ne pas ternir ni changer les couleurs des corps qu'on veut conserver ; 4°. qu'elle résiste à l'action de l'air et de l'eau ; 5°. qu'elle soit susceptible de prendre un beau poli.

Quoique, dans quelques cas , les vernis doivent réunir toutes ces conditions , il faut convenir qu'il est des circonstances où plusieurs d'entr'elles seroient inutiles : la transparence absolue n'est nécessaire , par exemple , qu'autant qu'on veut conserver , sans altération ni changement, une belle peinture, la couleur d'un bois ou le poli d'un métal. Mais , dans tous les cas, un vernis doit être inaltérable à l'air et à l'eau ; il doit recouvrir exactement et sans gerçures le corps sur lequel on l'applique ; et il doit être susceptible de prendre un beau poli.

On voit, d'après ce qui précède , que les résines peuvent faire la base des vernis , et qu'il suffit de les dissoudre dans l'alcool ou dans les huiles siccatives pour leur donner toutes les propriétés qu'on peut desirer dans un vernis.

Les vernis varient donc , non-seulement

d'après la couleur et la consistance des sucs résineux qu'on emploie, mais, sur-tout, d'après la nature du dissolvant. On les distingue en *vernis siccatifs*, *vernis à l'essence* et *vernis gras*, selon qu'on emploie l'alcool, l'essence de térébenthine ou les huiles fixes et siccatives.

SECTION PREMIÈRE.

Des Combinaisons de l'Alcool avec les Résines (Vernis siccatifs, Vernis à l'esprit-de-vin).

L'ALCOOL est le vrai dissolvant des résines ; les vernis qui en résultent sont brillans et sèchent vite ; mais ils ont l'inconvénient d'être cassans, de se gercer, lorsqu'on ne mêle pas à leur composition, de la térébenthine ou d'autres corps qui empâtent.

En général, lorsqu'on fait un vernis siccatif, on réduit en poudre les résines sèches qu'on emploie, on les mêle avec du verre blanc pilé, et on met le tout dans un matras : on verse sur ce mélange l'alcool nécessaire ; on place le matras dans une cuvette remplie d'eau chaude qu'on porte et entretient en ébullition pendant une ou deux heures. A l'aide d'une baguette de bois, on remue continuellement les matières qui sont dans le matras; et, lorsque la dissolution paroît faite, on y ajoute la térében-thine après l'avoir fait liquéfier en expo-sant le vase à la vapeur de l'eau chaude. On laisse encore le matras pendant demi-heure dans l'eau; on le retire ensuite, et on con-tinue d'agiter jusqu'à ce qu'il soit un peu refroidi. Le lendemain on soutire et on filtre au coton.

Le verre blanc dont M. Tingry a reconnu le bon usage, ne paroît servir, dans cette opération, qu'à diviser les résines, à em-pêcher leur adhérence au fond du vase, et à retenir les matières étrangères qui pour-roient y être mêlées.

M. Tingry nous a proposé les formules suivantes, comme propres à nous donner les vernis siccatifs les plus convenables aux usages auxquels on les fait servir.

1°. Mastic mondé............ 6 onces.

Sandaraque............. 3

Verre pilé............. 4

Térébenthine de Venise... 5

Alcool.................. 32

Ce vernis est brillant sans beaucoup de consistance.

Il est employé pour vernir les cartons, boîtes, étuis, découpures.

2°. Copal liquéfié (1)......... 3 onces.
  Sandaraque............. 6
  Mastic mondé.......... 3
  Verre pilé............. 4
  Térébenthine claire...... $2 \frac{1}{2}$
  Alcool.............. 32

Ce vernis a plus de consistance et autant de brillant que le précédent.

Il est destiné à vernir les objets sujets à des frottemens, tels que chaises, étuis, chambranles, métaux, etc.

En augmentant la dose de la sandaraque et de la térébenthine, on donne plus de corps au vernis et beaucoup plus de liant ; mais l'augmentation de proportion de la térébenthine, rend le vernis poisseux, peu siccatif, et lui donne de l'odeur.

En dissolvant 6 onces de sandaraque,

_____

(1) M. Tingry a proposé de fondre le copal à une douce chaleur, et de le faire couler sur l'eau ; il le sépare, par ce moyen, d'une huile, et le rend plus soluble dans l'alcool et dans l'essence.

4 onces de résine élémi, une once de résine animé, demi-once de camphre dans 32 onces d'alcool, on forme un vernis plus souple, plus solide et aussi brillant que les précédens.

On emploie avec succès le vernis suivant pour les boiseries, les ferrures, les grilles, les rampes d'escalier.

Sandaraque...............	6 onces.
Lacque plate............	2
Poix-résine..............	4
Térébenthine claire.......	4
Alcool..................	32

Verre pilé, comme à l'ordinaire.

Les ébénistes se contentent, en général, d'employer la cire pour frotter les meubles et leur donner un enduit qui, par des frottemens répétés, acquiert un certain poli. Mais les vernis donnent bien plus d'éclat aux bois qu'ils recouvrent; et, quoiqu'ils présentent l'inconvénient de se soulever en écailles et de se rayer, on est dans l'usage d'en revêtir les meubles précieux.

M. Tingry a publié un procédé d'après lequel on peut concilier et réunir les belles qualités du vernis aux avantages de la cire:

il consiste à faire fondre , à petit feu , 2 onces de cire blanche, et à y ajouter 4 onces d'essence de térébenthine , lorsqu'elle est liquéfiée; on agite le tout jusqu'à entier re- froidissement. On se sert de cette composi- tion pour cirer les meubles. L'essence se dissipe aisément et laisse la cire très-divisée, fort brillante et ayant tout l'éclat d'un vernis.

Le vernis qu'on emploie pour les violons et pour quelques meubles en bois de rose, d'acajou ou de prunier , se compose de 4 onces sandaraque, 2 onces lacque en grains, mastic une once , benjoin une once , téré- benthine 2 onces, et 32 onces alcool.

Si , au lieu d'employer des résines inco- lores, on se sert de la gomme gutte , du sang-dragon et même de quelques autres substances colorantes, telles que la *terra merita* et le safran , on a des vernis colorés qui donnent leur couleur propre au corps qu'on en revêt.

C'est avec la composition suivante qu'on peut donner une couleur d'or orangée, aussi solide qu'agréable.

On fait infuser , pendant vingt-quatre heures , dans 20 onces esprit-de-vin , trois quarts d'once de terre mérite et 12 grains de safran oriental : on passe cette infusion et on la verse sur un mélange bien pulvérisé de trois quarts d'once de gomme gutte, 2 onces de sandaraque, autant de gomme élémi, une once de sang-dragon en roseaux et une once de lacque en grains.

Ce vernis s'applique avec succès sur les instrumens de physique, sur tous les ouvrages de cuivre, de fer, d'acier. On chauffe les pièces métalliques avant de les revêtir de ce vernis.

On est parvenu à donner une couleur d'or à quelques objets fabriqués en laiton par la composition suivante :

Résine lacque en grains..........	6 onces.	
Succin et gomme gutte.........	2 onces de chaque.	
Extrait de santal rouge à l'eau..	0	24 grains.
Sang-dragon.................	0	60
Safran oriental..............	0	36
Alcool......................	36	

On porphyrise le succin, la gomme lacque, la gomme gutte et le sang-dragon, et on les dissout dans la teinture du safran et de l'extrait de santal.

SECTION II.

Des Combinaisons de l'Alcool avec l'Huile
volatile de térébenthine (Vernis à l'essence).

LORSQUE l'essence de térébenthine forme
le dissolvant des résines qui font la base
d'un vernis, le vernis est connu sous le nom
de *vernis à l'essence.*

Comme l'alcool, l'essence dissout les résines : comme lui, elle se dissipe, s'évapore
et laisse sur les corps une couche des résines
qu'elle tenoit en solution.

Cependant on ne peut pas confondre
l'essence avec l'alcool, ni dans leurs effets,
ni dans leur vertu dissolvante : l'alcool se
charge du principe colorant de l'indigo, du
tournesol, du santal rouge, du safran, etc.,
tandis que l'essence n'a pas d'action sensible sur ces corps. L'essence attaque le copal qui résiste à l'alcool. Les vernis à l'essence sont plus souples, plus moëlleux et
plus solides; ils s'écaillent moins, se prê-
tent mieux au polissage. Les vernis à l'esprit-de-vin se gercent, s'écaillent plus
promptement; tout l'alcool se sépare pour
laisser les résines à nu, douées de toutes

leurs propriétés, tandis que l'essence reste en combinaison jusqu'à un certain point, et conserve, aux résines qu'elle a dissoutes, un caractère de mollesse étranger à leur propre nature.

Les vernis à l'essence ont donc des caractères propres qui en rendent l'usage très-précieux dans beaucoup de cas.

C'est avec l'essence qu'on compose les vernis qu'on applique sur les tableaux. On sent que, dans ce cas, il faut un vernis sans couleur, souple et moëlleux, très-transparent, sans être trop glacé, pour éviter les reflets de la lumière du jour.

Le vernis suivant paroît réunir tous ces avantages :

Mastic mondé et lavé......	12 onces.
Térébenthine pure.......	$1 \frac{1}{2}$
Camphre	$\frac{1}{2}$
Essence de térébenthine...	36
Verre blanc pilé........	5

Le camphre se met en petits morceaux, et on ajoute la térébenthine lorsque la solution de la résine est achevée.

On forme encore avec l'essence un vernis coloré qui est d'un très-grand usage pour

dorer les cuirs, les bois et les métaux. On
le compose comme il suit :

Résine lacque en grains.....	4 onc.	
Sandaraque...............	4	
Sang-dragon.............	½	
Terre-mérite et gomme gutte.	o	36 gr. de chaque.
Térébenthine claire	2	
Verre pilé..............	5	
Essence de térébenthine....	32	

On tire, par infusion, la teinture des
substances colorantes, et on ajoute ensuite
les corps résineux.

Les changemens de proportion et l'addition d'autres principes colorans, tels que le
rocou, le safran, peuvent varier à l'infini
la couleur de ces vernis.

La nature sèche des résines qui font la
base des vernis, ne permet pas de réunir
à l'éclat qui leur appartient, la solidité qui
deviendroit nécessaire. Le copal a paru présenter toutes les qualités qu'on pouvoit desirer, et l'on s'est beaucoup occupé des
moyens de le dissoudre.

M. Tingry a découvert qu'on pouvoit le
dissoudre aisément par l'éther, et il propose le procédé suivant :

On prend demi-once de copal ambré;
on le met en poudre très-fine, et on l'in-

voy. la suite après la pag. 320.

la panacée est un remède plus suspect que le mercure doux.

Baumé a encore prouvé qu'il n'y a pas d'état intermédiaire entre le mercure doux et le mercure corrosif : si on ajoute moins de mercure que n'en exigeroit la quantité de sublimé corrosif sur laquelle on opère, il ne se produit qu'une portion de mercure doux proportionnée à la dose du mercure employé : le reste conserve son caractère de sublimé corrosif. Si, au contraire, on ajoute plus de mercure que le sublimé corrosif ne peut en recevoir, le mercure excédent s'évapore à l'état métallique.

Il est évident que, dans le passage du sublimé corrosif au mercure doux, l'oxigène du premier se répartit sur le nouveau métal dans la proportion que nous avons déjà indiquée.

Si l'on fait digérer, pendant long-temps, l'acide muriatique sur le mercure, on parvient à le dissoudre et à former un vrai mercure doux, comme Homberg l'avoit observé au commencement du 18ᵉ siècle. (Mémoires de l'Académie, année 1700.)

On peut encore former du mercure doux en décomposant le nitrate de mercure par

IV.

une dissolution de muriate de soude : il faut ajouter le muriate en excès, pour que la décomposition soit complète : on sublime le muriate de mercure précipité, pour lui donner l'apparence et les caractères de celui du commerce.

CHAPITRE XII.

Des Combinaisons de l'Acide muriatique oxigéné.

L'ACIDE muriatique oxigéné forme des combinaisons particulières avec quelques-unes des bases connues.

Ses combinaisons avec les alkalis et les terres, se décomposent par le contact des corps embrasés ou par la chaleur; il en résulte, dans le premier cas, une inflammation vive et prompte, tandis que, dans le second, il y a production de gaz oxigène : dans ces deux cas, le sel passe à l'état de muriate simple.

Lorsque l'acide muriatique oxigéné est présenté à un oxide métallique, il forme avec lui des composés qui, presque tous, sont des poisons violens, des escarotiques très – énergiques, et qui, en général, attirent l'humidité, s'élèvent en vapeurs blanches dès qu'ils ont le contact de l'air, et ont, communément, une consistance butyreuse.

Comme, jusqu'à ce jour, on n'a appliqué aux besoins des arts que le muriate oxigéné de potasse, nous ne parlerons que de celui-ci.

SECTION PREMIÈRE.

Des Combinaisons de l'Acide muriatique oxigéné avec la Potasse (Muriate oxigéné de potasse).

POUR former le muriate oxigéné de potasse, on reçoit l'acide muriatique oxigéné, qui se dégage en vapeurs, à travers une forte dissolution de potasse.

Dans cette opération, il se forme du muriate oxigéné de potasse et du muriate ordinaire.

M. Berthollet a prouvé, par une suite d'expériences délicates, que l'acide muriatique oxigéné qui existe dans le muriate oxigéné de potasse, contenoit plus d'oxigène qu'un pareil poids d'acide muriatique oxigéné dissous dans l'eau : ce qui l'a porté à regarder l'acide oxigéné combiné dans le muriate comme suroxigéné ; et il a inféré de là, que l'acide muriatique ordinaire peut être regardé comme un radical susceptible de se combiner avec plus ou moins d'oxigène, et de former successivement l'acide muriatique oxigéné et le suroxigéné.

Ce qui fournit une nouvelle preuve de l'opinion de M. Berthollet, c'est que, lorsqu'on concentre la dissolution de potasse saturée d'acide oxigéné, on en retire du muriate ordinaire et du muriate suroxigéné.

Comme il convient de purifier le sel oxigéné de tout le muriate de potasse simple, on y parvient par la facilité avec laquelle le muriate suroxigéné se précipite par l'évaporation.

On filtre donc la dissolution de potasse saturée d'acide, et on la met à évaporer dans un lieu obscur, à une chaleur douce. Il se forme, en peu de temps, un dépôt de lames brillantes et argentines comme des feuillets de *mica* ; on soutient l'évaporation jusqu'à ce que ce dépôt, mis sur les charbons ardens, laisse entendre quelque légère décrépitation, en même temps que la presque totalité fuse avec beaucoup de vivacité : on arrête alors l'évaporation, et on laisse refroidir; il se précipite encore du muriate oxigéné; on décante pour séparer tout le dépôt.

Le muriate oxigéné cristallise en lames hexaèdres, et plus souvent en lames rhomboïdales.

Il a une saveur fade, et produit, dans la bouche, un sentiment de fraîcheur pareil à celui que fait éprouver le nitre.

Il fuse sur les charbons avec plus de facilité et d'intensité que le nitrate de potasse.

Cent grains de ce sel donnent 75 pouces cubes de gaz oxigène très-pur.

Il se décompose aisément à l'air et passe à l'état de muriate ordinaire.

La dissolution de ce sel peut donc servir à blanchir les fils de lin, de chanvre et de coton; mais la quantité d'acide muriatique oxigéné qui entre dans le sel qu'on emploie, produiroit plus d'effet si on l'employoit seul et libre de combinaison.

M. Berthollet a substitué ce sel au nitrate de potasse dans la fabrication de la poudre, et il a obtenu un produit infiniment plus terrible par ses effets que la meilleure poudre qu'on ait encore fabriquée avec le nitrate.

La poudre, sur laquelle on a fait les principales expériences, a été composée avec 6 parties de muriate oxigéné, une partie de soufre et une de charbon. On humecte le mélange de ces matières, de manière à en former une pâte qu'on broie avec soin sur le marbre avec une molette de bois dur. Cette précaution est nécessaire, pour écarter tous les accidens qui pourroient survenir par la détonation d'une substance aussi dangereuse.

Il seroit imprudent d'en opérer le mélange par le battage ordinaire des pilons : la malheureuse expérience faite à Essonnes a eu des suites trop funestes pour qu'on doive tenter de la renouveler.

Les expériences, qui ont été faites à l'arsenal de Paris, le 27 avril 1793, comparativement, entre la poudre muriatée et la poudre superfine de nitrate, ont donné les résultats suivans :

1º. A l'éprouvette de Darcy, consistant dans un canon qui, suspendu à l'extrémité

d'une barre de fer, décrit par son recul un
arc dont on mesure les degrés :

Recul.

2 gros poudre muriatée. . . . . 15 degrés $\frac{2}{20}$.

2 — poudre *idem* mouillée. 14 — $\frac{1}{20}$.

2 — poudre nitratée. . . . . . 10 — $\frac{7}{20}$.

2 — *Idem* . . . . 10 — $\frac{1}{20}$.

3 — poudre muriatée. . . . . 20 — $\frac{9}{20}$.

3 — poudre nitratée. . . . . . 16 — $\frac{6}{20}$.

D'où il résulte qu'à l'éprouvette de Darcy, la poudre muriatée a présenté une supériorité de force d'environ un quart.

2°. A l'éprouvette de Regnier, consistant
dans un ressort qui bouche l'ouverture du
canon, et qui est repoussé par l'explosion,
à une distance plus ou moins forte, mesurée
par les degrés de l'arc qu'il parcourt :

Poudre muriatée. . . . . 42.

Idem. . . . . 51 $\frac{3}{4}$.

Poudre muriatée mouillée. . 52.

Poudre nitratée superfine . . 23.

Idem. . . . . 22 $\frac{1}{2}$.

D'où il résulte qu'à l'éprouvette de Regnier, la force de la poudre de muriate est
double de celle de nitrate.

Comme cette poudre détone avec une telle facilité que les secousses du transport, le moindre choc, peuvent déterminer des accidens fâcheux, il est prudent d'en réserver l'usage pour des opérations délicates et extraordinaires.

CHAPITRE XIII.

Des Combinaisons de l'Acide tartareux.

SECTION PREMIÈRE.

Des Combinaisons de l'Acide tartareux avec la Potasse (Tartrite acidule de potasse, Tartre, Crème de tartre).

CE sel est tout formé dans le vin ; il se dépose, par le repos, sur les parois des tonneaux qui contiennent cette boisson.

Personne n'ignore que, lorsque le vin a terminé sa fermentation, et qu'il repose dans les futailles, il laisse précipiter une matière filandreuse qui fait une espèce de dépôt boueux dans le fond de la liqueur, tandis qu'une matière plus saline s'attache aux parois des vases, et y forme une croûte, plus ou moins épaisse, qu'on détache avec des instrumens tranchans, au moment où l'on veut préparer et disposer la futaille à recevoir une nouvelle récolte de vin.

Cette matière est livrée à ceux qui nétoyent les tonneaux, et leur tient lieu de tout salaire, du moins dans le midi de la France : ils la ramassent avec soin, et la vendent aux teinturiers, aux fondeurs et surtout aux fabricans de crême de tartre.

Le prix de cette matière varie selon la nature des vins : il est des cantons, tels que les bords du Rhône, dont les vins donnent un tartre grenu, pesant, peu chargé de principe extractif, et conséquemment très-recherché pour la fabrication de la crême de tartre ; il en est d'autres qui fournissent un tartre peu lié, peu dur, riche en principe extractif, difficile à purifier, et peu avantageux pour les opérations où ce sel n'agit et n'a de vertu qu'en raison du principe salin qu'il contient.

Non-seulement tous les vins ne fournissent pas la même qualité de tartre, mais ils n'en donnent pas tous la même quantité : les vins forts et généreux en contiennent plus que les autres ; les vins foibles et légers n'en donnent presque pas.

La couleur rougeâtre du tartre est toujours, en raison de l'intensité de la couleur du vin qui le fournit. Ce sont ces nuances de couleur qui lui ont fait donner le nom de *tartre blanc* ou de *tartre rouge*, selon qu'il provient du vin blanc ou du vin rouge.

J'ai eu occasion d'observer plusieurs fois, que les plaques de tartre présentoient une cristallisation assez prononcée pour pouvoir être décrite : et la forme des cristaux m'a paru constamment celle d'un prisme tétraèdre court, coupé de biais aux deux extrémités.

Le tartre, tel qu'on le retire des tonneaux, est très-peu employé dans les arts : il ne sert, dans cet état, que comme fondant pour quelques travaux métallurgiques.

On l'approprie à tous les usages du commerce, en le dépouillant de son principe colorant, et d'une portion de principe extractif : il prend alors le nom de *crême de tartre*.

Depuis un temps immémorial, on est en possession, à Montpellier et dans ses environs, de purifier le tartre : le procédé en a été décrit par Fizes, et consigné dans les Mémoires de l'Académe de Paris pour l'année 1725. L'exécution en est si simple, et le résultat tellement avantageux, qu'on n'a presque rien changé dans l'opération depuis cette époque.

On prend le tartre le plus grenu, **on le divise convenablement,** et on en sature l'eau d'une chaudière portée au degré de l'ébullition ; on laisse refroidir ; et l'on décante la dissolution de dessus le dépôt qui s'est formé, pour la mettre dans des terrines évasées. Il se précipite, sur les parois, une couche assez épaisse de cristaux de tartre, dégagés d'une bonne partie de leur principe colorant.

On dissout ces cristaux dans l'eau bouillante, dans laquelle on délaye 4 à 6 parties de terre argileuse, par 100 parties de sel : on évapore jusqu'à formation d'une forte pellicule à la surface ; on laisse refroidir, et l'on obtient, par le refroidissement, des cristaux blancs qu'on expose, pendant quelques jours, à l'ardeur du soleil, sur des toiles, pour les dessécher et leur donner le dernier degré de blancheur.

La *crème de tartre,* préparée par ce procédé, est toujours très-blanche et en beaux cristaux : mais, comme il importe de tirer parti des eaux-mères qui retiennent une

partie du principe colorant, on est dans l'u-
sage de décanter avec soin la dissolution qui
surnage les cristaux, et de la mettre dans
les chaudières où se fait la dissolution de ces
derniers. On a l'attention de ne prendre que
ce qui est limpide, et de verser, dans des
vases appropriés, la liqueur sale pour qu'elle
s'y clarifie par le repos. En décantant et filtrant avec soin, on parvient à se débarrasser
de presque tout le principe extractif et colorant. Pour mettre à profit tous ces résidus,
on peut les employer à petites doses, dans
chaque opération, ou les traiter séparément
et avec soin pour en extraire jusqu'au dernier atome de crême de tartre.

Ce procédé est fondé sur trois principes
incontestables : le premier, que le tartre est
plus soluble dans l'eau bouillante que dans
l'eau froide; le second, que les argiles ont
la propriété de s'emparer des principes colorans, extractifs et ligneux, et de clarifier
les dissolutions végétales et salines; le troisième, que l'exposition à l'air détruit le principe colorant des végétaux, et doit, par conséquent, procurer le dernier degré de blancheur à la crême de tartre.

La terre dont on se sert, s'extrait de

Murviel, à trois milles de Montpellier : c'est une argile sablonneuse, assez blanche, provenant de la décomposition d'une espèce de pierre dure, couleur du *silex;* cette terre est friable, mais elle se délaye moins dans l'eau que les argiles pures, et se précipite plus vîte.

J'ai fait substituer, avec beaucoup d'avantage, la belle argile de *Cornillon* du département du Gard, à celle de Murviel : outre qu'elle est plus blanche, elle se divise mieux dans l'eau ; elle s'unit plus parfaitement avec les principes suspendus dans sa dissolution : des expériences répétées, m'ont convaincu qu'elle pouvoit remplacer la terre de Murviel avec succès. Mais la différence des prix, par rapport à l'éloignement, en a suspendu l'emploi jusqu'à ce moment. Il est à observer que, comme la terre de Cornillon se trouve presqu'au centre des cantons qui fournissent le meilleur tartre, il seroit avantageux d'y former des fabriques de raffinage.

Il ne faut pas se servir de terre marneuse, ni de la terre à foulon usitée dans nos climats méridionaux pour le foulage des étoffes : elles contiennent toutes une portion de craie qui, saturant l'acide de la crême de tartre, et mêlant avec elle un principe étranger, nuiroit nécessairement à ses usages. Et, quand bien même la craie ne resteroit qu'interposée entre ses cristaux, ce simple mélange la rendroit impropre pour la teinture, où la chaux est meurtrière pour presque toutes les couleurs.

M. Desmaretz nous a fait connoître, dans les Journaux de Physique, année 1771, le procédé employé à Venise pour purifier le tartre : on dessèche le tartre brut et la lie de vin, dans des chaudières de fer à un feu modéré ; on pulvérise le résidu ; et on le distribue dans des cuviers remplis d'eau chaude, où l'on favorise la dissolution, à l'aide du mouvement. Par le seul refroidissement, les impuretés se précipitent dans le fond, et les cristaux de tartre s'attachent aux parois. On les redissout dans l'eau ; on les fait bouillir dans une chaudière de cuivre, et on clarifie avec des blancs d'œufs. On jette, en même temps, dans la chaudière, un peu de cendres neuves ; ce qui détermine une effervescence considérable, et ramène à la surface beaucoup d'écume, qu'on se hâte d'enlever avec une écumoire : cette opération , répétée quatorze à quinze fois sur une chaudière , laisse, à la fin, une liqueur non colorée qui dépose des cristaux très-blancs par une évaporation soutenue.

Le procédé de Venise introduit, dans la dissolution du tartre, une matière étrangère qui doit en saturer une partie de l'acide, ce qui, dans plusieurs cas, peut modifier les propriétés qui appartiennent à la crême de tartre quand elle est pure. Ainsi, il n'est pas douteux que la méthode de Montpellier ne soit préférable.

La crême de tartre affecte assez constamment la forme de prismes à quatre pans, dont les extrémités sont coupées de biais. Presque toujours les cristaux sont groupés; ils divergent souvent, en partant comme d'un tronc commun.

La crême de tartre doit être blanche, pour qu'elle soit pure.

Elle a une saveur aigre, mêlée d'un goût fade.

Elle se dissout péniblement dans la bouche, et craque sous la dent.

Elle fume sur les charbons, répand une odeur empyreumatique, et laisse un résidu

charbonneux qui devient blanc par l'incinération.

Une once d'eau, à la température de
10 + 0, ne dissout que 4 grains de tartre;
tandis que 30 parties d'eau bouillante en
dissolvent une de crême de tartre, selon
Wenzel.

L'eau froide n'en garde en dissolution
que 3 grains par once, d'après Spielman.

Comme la crême de tartre ne produit
d'effet sur le corps humain qu'à une dose
qui est telle, que la quantité d'eau nécessaire pour la dissoudre, formeroit une boisson trop copieuse, on a cherché, pendant
long-temps, les moyens de la rendre plus
soluble, et l'on s'est arrêté aux suivans:
Lemery avoit observé que deux onces de
borax, mêlées avec 4 onces de crême de
tartre en poudre, et bouillies pendant un
quart-d'heure dans 12 onces d'eau, s'y dis-
solvoient paisiblement et ne cristallisoient
point par refroidissement. (*Voyez* Mémoires
de l'Académie, pour 1728.)

De nos jours, on a proposé cette méthode comme une découverte, et on l'a
fait annoncer avec emphase dans le public.

Il est de fait qu'un cinquième de borax suffit pour opérer la dissolution du mélange; mais la crême de tartre n'est-elle pas dénaturée ? L'effet médicinal est-il le même ? En attendant que l'observation des médecins nous instruise sur ce dernier objet, la chimie a décidé la question qui la concerne. Comme l'acide tartareux a plus d'affinité avec les alkalis que l'acide boracique, non-seulement l'acide de la crême de tartre doit saturer la soude, qui est en excès dans le borax, mais elle doit lui prendre sa base : il doit donc se former un trisule ou un tartrite de soude et potasse, qui devient très-soluble dans l'eau ; et l'acide boracique, débarrassé d'une portion de sa base alkaline, reste confondu dans la liqueur. On a donc alors une dissolution de *sel de Seignette* (tartrite de soude et *potasse*) acidulée par l'acide boracique.

Lassone a conseillé, en 1755 (Mémoires de l'Académie), de dissoudre 4 gros crême de tartre dans 4 onces eau bouillante, et d'y ajouter un gros d'acide boracique. Cette addition a le double avantage d'empêcher la précipitation de la crême de tartre, et de ne pas la décomposer.

IV.   14

On a encore proposé le sucre pour facili-
liter la dissolution ; mais il paroît qu'il
n'agit qu'en épaississant la liqueur et s'opposant à la précipitation de ce qui ne peut
pas être dissous : les Anglais composent, par
ce moyen, une limonade purgative qui
n'excite point de rebut.

La crême de tartre n'est qu'une combinaison de potasse avec excès d'acide tartareux.

On peut séparer la potasse par les acides
minéraux, la combustion, la distillation,
et même par la décomposition spontanée
d'une dissolution de tartre, comme l'ont
observé MM. Machy, Corvinus et Berthollet. Dans ce dernier cas, il se forme des flocons ou pellicules dans la liqueur, qui vont
toujours croissant, et qui, au bout de dix-
huit mois au plus, ne laissent qu'une liqueur alkaline. Cette décomposition s'opère
également dans les vaisseaux fermés, d'après
l'observation de M. Berthollet. Tous les résultats de l'extraction de la potasse d'avec
son acide, s'accordent à prouver qu'elle y
est contenue dans la proportion d'environ $\frac{3}{8}$.

La crême de tartre est très-usitée dans

la teinture, où on l'associe ordinairement avec l'alun. Dans ce cas, son acide se combine avec l'alumine et se précipite sur l'étoffe.

Elle sert encore, dans le nord, aux mêmes usages auxquels nous employons le sel sur nos tables; et c'est là un assez grand objet de consommation.

CHAPITRE XIV.

Des Combinaisons de l'Acide acétique.

L'ACIDE acétique fourni par la dégénération du vin ou de la bière, et par la distillation des bois et de plusieurs autres parties végétales, est, sans contredit, l'acide le plus connu et le plus employé qu'on connoisse. Non-seulement on s'en sert sur nos tables et dans nos cuisines pour corriger la fadeur de quelques alimens, et pour servir de *condiment* à quelques autres; mais on l'emploie dans les arts pour fabriquer le blanc de plomb et la céruse, pour former le sel de saturne et le verdet cristallisé, et pour dissoudre le fer.

Les sels métalliques formés par cet acide

ont cela d'avantageux, qu'employés dans la peinture et même dans la teinture, l'acide ne corrode point les corps sur lesquels on applique sa combinaison. Il peut se délayer et se répandre dans un bain de teinture sans inconvénient, avantages que ne présentent pas tous les autres sels métalliques.

SECTION PREMIÈRE.

Des Combinaisons de l'Acide acétique avec le Plomb (Acétate de plomb, Sel de saturne, Sucre de saturne).

CETTE combinaison forme le sel qui est connu dans le commerce sous le nom de *sel de saturne*, et d'*acétate de plomb* par les chimistes.

La France, la Hollande et l'Angleterre sont en possession de fournir tout le sel qui est consommé dans les arts : en France, on le prépare avec le vinaigre de vin ; en Hollande et en Angleterre, on n'emploie que le vinaigre de bière.

Ce sel a une saveur douceâtre qui lui a fait donner le nom de *sucre de saturne.*

Il se décompose au feu et laisse un résidu jaunâtre.

Il décompose les sulfates de chaux, d'alumine et de magnésie, de même que les muriates. La décomposition du sulfate d'alumine par ce sel donne lieu à la formation d'un acétate d'alumine qui fait le principal mordant pour l'impression des toiles de coton.

Ce sel, exposé aux plus légères émanations du gaz hydrogène sulfuré, prend une teinte noirâtre.

Sa solution dans l'eau forme l'*eau de saturne*, l'*eau végéto-minérale* de Goulard.

La pesanteur spécifique de l'acétate de plomb est de 2,345.

Il cristallise en prismes tétraèdres aplatis, terminés par des sommets dièdres.

En France, dans les pays où les vins sont très-abondans, et où, par conséquent, la grande quantité de ceux qui aigrissent ne peut pas être consommée par le seul emploi qu'on fait du vinaigre dans les usages domestiques, on a cherché à lui donner plusieurs destinations : ainsi, dans les principales villes de la Provence, telles que Toulon, Draguignan, Marseille, Aix, on a formé plusieurs établissemens de sel de saturne ; et, quoique le procédé qu'on y suit ne soit pas parfait, néanmoins on fournit ce sel au commerce à un si bas prix, que, jusqu'ici, il a été impossible d'établir ailleurs, avec avantage ou en concurrence, des fabriques de même nature, sur-tout dans le nord de la France.

Le procédé suivi en Provence pour fabriquer le sel de saturne, se réduit à oxider des lames de plomb par la vapeur du vinaigre, à dissoudre l'óxide dans l'acide et à évaporer pour obtenir le sel en cristaux. A cet effet, on coule le plomb en lames très-minces, et on distille le vinaigre. On a des terrines ou capsules de terre qu'on dispose sur des *étagères* tout autour de l'atelier; on place dans les capsules 4 à 6 livres (2 kilogrammes) de plomb, et on verse dessus une livre (0,48951 kilogramme) de vinaigre distillé. Il se forme, à la surface du métal qui n'est pas baignée par le vinaigre, un oxide blanc qu'on précipite dans l'acide pour qu'il s'y dissolve. On se contente ordinairement de retourner les lames pour que la partie oxidée plonge dans l'acide, et que celle qui ne l'est pas en reçoive les émanations; ces changemens alternatifs se font deux ou trois fois par jour, lorsque l'opération marche bien.

On a l'attention d'ajouter de nouvelles
lames de plomb, à mesure que les premières
s'amincissent, de manière que les terrines
en soient toujours remplies.

L'acide prend, peu à peu, une couleur
grise, laiteuse, et lorsqu'il est suffisamment
chargé, on le porte dans des chaudières éta-
mées où la combinaison s'achève par la chaleur. On réduit aux deux tiers le volume
du liquide par l'évaporation; on filtre, et
on évapore encore jusqu'à ce qu'on obtienne
des cristaux; on porte alors la liqueur rapprochée dans des terrines pour obtenir la
cristallisation. Après un repos de vingt-
quatre heures, plus ou moins, les cristaux
forment une masse qui remplit la terrine;
on incline le vase pour faire couler l'eau-
mère qui se trouve au milieu des cristaux;
le sel blanchit; et, lorsqu'il est sec, on coupe
les pains en fragmens pour les répandre
dans le commerce. Chaque fragment est
formé par la réunion d'une foule de petits
cristaux en aiguilles prismatiques: mais ces
cristaux sont isolés, lorsque la liqueur n'a
pas été convenablement rapprochée.

M. Pontier a communiqué des observations intéressantes sur cette fabrication qu'on

peut consulter avec fruit dans l'extrait qu'en
a publié M. Vauquelin. (*Ann. de Chimie*,
t. XXXVII, p. 268.)

On peut fabriquer le sel de saturne, en
dissolvant un oxide de plomb dans l'acide
acétique; et on emploie ordinairement à cet
usage la litharge.

On prend la litharge du commerce, on la
tamise avec soin pour en extraire toutes les
impuretés et quelques fragmens d'oxide vi-
treux qui s'y trouvent.

On porte l'acide acétique distillé à l'ébullition, dans une chaudière de plomb, et on
le sature avec la litharge qu'on y verse peu
à peu en agitant doucement la liqueur pour
ne pas laisser déposer l'oxide. Il faut environ une partie de litharge pour en saturer
dix à douze de vinaigre à 4 ou 5 degrés.

Dès que la dissolution est faite, on laisse
reposer la liqueur pour faciliter la clarification. On décante et on évapore dans une
autre chaudière.

On peut dissoudre l'oxide à froid et obtenir des eaux de 25 degrés de concentration.
Cette méthode est plus économique.

L'évaporation se fait dans des chaudières
de cuivre. Celles de plomb sont attaquées

et dissoutes en peu de temps par l'acide bouillant.

Les chaudières de cuivre éprouveroient une dissolution assez prompte qu'on peut prévenir, en mêlant des lingots de plomb dans la chaudière ; l'acide s'exerce alors sur ce métal de préférence au cuivre ; on remplace ces lingots à mesure qu'ils s'usent.

Lorsque la concentration de la liqueur est portée à 70 degrés du pèse-liqueur de Baumé, on en met quelques gouttes à refroidir dans des capsules de verre ; et on juge que l'évaporation est assez avancée, dès qu'on voit se former des cristaux.

On laisse refroidir la liqueur jusqu'à un certain point ; après quoi, on la coule dans des terrines pour la faire cristalliser. Elle se prend en masse ; et, après un repos de deux jours, on incline les terrines pour faire couler l'eau-mère interposée entre les cristaux ; on en facilite l'écoulement, en faisant des ouvertures, dans la masse, avec un couteau.

A mesure que les cristaux soyeux se dépouillent de l'eau-mère noirâtre qui les souille, ils acquièrent de la blancheur ; et, dès qu'ils sont secs, ils ne présentent plus qu'une masse ou une agrégation de petits cristaux soyeux, un peu ternes, d'un blanc grisâtre.

Ce sel diffère, en apparence, de celui qu'on fabrique en Hollande : ce dernier forme des masses compactes, pesantes, et qui sont en gros cristaux irréguliers.

Il arrive souvent que la dissolution rapprochée refuse de cristalliser : elle se prend alors en un *magma* ou gelée qu'on ne sauroit employer dans cet état : presque toujours ce vice provient de ce que l'oxide y est en excès ; on y remédie en délayant la liqueur dans du nouveau vinaigre.

L'acide de la bière dissout à froid l'oxide de plomb, et la dissolution peut être portée à 25 degrés de concentration : mais la liqueur filtrée se trouble par le repos. L'évaporation produit de mauvais petits cristaux mêlés d'un *magma* blanc. En dissolvant le tout dans du nouvel acide, et rapprochant par évaporation, on obtient de superbes cristaux d'acétate ; c'est du moins ce que mon expérience m'a prouvé.

On peut encore se dispenser d'employer l'oxide de plomb et se servir de ce métal à l'état métallique. A cet effet, on le réduit

en grenailles, en le coulant dans l'eau où
on le fait tomber d'une hauteur de quelques
pieds; on forme une couche de cette grenaille
dans un tonneau, et on coule le vinaigre
à travers, en le retirant par une chantepleure pratiquée au fond. Le plomb humecté s'échauffe et s'oxide; on dissout
l'oxide en filtrant, de nouveau, le vinaigre
à travers la couche. Cette dissolution doit
être portée à 10 degrés par deux ou trois
opérations successives. Si elle est plus concentrée, elle refuse de cristalliser, mais on
corrige ce défaut en ramenant la liqueur à
10 degrés par l'addition d'une nouvelle
dose d'acide.

Dans tous les cas où l'ébullition développe une odeur de vinaigre très-pénétrante,
on peut conclure que la combinaison en
exige davantage. Il paroît que, dans ce cas,
l'acétate se décompose et cède son acide.

Le choix des vinaigres a la plus grande
influence sur la préparation de ce sel. En
général, on y emploie le plus fort, qu'on distille avec soin.

Lorsqu'on se borne à acheter indistinctement tous les vinaigres qu'on trouve dans
le commerce, et à les faire servir tels qu'ils

arrivent dans la fabrique, on éprouve des
variations dans les qualités du produit, et
des difficultés dans la fabrication, qui dé-
concertent l'entrepreneur, parce qu'elles
exigent des connoissances qu'il a bien rarement.

Ces vinaigres ne sont très-souvent que
des vins foiblement *tournés*, ou, comme dit
très-judicieusement le peuple, des vins qui
commencent à *prendre de l'air*.

Ces vinaigres fournissent encore un peu
d'eau-de-vie à la distillation; mais cette eau
devient très-désagréable au goût. J'attribue
sa mauvaise qualité à une quantité considérable d'acide malique, dont il est difficile
de la débarrasser.

Dans une grande fabrique de sel de saturne, il faut avoir de ces grandes cuves
qu'on appelle des *foudres*, et y verser les
vinaigres pour les y mêler et les y laisser
s'acidifier pendant long-temps. A mesure
qu'on vide l'une de ces cuves, on remplit
l'autre : de cette manière, on emploie
constamment de l'acide de qualité égale et
parfaitement fait.

Il est à observer que les vinaigres qui ne
sont pas assez faits, combinés avec l'oxide

de plomb, refusent de fournir des cristaux par l'évaporation. On peut remédier à cet inconvénient, en mêlant, dans la dissolution, environ un centième d'acide nitrique : mais cette addition devient inutile, toutes les fois qu'on se sert d'un vinaigre bien fait.

SECTION II.

Des Combinaisons de l'Acide acétique avec le Cuivre (Acétate de cuivre, Cristaux de Vénus, Verdet, Vert-de-gris).

ACÉTATE de cuivre, cristaux de Vénus, verdet cristallisé, sont des mots synonymes, exprimant la combinaison de l'acide acétique avec le cuivre.

L'acétate de cuivre est une des préparations de cuivre les plus usitées dans les arts : non-seulement la peinture en a fait une de ses principales ressources, mais la teinture l'emploie encore avec beaucoup d'avantage dans plusieurs cas.

Presque tous les oxides de cuivre, obtenus par l'action des substances salines sur ce métal, ont une couleur d'un bleu tirant plus ou moins sur le vert.

Tous les sels neutres, presque sans exception, corrodent ce métal, ou y déterminent cette oxidation qu'on appelle *vert-de-
gris*. Il suffit de les mettre en contact avec le
cuivre, ou de tremper les lames métalliques
dans la dissolution saline, et de les en retirer, pour les exposer à l'air et les y laisser
sécher.

Les acides qui oxident le cuivre par leur
décomposition sur ce métal, produisent un
effet semblable à celui des sels neutres. L'oxide est d'un vert tendre et bleuâtre; il en est
dont l'action est si prompte, qu'il suffit d'exposer le cuivre à leur vapeur pendant quelques minutes pour que la surface s'oxide de
suite. L'acide muriatique oxigéné produit
cet effet, de même que les vapeurs d'acide
nitrique, même celles d'acide sulfurique.

Un phénomène qui n'échappera pas à
l'œil de l'observateur, c'est que les oxides de
cuivre, obtenus par le feu, sont très-différens
de ceux que produit la décomposition des
acides sur ce même métal : la couleur en
est grise au lieu d'être verte; et, lorsqu'on
pousse la calcination à un feu violent, pendant long-temps, on peut le concentrer en
un oxide rouge, couleur de sang. Kunckel a

observé ce phénomène dans son *labora-*
toire chimique.

Les substances salées ne sont pas les seules
capables d'oxider le cuivre en vert : toutes
les huiles et matières grasses produisent cet
effet; l'eau elle-même, abandonnée pendant
quelque temps dans des vases de cuivre, y
détermine une oxidation.

Mais ce qui paroîtra très-extraordinaire,
c'est que la plupart de ces substances n'agis-
sent sensiblement sur le cuivre qu'à froid.
Les sels eux-mêmes, qui corrodent ce métal par leur séjour tranquille dans les vaisseaux, ne l'attaquent pas d'une manière
aussi marquée, lorsqu'ils sont tourmentés
par l'ébullition.

De toutes les préparations du cuivre par
oxidation, il n'en est pas de plus précieuse
que celle qu'on fait par le vinaigre. Tout le
verdet du commerce, se prépare par le
moyen de cet acide, et c'est sur-tout à Montpellier, et dans les environs, que s'est fixée
cette fabrication.

On peut voir, dans les Mémoires de l'A-
cadémie de Paris, pour les années 1750 et
1753, une description très-exacte du procédé qu'on suivoit alors à Montpellier pour

fabriquer le vert-de-gris; mais, comme ce procédé a été avantageusement modifié, et qu'au lieu d'employer les rafles de raisin et le vin, on se borne aujourd'hui à se servir du marc de raisin, ce qui est infiniment économique, puisqu'on n'emploie plus de vin, nous croyons devoir donner en détail le procédé actuel :

Les matières premières, pour la fabrication du vert-de-gris, sont le cuivre et le marc du raisin.

Le cuivre dont on se sert, venoit jadis tout préparé de Suède : aujourd'hui on le tire des diverses fonderies établies à Saint-Bel, à Lyon, à Avignon, à Bédarieux, à Montpellier, etc. il est en plaques rondes de 20 à 25 pouces de diamètre, sur demi-ligne d'épaisseur. On divise à Montpellier chaque plaque en 25 lames, formant presque toutes des carrés oblongs de 4 à 6 pouces de longueur, sur 3 de largeur, et du poids d'environ 4 onces; on les frappe séparément avec le marteau, sur une enclume, pour en unir les surfaces, et donner au cuivre une consistance nécessaire. Sans cette précaution, il s'exfolie, et on éprouve plus de difficulté à en racler les surfaces pour en détacher la couche d'oxide : en outre, on enlèveroit des écailles de cuivre pur, ce qui hâteroit la disparition de ce métal.

Le marc de raisin, connu à Montpellier sous le nom de *racque*, se jetoit autrefois au fumier, après que la volaille en avoit dévoré les petites graines qui y sont contenues : aujourd'hui on le conserve pour l'usage du vert-de-gris, et on le vend de 15 à 20 francs le muid ; on le prépare comme il suit : dès qu'on a décuvé la vendange, on soumet le marc à la presse, pour en extraire le vin dont il est imprégné ; on met le marc exprimé dans des tonneaux, où on le foule avec les pieds, pour remplir tous les vides et rendre la masse la plus compacte possible ; on assujétit le couvercle avec soin, et on conserve les tonneaux dans un endroit sec et frais, pour s'en servir au besoin.

Le marc n'est pas constamment de la même qualité : lorsque le raisin est peu sucré, lorsque la saison a été pluvieuse, lorsque la fermentation a été incomplète, ou bien encore, lorsque le vin est peu généreux, le marc présente plusieurs défauts : 1°. il se conserve difficilement, et on court le risque de le voir se corrompre quelque temps après qu'on l'a conditionné dans le tonneau ; 2°, il produit peu d'effet, s'échauffe difficilement, développe peu d'odeur acéteuse ; il fait *suer* les lames de cuivre sans les *cotonner*.

Indépendamment de la nature du raisin et de l'état du vin, la qualité du marc varie encore, suivant qu'on l'a exprimé avec plus ou moins de soin.

Le marc peu exprimé produit bien plus que celui qui a été desséché. Il suffit d'observer, pour expliquer les divers effets du marc, qu'il n'agit que par la quantité de vin qu'il a retenu, puisque cette seule liqueur peut passer à l'état de vinaigre. Ainsi, lorsqu'on destine le marc pour le service d'un atelier de vert-de-gris, il faut avoir l'attention de l'exprimer foiblement pour y conserver plus de principes pour l'acétification.

Du moment qu'on s'est approvisionné de cuivre et de marc, il n'est plus question que de les travailler, et on y procède comme il suit : ces opérations se font ordinairement dans des caves ; on peut également les pratiquer dans des rez-de-chaussée, pourvu qu'il y règne un peu d'humidité, que la température y soit peu variable, et que la lumière n'y soit pas trop vive.

La première de toutes les opérations consiste à faire fermenter le marc ; c'est ce qu'on appelle *avina :* à cet effet, on défonce un des tonneaux, et on en distribue le marc dans deux tonneaux d'égale capacité, ayant la précaution de l'aérer le plus possible et d'éviter de le comprimer. Un tonneau de marc doit en remplir deux et occuper un volume au moins double après cette opération. Dans quelques fabriques, on distribue un tonneau de marc, sur vingt ou vingt-cinq vaisseaux de terre cuite, qu'on connoît sous le nom d'*oules* dans les fabriques , et qui ont ordinairement 16 pouces de hauteur, sur 14 de diamètre dans leur renflement, et une ouverture d'environ 12 pouces. Dès qu'on a disposé le marc dans ces vases, on les recouvre , en déposant le couvercle sur l'ouverture sans l'y assujétir. Les ouvertures des oules sont des rondeaux de paille , travaillés pour cet usage.

Le marc ne tarde pas à s'échauffer ; on le reconnoît en y plongeant la main et à l'odeur aigre qui commence à s'en exhaler. La fermentation s'établit par la partie inférieure du vaisseau , et monte peu à peu en gagnant successivement toute la masse. Elle va jusqu'à 3o et 35 degrés de Réaumur.

Au bout de trois ou quatre jours, la chaleur diminue et disparoît; et, comme les fabricans craignent la déperdition d'une portion du vinaigre par l'effet naturel d'une chaleur trop prolongée, ils ont l'attention, après trois jours de fermentation, de tirer le marc des vaisseaux fermentatoires pour le refroidir plus promptement. Ceux qui opèrent dans des tonneaux le mettent dans des oules; et ceux qui ont fait fermenter dans des oules, le transportent dans d'autres. Indépendamment de la déperdition de l'esprit acéteux, une chaleur trop soutenue décide la moisissure de la racque dans le fond des vaisseaux; ce qui la rend impropre à l'opération du verdet. Il est des particuliers qui, pour augmenter l'effet du marc, en forment des tas, qu'ils aspergent de vin généreux avant de le faire fermenter.

La fermentation ne se développe pas toujours dans le même temps, ni avec la même énergie. Quelquefois elle s'annonce dans les vingt-quatre heures, et souvent elle n'a pas commencé au bout de trois semaines. On voit quelquefois la chaleur s'élever à tel point, qu'on ne peut pas tenir

la main dans la masse, et que l'odeur acéteuse repousse d'auprès des vaisseaux fermentatoires, tandis que d'autres fois la chaleur
est à peine sensible et disparoît de suite.
Il arrive même que le marc tourne au
putride et se moisit sans s'aigrir. On aide
et provoque la fermentation en élevant la
chaleur de l'atelier à l'aide de réchauds, en
couvrant les vaisseaux avec des couvertures, en fermant les portes, en aérant la
masse avec plus de soin. Les différences
dans la fermentation tiennent : 1°. à la
température de l'air; en été, la fermentation
est plus prompte : 2°. à la nature du marc;
celui qui provient de raisins sucrés s'échauffe
aisément : 3°. au volume; un gros volume
de marc fermente plus fortement et plus
vîte qu'un plus petit : 4°. au contact de
l'air; le marc le mieux aéré fermente le
mieux.

En même temps qu'on fait fermenter le
marc pour le disposer à la fabrication du
verdet, on donne aux lames de cuivre
qu'on emploie pour la première fois, une
préparation préliminaire, qu'on appelle *désafouga*. Cette opération ne se pratique pas
sur celles qui ont déjà servi; elle consiste à

dissoudre du vert-de-gris dans l'eau d'une terrine, et à frotter chaque plaque avec un mauvais linge, qu'on trempe dans cette dissolution. On étend les plaques de champ l'une à côté de l'autre, et on les laisse sécher. On se borne quelquefois à déposer les plaques sur le marc fermenté, ou à les coucher dans celui qui a servi, pour les disposer à l'oxidation. On a observé que, si on n'a pas la précaution de *désafouga*, les plaques noircissent à la première opération au lieu de verdir.

Lorsqu'on a disposé les plaques et fait fermenter le marc, on s'assure s'il est propre à la fabrication, en y couchant une plaque de cuivre, qu'on y laisse ensevelie pendant vingt-quatre heures. Si, après cet intervalle, on trouve la surface de la plaque recouverte d'une couche verte et unie, de manière que le cuivre ne soit pas à découvert, on juge que c'est le moment de former les couches; si, au contraire, on apperçoit des gouttes d'eau sur la surface des lames, on dit que les plaques *suent*, et on conclut que la chaleur du marc n'est pas assez tombée. On renvoie alors au lendemain pour faire une semblable épreuve.

Une fois assuré que le marc peut travailler, le fabricant forme ses couches de la manière suivante :

Il dispose toutes les lames dans une caisse défoncée, séparée en deux parties par le milieu, à l'aide d'un grillage de bois, parallèle au fond, sur lequel on place les lames : une brasière mise sous le grillage les chauffe fortement, à tel point que quelquefois la femme qui les manie est obligée de les prendre avec un linge pour ne pas se brûler. Du moment qu'elles ont acquis cette chaleur, on les met dans les *oules*, couche par couche avec le marc. La couche supérieure et l'inférieure sont formées par le marc. On ferme chaque oule avec son couvercle de paille, et on les laisse travailler. C'est cette période qu'on appelle *coüa* (couver). Il entre dans chaque oule de 30 à 40 livres de cuivre, plus ou moins, suivant l'épaisseur des plaques.

Au bout de dix, douze, quinze, vingt jours, on démonte l'oule. On reconnoît qu'il en est temps, lorsque le marc blanchit.

On apperçoit alors des cristaux détachés et soyeux sur la surface des lames. On rejette le marc, et on met les lames au relai. Pour cet effet, on les place de champ dans un coin de la cave sur des bâtons couchés sur terre; on les met droites, en les appliquant l'une contre l'autre; et, au bout de deux à trois jours, on les mouille en les prenant à poignées, et les trempant dans l'eau d'une terrine. On les met toutes mouillées à leur première place, et on les y laisse pendant sept à huit jours; après quoi, on les retrempe une ou deux fois. On renouvelle cette immersion et ce desséchement six à huit fois, et de sept en sept ou de huit en huit jours. Comme on trempoit autrefois les lames dans le vin, on appeloit ces immersions *un vin, deux vins, trois vins*, selon la période où l'on en étoit. Par cette manœuvre, les plaques se gonflent, le verdet se nourrit, et il se forme une couche de vert-de-gris sur toutes les surfaces, qu'on détache aisément en raclant avec un couteau.

Chaque oule fournit 5 à 6 livres de verdet à chaque opération. C'est alors ce qu'on appelle *vert-de-gris frais, humide*, etc. Ce vert-de-gris est vendu, dans cet état, par les fabricans à des commissionnaires, qui

le dessèchent pour l'expédier au-dehors.
Dans ce premier état, ce n'est qu'une pâte,
qu'on pétrit avec soin dans de grandes auges
de bois, et dont on remplit des sacs de peau
blanche, d'un pied de haut, sur 10 pouces
de diamètre. On expose ces sacs à l'air, au
soleil, et on les y laisse jusqu'au moment
où le verdet est parvenu au degré de siccité
convenable : c'est alors ce qu'on appelle
verdet sec. Il déchète, par cette opération,
de 40 à 50 pour 100, plus ou moins, selon son état primitif. On dit qu'il est à
l'épreuve du couteau, lorsque la pointe de
cet instrument, plongée dans le pain de
vert-de-gris, à travers la peau, ne peut pas
y pénétrer.

Les lames de cuivre, qui ont déjà servi,
sont remises en opération, jusqu'à ce qu'elles
soient presque complètement dévorées. Au
lieu de les chauffer artificiellement, comme
nous l'avons indiqué, on se borne quelquefois à les exposer au soleil. Les mêmes lames
servent quelquefois pendant dix ans, et
souvent elles sont usées après deux ou trois
années. Cela dépend, sur-tout, de la qualité du cuivre : celui qui est bien uni, bien

battu, très-compacte, est toujours le plus estimé.

Jadis le vert-de-gris humide ne pouvoit être vendu qu'après une vérification préalable de la qualité; et, à cet effet, il étoit porté dans un entrepôt public, où s'en faisoit la vente après la vérification. C'est peut-être à ce réglement, que Montpellier doit l'avantage d'avoir continué ce commerce sans concurrence et sans reproche, pendant plusieurs siècles. Ce sont ces formes protectrices de la bonne foi, qui assuroient au consommateur un produit toujours pur, toujours égal; et au fabricant honnête le débit certain du produit de sa fabrication.

C'est depuis le moment qu'on a supprimé toute inspection, qu'on a vu se multiplier, d'une manière effrayante, les abus de tout genre; et nous voyons déjà le malheureux consommateur, jadis si tranquille sur la pureté des matières qu'il employoit, aujourd'hui tourmenté par la crainte, et devenu le jouet de la friponnerie et des ruses du fabricant : son art n'est plus dans ses mains qu'une alternative décourageante de succès et de revers (1).

(1) Je ne prétends parler ici que des réglemens qui

En comparant le procédé décrit par Montet, avec celui que je viens de faire connoître, on sentira aisément que tous les changemens qu'on y fait, sont à l'avantage du nouveau.

Autrefois, on prenoit des rafles desséchées au soleil, et on commençoit par les faire tremper, pendant huit jours, dans la vinasse (résidu de la distillation des vins pour en extraire l'eau-de-vie). On les faisoit ensuite égoutter dans une corbeille; après quoi, on en mettoit à-peu-près 4 livres dans une oule, sur lesquelles on versoit 3 à 4 pintes de vin. On imprégnoit fortement la rafle de ce vin, en l'y tournant fortement avec la main. On couvroit alors l'oule, et on laissoit fermenter. La fermentation commençoit plutôt ou plus tard, selon la nature du vin et la température de l'air : mais, dès qu'elle étoit décidée, le vin devenoit trouble et louche, et il s'exhaloit une odeur très-forte de vinaigre; enfin, la chaleur tomboit, et c'est alors qu'on retiroit les rafles,

___

constatent la bonté du produit, sur laquelle l'œil de l'acquéreur ne peut pas prononcer. Je me garde bien d'invoquer des réglemens pour la fabrication ; ils se-roient destructeurs de toute industrie.

et qu'on faisoit écouler le vin. Dès que les rafles étoient un peu égouttées, on les disposoit, couche par couche, avec les lames de cuivre, et l'opération continuoit comme avec le marc des raisins.

Lorsqu'on tiroit les lames des oules pour les mettre au relai, au lieu de les tremper dans l'eau pure, comme on le fait aujourd'hui, on employoit de la vinasse, et on les humectoit à deux ou trois reprises, ce qui s'appeloit donner trois ou quatre vins.

On voit déjà qu'il y a une bien grande économie dans le procédé pratiqué aujourd'hui, puisqu'on en a banni le vin, qui renchérissoit considérablement le prix du verdet. On a d'abord reproché au nouveau procédé d'user le cuivre trop vîte; mais le reproche est tombé de lui-même, lorsqu'on a vu que le verdet obtenu étoit dans la proportion du cuivre corrodé : et, ce qui prouve que cette méthode est plus avantageuse, c'est que tous les fabricans ont abandonné l'ancienne pour suivre celle-ci.

La fabrication du vert-de-gris, à Montpellier, n'est point l'objet de grandes entreprises. Comme elle ne demande pas un grand attirail, puisque quelques pots de terre forment le fond de tout un atelier, elle est devenue, pour ainsi dire, une opération de ménage. Dans la plupart des maisons, il y a une cave de vert-de-gris, et c'est la maîtresse de la maison qui, d'ordinaire, en dirige et exécute les principales opérations. Les femmes, en vaquant à leur ménage, trouvent le temps nécessaire pour soigner leur atelier; et, quelque peu considérables que soient les bénéfices de leur fabrication, ils ne laissent pas que de former une ressource, d'autant plus précieuse, qu'elle n'entraîne aucun risque. Les femmes propriétaires de ces petites fabriques, n'appellent des manœuvres, que lorsqu'on veut racler le verdet ou former les couches.

Il est aisé de voir que ce genre de fabriques, de la manière dont il est établi, ne comporte pas de grands établissemens. Ils échoueroient indubitablement, s'ils entroient en concurrence avec les petits ateliers, où les bénéfices sont seulement considérés comme des ressources auxiliaires, et les travaux comme des délassemens.

Il seroit d'ailleurs bien impolitique et bien malheureux pour la société, de con-

centrer, entre les mains d'un seul, dans
un immense atelier, une fabrication qui,
par des canaux infinis, vivifie une nom-
breuse population.

Il y auroit bien quelques degrés de perfection à porter dans cette fabrication. Par
exemple, l'acétification demanderoit une
température plus chaude que le travail des
oules; et il faudroit la développer dans un
lieu séparé. Le relai exige pareillement des
soins, une chaleur et un degré d'humidité
bien différens de ceux que demandent les
autres opérations. Mais j'ai toujours pensé
qu'opérer ces changemens, ce seroit sous-
traire les établissemens à la portion du peuple qui en est nantie, et à laquelle il suffit
d'avoir à sa disposition une petite cave ou
un dessous d'escalier, pour établir une fabrication qui assure son existence.

Lorsqu'après avoir dissous le verdet dans
le vinaigre distillé, on rapproche la dissolution pour obtenir des cristaux, le vert-
de-gris prend le nom de *verdet cristallisé* ou
de *cristaux de Vénus*.

Ces cristaux ont été fabriqués en Hollande
pendant long-temps; mais aujourd'hui on
les prépare à Montpellier avec une perfec-

tion qui les fait préférer à ceux des fabriques étrangères.

Le procédé le plus employé consiste à dissoudre le vert-de-gris dans le vinaigre distillé, et à évaporer la dissolution jusqu'à pellicule pour faciliter la cristallisation.

On se sert, en général, du résidu de la distillation des vins qu'on fait aigrir et qu'on distille.

Ce vinaigre distillé est porté dans une chaudière, où on le fait bouillir sur le vert-de-gris. Dès qu'il en est saturé, on laisse déposer la liqueur, et on la transvase dans une autre chaudière de cuivre où s'en fait l'évaporation. Lorsque la dissolution est suffisamment rapprochée, on y plonge des bâtons, qu'on attache, à l'aide d'une ficelle, à des barres de bois qui sont soutenues sur les bords de la chaudière. Ces bâtons ont un pied de longueur, et sont fendus en croix jusqu'à deux pouces de l'extrémité supérieure, de manière qu'ils sont ouverts en quatre branches, qu'on tient écartées par le moyen de petites chevilles. Les cristaux se fixent sur toutes les surfaces de ces bâtons, de manière à former une grappe qui ne présente, de toutes parts, que des rhombes parfaits, d'un bleu foncé et très-vif. Chaque grappe pèse 5 à 6 livres. Ces cristaux brisés offrent une cassure d'un vert brillant, très-agréable, tirant sur le bleu.

Il faut, à-peu-près, trois livres de verdet humide pour une livre de cristaux.

Le résidu qui a échappé à la dissolution étoit rejeté comme inutile; mais l'analyse m'y ayant démontré beaucoup de cuivre à l'état métallique, ou très-foiblement oxidé, j'ai donné ces moyens d'oxider ce résidu, et déjà on en tire un parti très-avantageux.

Ce procédé, quoique simple, m'a paru susceptible de pouvoir être encore perfectionné; et voici le résultat de quelques expériences:

1°. On peut oxider le cuivre par les vapeurs de l'acide muriatique oxigéné, et dissoudre l'oxide par l'acide acétique.

2°. Le sulfure de cuivre fortement calciné, donne un résidu soluble dans le vinaigre, et susceptible de former de l'acétate.

3°. L'acétate de plomb décompose le sulfate de cuivre dissous dans l'eau. Le sulfate de plomb se précipite, l'acétate de cuivre reste en dissolution; et on décante pour le soumettre à l'évaporation et obtenir des cristaux de Vénus.

La distillation de l'acétate de cuivre fournit un acide acétique très-piquant, très-condensé, qu'on connoit sous le nom de *vinaigre radical.*

Le verdet cristallisé est préféré au vert-de-gris pour composer des couleurs et servir de mordant.

CHAPITRE XV.

Des Combinaisons de l'Acide oxalique.

L'ACIDE oxalique peut se combiner avec presque toutes les bases connues ; il forme un sel insoluble avec la chaux, et l'enlève à presque tous les acides ; de sorte qu'on peut en faire un excellent réactif pour connoître la présence de cette terre par-tout où elle se trouve en dissolution. On préfère, pour cet usage, l'oxalate d'ammoniaque, parce que son action est plus prompte.

SECTION PREMIÈRE.

Des Combinaisons de l'Acide oxalique avec la Potasse (Oxalate acidule de potasse, Sel d'oseille).

CETTE combinaison forme le *sel d'oseille* du commerce, que Scheele, Westrumb, Hermstadt nous ont fait connoître pour n'être qu'une combinaison de potasse et d'acide oxalique.

On ne forme point ce sel, de toutes pièces, dans nos laboratoires, parce qu'on l'extrait avec plus d'économie de la plante dont il porte le nom.

Boerhaave paroît être le premier qui ait décrit le procédé par lequel on le retire de la plante qui le contient. Il dit qu'on commence par exprimer le *rumex acetosa* pour en extraire le suc ; qu'on y ajoute six fois son poids d'eau de pluie pour pouvoir le filtrer par un linge; qu'on évapore ensuite la liqueur jusqu'à consistance de crême, et qu'on l'expose dans un endroit frais, après l'avoir recouverte d'une couche d'huile, pour que les cristaux se précipitent par le repos.

Depuis ce célèbre chimiste, Margraaf, Bayen, Savary, Wenzel, Wiegleb, et Baunach ont successivement ajouté des faits importans sur la préparation de ce sel.

Il paroît que, pendant long-temps, on a retiré ce sel du suc de l'oseille, appelée *alleluia* (oxalis acetosella). Aujourd'hui, c'est sur-tout le *rumex acetosa foliis sagittatis* de Linné qui fournit ce sel.

Nous devons à Baunach des détails précieux, tant sur la manière de cultiver cette plante, dans le canton de la Souabe, connu sous le nom de *Forêt-Noire*, que sur la manière d'extraire et de purifier ce sel.

On sème la plante au mois de mars; on la fauche au mois de juin.

On écrase les plantes dans un énorme mortier de bois, à l'aide d'un marteau mû par l'eau, et on met le suc et le marc dans des cuves de bois.

On délaye ce suc et ce marc dans de l'eau fraîche ; on laisse macérer pendant quelques jours, et on soumet le tout à l'action d'une presse.

On pile de nouveau le marc exprimé, en y ajoutant un peu d'eau, et on le traite comme la première fois.

Le suc exprimé étant légèrement chauffé et versé dans les cuves, on y délaye, sur 1200 pintes, 20 livres de terre argileuse très-blanche et très-fine; on agite et on laisse reposer.

Après vingt-quatre heures, on décante le suc clarifié qui surnage; on filtre le dépôt; on porte le suc clarifié dans des chaudières de cuivre étamé, et on évapore jusqu'à pellicule.

On dépose ce suc rapproché dans des terrines pour opérer la cristallisation.

On le purifie ensuite par des dissolutions et des cristallisations répétées.

L'eau-mère contient du muriate et du sulfate de potasse.

Une livre de cette plante a fourni à Baunach les principes suivans :

o onc. 1 gros..... sel d'oseille pur.
o — o — 4 gr. muriate de potasse.
o — o — $\frac{1}{4}$ — sulfate de potasse.
4 — o — o — extrait.

Suivant Savary, 5o livres *alleluia* fournissent 25 livres de suc qui donnent 2 onces 4 gros de sel.

Ce sel paroît formé par des prismes, réunis par une de leurs extrémités et divergens par l'autre.

Wiegleb les a décrits comme formant des rhombes, alongés, feuilletés et posés les uns sur les autres. Delisle n'y a vu que des parallélipipèdes très-alongés.

Il faut 6 parties d'eau bouillante pour en résoudre une de ce sel : mais sa solubilité varie selon la pureté et la proportion de ses principes : suivant Wenzel 960 parties d'eau bouillante en résolvent 675. En général ce sel est d'autant plus soluble qu'il est plus pur.

Ce sel est employé aux mêmes usages que l'acide, mais il produit moins d'effet.

CHAPITRE XVI.

Des Combinaisons de l'Acide boracique.

Nous ne connoissons qu'une combinaison de cet acide qui ait quelque usage dans les arts, c'est le *borate de soude* ou *borax.*

SECTION PREMIÈRE.

Des Combinaisons de l'Acide boracique avec la Soude (Borate de soude, Borax).

Quoique le commerce du borax soit organisé depuis long-tems, il n'est peut-être pas de production qui présente plus d'incertitudes sur son origine : mais, à travers toutes les fables dont l'histoire de ce sel est obscurcie dans les divers auteurs qui en ont parlé, nous pouvons extraire quelques faits qui paroissent assez généralement avoués, pour qu'on puisse leur donner son assentiment.

Le *nitron baurake* des Grecs, le *borith* des Hébreux, le *baurach* des Arabes, le *boreck* des Persans, le *burach* des Turcs, le *borax* des Latins, paroissent exprimer une seule et unique substance, le *borate de soude* des chimistes.

On distingue, dans le commerce, deux sortes de borax : le borax brut et le borax raffiné.

La qualité du premier varie relativement à sa pureté et au lieu de son extraction : le commerce en connoît deux sortes : l'une apportée par mer de Gomnon et du Bengale, l'autre apportée par terre de Bender à Bassy, à Hispahan et jusqu'au Gihlan; là on l'embarque sur la mer Caspienne jusqu'à Astracan, et delà on l'apporte par terre à Pétersbourg, et de Pétersbourg, par mer, dans les divers ports de l'Europe.

Le premier est moins estimé; le second, qui est un borax de caravane est presque tout en cristaux durs et verdâtres.

En rapprochant ce que les divers historiens ont rapporté sur l'origine et l'extraction du borate de soude dans la Perse, le Mogol, le Thibet, ils paroissent tous s'accorder sur ce que ce sel se forme dans des lacs d'une eau croupissante, âcre et laiteuse, qui s'évapore naturellement ou par l'art; et qui dépose, dans la vase, des cristaux de borate de soude qu'on détache et égoutte avec soin. C'est ce qui résulte des témoignages, 1°. de *Binot*, chirurgien sur un vaisseau de la compagnie des Indes; 2°. de *Saunders* qui a accompagné Hastingts dans le Thibet, et qui nous a appris que le lac où l'on récolte le borax est à quinze journées

de chemin au nord-ouest de Tissoolembo ;
3°. du naturaliste qui, en 1766, a fourni
les renseignemens les plus détaillés à M. Val-
mont de Bomare, sur le borax de l'Inde.

Il paroîtroit encore, d'après les rapports
de *Grill* (Mémoires de la société de Stockolm,
année 1773), que pour extraire le borax
dans une partie du Thibet, il falloit creu-
ser en terre de la profondeur de six à huit
pieds, et qu'on en tiroit trois qualités différentes. Un voyageur a aussi donné à M. Val-
mont de Bomare un borax natif qu'il dit se
trouver dans des cavernes de Perse, et qui
est blanchâtre, formé par couches, d'un
goût très-alkalin, peu sucré et moins fade
que le borax ordinaire ; on l'appelle *sel de
Perse.* Un particulier de Dresde découvrit,
en 1755, dans l'électorat de Saxe, une
terre minérale dont il composa un produit
propre à la soudure.

Les Indes occidentales contiennent aussi
du borax : nous en devons la découverte à
Antoine Carrère, médecin, établi au Po-
tosi. Les mines de Riquintipa, celles des
environs d'Escapa offrent ce sel en abondance. On l'emploie à la fonte des mines de
cuivre.

Le borax brut est connu sous le nom de tinckal dans le Thibet.

En général le borax brut est encroûté d'une couche de matière graisseuse qui le salit.

Il a assez ordinairement la même forme que le borax raffiné ; celle d'un prisme à six pans, un peu aplati, et terminé par une pyramide dièdre.

La cassure des cristaux est luisante et offre un coup-d'œil verdâtre.

Le procédé de purifier le borax a appartenu pendant long-temps aux seuls Vénitiens. Mais la longue guerre des Turcs avec les Persans, ayant interrompu tout commerce avec le Levant, fit passer ce genre d'industrie dans la Hollande, où elle s'est maintenue jusqu'à ces derniers jours où des ateliers de ce genre ont été formés à Paris.

On sait que le tinckal (borax brut) est peu soluble dans l'eau, et que le principe graisseux qui lui est uni ne fait que s'y délayer. C'est ce principe qui fait que la dissolution passe difficilement à travers les filtres de papier. J'ai éprouvé qu'il falloit de 10 à 15 parties d'eau pour dissoudre complettement le borax au degré de l'ébullition : par le seul refroidissement et le rapprochement bien ménagé de la liqueur, on obtient successivement des lames de cristaux, qu'on peut dissoudre encore une ou deux fois, pour leur donner la blancheur convenable. On sépare, par ce moyen, la portion excédente et non combinée de ce principe graisseux qui reste dans l'eau-mère, et toutes les matières terreuses qui accompagnent plus ou moins le tinckal.

Il paroît que les Hollandais se contentent de faire macérer le tinckal dans l'eau chaude pendant huit jours; ils filtrent ensuite à travers un crible en fils de cuivre placé à l'ouverture d'une chausse; ils rapprochent la dissolution à petit feu dans des chaudières de plomb, et mettent à cristalliser dans des vases de même métal qu'ils entourent de paille et qu'ils recouvrent soigneusement pour entretenir long-temps la chaleur; ce n'est que quinze ou vingt jours après, qu'ils retirent le dépôt de cristaux qui s'est formé.

Ce procédé que j'ai répété avec soin est très-exact: on obtient par ce moyen un borax aussi pur que celui qui forme la première qualité du commerce; mais il est avantageux de laisser digérer, pendant quelques jours, la dissolution à un degré de chaleur qui approche de celui de l'eau bouillante et qui soit constant sans que la liqueur soit agitée : par ce moyen, il se précipite une grande partie de toutes les matières étrangères qui salissent le borax ; et la dissolution qui les surnage n'a presque plus besoin d'être filtrée pour fournir par l'évaporation de beaux cristaux. On peut encore aider et accélérer la clarification de cette dissolution en y délayant un peu d'argile blanche; cette terre enveloppe et précipite promptement les substances qui salissent le borax.

On obtient, en général, 75 à 80 livres de borax pur par quintal de tinckal de l'Inde.

Le procédé que je viens de décrire est le plus simple et le moins dispendieux de tous pour purifier le borax. J'ai employé d'autres moyens qui ne m'ont pas présenté de plus grands avantages : je crois néanmoins devoir les faire connoître pour éviter une perte de temps à ceux qui seroient tentés de les essayer.

1°. Le tinckal brut dissous dans une légère eau de soude et rapproché convenablement par l'évaporation, fournit de beaux cristaux;

le produit même excède de 5 à 6 pour
100 celui qu'on retire par le procédé ci-
dessus. Mais le borax qui provient de cette
opération effleurit légèrement à l'air, ce
qui annonce un excès de soude.

Au reste, ce borax n'a pas paru de qualité inférieure pour ses usages dans les soudures.

2°. On peut détruire le principe graisseux
du tinckal par la calcination, et faciliter,
par-là, la dissolution de ce sel. Dès 1779,
j'avois fait ces expériences, mais il m'étoit
démontré qu'il y avoit une perte énorme
dans ce procédé ; ce qui ne me permit plus
de publier mes résultats, je me bornai à en
convaincre mes auditeurs.

Quoique les dissolutions du tinckal calciné soient plus claires et qu'elles passent
bien plus aisément par le filtre que celles du
tinckal non calciné, ces dernières donnent
de plus beaux cristaux que les premières.

On trouve dans le commerce deux sortes
de borax raffiné : l'un qu'on appelle *borax
de Hollande*, et l'autre *borax de la Chine :*
tous les deux proviennent des mêmes fabriques ; mais le premier est le produit des premières cristallisations, tandis que le second

provient des dernières : le premier est en
beaux cristaux, détachés, de la longueur
d'un pouce, sur un diamètre presqu'égal. Il
est blanc, demi-transparent, et a un coup-
d'œil graisseux dans sa cassure. La forme
des cristaux est celle d'un prisme à six pans,
foiblement aplati, terminé par des pyramides trièdres, quelquefois hexaèdres. Le
second est en plaques cristallisées sur une
de leurs faces, et recouvertes d'une poussière farineuse qui m'a paru de la nature
de l'argile.

Le borax a une saveur un peu styptique.

Il verdit le sirop violat.

Exposé au feu, il se boursouffle. Son eau
de cristallisation se dissipe en fumée, et il
forme alors une masse poreuse, légère, blanche et opaque, qu'on nomme *borax calciné.*
Si on lui applique un degré de feu plus violent, il prend une forme pâteuse et finit par
se fondre en verre transparent d'un jaune
verdâtre, soluble dans l'eau, et qui se recouvre à l'air d'une efflorescence blanche
qui en ternit la transparence.

Ce sel exige dix-huit fois son poids d'eau,
à la température de 60 degrés de Fahrenheit.
L'eau bouillante en dissout un sixième.

Le borax est un des fondans les plus actifs que nous connoissions ; et c'est à raison de cette propriété, qu'on l'emploie dans tous les cas où il est question d'essayer le degré de fusibilité de certains corps ou de faciliter la vitrification d'autres substances ; il sert, sur-tout, dès qu'il est question de souder deux pièces métalliques par l'intermède d'un alliage qui ne peut les unir qu'après avoir éprouvé la fonte lui-même.

Mais la faculté qu'a le borax de se boursouffler par l'action du feu, rendroit son emploi difficile, si on s'en servoit à l'état de cristal : ce mouvement d'intumescence déplaceroit les pièces métalliques que l'artiste a mises dans une position convenable ; les dessins qu'il forme, dans plusieurs cas, par l'apposition calculée de métaux de diverses couleurs, deviendroient très-irréguliers : on a obvié, en partie, à cet inconvénient en calcinant le borax et en ne l'employant qu'au moment où il est prêt à se vitrifier.

Les terres pures se comportent comme il suit avec ce fondant :

Exposées dans de petits creusets d'argile, sous la moufle d'un fourneau de coupelle,

à une chaleur de 22 à 26 degrés, thermomètre de Wedgwood, soutenue pendant
deux heures.

1°. *Une partie silice, et deux borax.*
Beau verre net, transparent.

2°. 1 *Alumine*, 2 *borax*.
Beau verre transparent, d'un vert clair,
fendillé par la retraite, à cause de l'adhérence au creuset.

3°. 1 *Chaux*, 2 *borax*.
Beau verre transparent, ayant une légère
teinte jaunâtre. Le creuset fortement attaqué par-tout où il a été en contact avec le
mélange en fusion.

4°. 1 *Magnésie*, 2 *borax*.
Verre demi-transparent, un peu laiteux,
ayant l'apparence d'une gelée, mais très-
dur, brillant à la surface, largement ouvert
par la retraite, à cause de l'adhérence au
creuset.

5°. 1 *Barite*, 2 *borax*.
Beau verre, parfaitement transparent,
sans couleur, si ce n'est une légère teinte
jaunâtre, point fendillé, adhérent au creu-

set , assez dur pour résister à la pointe du couteau.

Le borax détermine la fusion de presque toutes les substances connues, même de celles qui sont réfractaires au jet du gaz oxigène. Pour donner un exemple de l'énergie de son action , il nous suffira d'observer que , dans les expériences qui précèdent, il a déterminé la fonte de la silice au 22ᵉ degré de Wedgwood , tandis qu'on n'a pu l'obtenir au jet du gaz oxigène , qu'à une chaleur correspondante au 4043ᵉ degré d'une échelle pyrométrique comparable à celle de Wedgwood. (*Voyez* Mémoire de Saussure, *Journ. de Physique* , juillet 1794.)

Dans tous les travaux métallurgiques et docimastiques , on détermine la fonte des métaux et des oxides métalliques les plus réfractaires, en les mêlant avec un peu de borax et autres corps qui puissent entrer eux-mêmes aisément en fusion, ou dégager l'oxigène des oxides qu'on veut réduire.

Ici , dès que la matière est fondue et rendue très-liquide par un coup de feu violent, on laisse refroidir lentement : le métal , comme plus pesant, gagne le fond, et le flux vitrifié reste à la surface.

J'ai vu employer le borax avec un succès merveilleux dans les verreries, sur-tout dans les cas où l'on emploie des sables très-réfractaires ou des alkalis de mauvaise qualité. Il suffit d'ajouter à la composition et d'y mêler avec soin quelques onces de borax par pot. La matière fond alors aisément, et forme une pâte bien liée qui *s'affine* sans peine et se souffle sans effort.

En un mot, on peut employer le borax dans tous les cas où il s'agit de faciliter la fonte d'une matière quelconque. Il reste uni avec les terres et les oxides métalliques avec lesquels il forme des masses vitreuses. Il se fige en une couche vitriforme par-dessus les métaux qu'il a dissous par la fusion. Il dissout et se combine avec toutes les substances salines, d'où il résulte des composés salins.

Ses usages seroient bien plus multipliés s'il étoit plus commun; mais sa rareté en a tellement élevé le prix, qu'il est impossible de le prodiguer dans les fontes en grand et dans les travaux dont le produit est de peu de valeur. En outre, en temps de guerre, l'ap-

IV.   17

provisionnement en devient difficile : c'est ce qui m'engage à consigner ici quelques recettes , à l'aide desquelles on peut remplacer et suppléer jusqu'à un certain point au manque de borax.

1°. Nous devons à Georgi le procédé suivant :

On dissout dans l'eau de chaux le natron, on met à part les cristaux qui se déposent par le refroidissement de la liqueur , on fait évaporer la lessive et on dissout le résidu dans le lait, on évapore et on emploie l'extrait aux mêmes usages que le borax.

2°. Struve et Exchaquet ont prouvé que le phosphate de potasse fondu avec une certaine quantité de sulfate de chaux, forme un verre excellent pour souder les métaux. (*Voyez Journ. de Physique*, tom. XXIX, pag. 78 et 79.)

3°. Pelletier a fait employer avec succès le verre phosphorique bien pulvérisé pour les soudures d'argent.

4°. Lémery propose une composition faite avec le nitre fixé par les charbons , l'alun et l'urine ; on fait évaporer ce mélange jusqu'à siccité.

5°. La *chrysocolle*, dont parle Dioscoride, que les anciens employoient aux mêmes usages auxquels nous faisons servir le borax, n'étoit qu'une soudure préparée par les ouvriers eux-mêmes, avec l'urine d'enfant et la rouille de cuivre que l'on broyoit dans un mortier de cuivre.

CHAPITRE XVII.

Des Combinaisons de l'Acide prussique.

L'ACIDE prussique est si fugace, qu'on a bien de la peine à l'obtenir pur et exempt de toute combinaison ; il forme des sels très-variables avec les différentes bases.

Après la découverte importante du prussiate de fer, qui est la combinaison la mieux connue de l'acide prussique, Macquer nous apprit à le porter sur d'autres substances, sous le nom de *principe colorant du bleu de Prusse*, sans se douter que ce fût un acide particulier.

Lorsqu'on distille le prussiate de potasse, l'acide prussique passe, en grande partie, dans le récipient en solution dans l'eau : ce liquide n'altère point les couleurs végétales ;

si on le mêle avec les alkalis; tous les acides l'en séparent, et il s'en dégage en prenant l'état élastique.

Mais, si l'on fait bouillir cette dissolution de prussiate de potasse sur l'oxide de fer, il se forme alors une nouvelle combinaison qui a de nouvelles propriétés, et qui forme des cristaux jaunes d'une figure octaèdre.

C'est à l'affinité puissante qu'exerce l'acide prussique sur les oxides, qu'on doit rapporter l'énergie d'acidité qu'il prend dans cette circonstance.

Comme le seul prussiate utile aux arts, est celui que forme l'acide avec l'oxide de fer, nous nous bornerons à parler de celui-ci.

SECTION PREMIÈRE.

Des Combinaisons de l'Acide prussique avec le Fer (Prussiate de fer, Bleu de Prusse).

M. Proust, qui nous a donné un travail très-intéressant sur les divers degrés d'oxidation des métaux, n'en reconnoît que deux pour le fer, et il prétend que l'acide prussique forme un prussiate blanc avec le fer le moins oxidé, et un prussiate bleu avec l'oxide du même métal porté au *maximum*.

M. Berthollet attribue moins cette variété d'effets à la différence d'oxidation du fer, qu'à la décomposition très-incomplète qui se fait du sulfate de fer, lorsque le métal est peu oxidé, parce qu'alors l'acide sulfurique adhère beaucoup plus à la base. Il fonde son opinion sur ce que, en affoiblissant le mélange de prussiate de potasse et de sulfate de fer, par le moyen de l'eau, ce mélange devient d'un bleu foncé, mais verdâtre; et, en versant un acide sur un prussiate blanc, l'action de l'acide prussique se trouve augmentée, et la couleur passe au bleu. On emploie, de préférence, l'acide muriatique, l'acide sulfureux et l'acide phosphoreux qui, tous, produisent cet effet, sans qu'on puisse soupçonner qu'ils cèdent de l'oxigène à l'oxide. M. Berthollet a répété ces expériences dans des flacons qui ont été bouchés à l'instant, pour qu'on ne pût pas supposer que l'air atmosphérique fournît de l'oxigène, et il a constamment observé que le prussiate blanc devenoit bleu par le mélange des acides sulfurique, muriatique, sulfureux et phosphoreux.

M. Berthollet ne nie pas, pour cela, que l'état d'oxidation n'apporte quelque différence entre les prussiates : par exemple, celui dans lequel le fer est peu oxidé, a un bleu plus clair et se précipite moins promptement du liquide dans lequel on le forme.

Nous allons voir de quelle manière s'opère la combinaison de l'acide prussique avec le fer, dans les ateliers où l'on prépare le prussiate pour les arts, et où il est connu sous le nom de *bleu de Prusse*. Nous ferons précéder ces descriptions de quelques détails sur l'origine d'une des découvertes les plus précieuses qu'on doive au hasard.

Stahl nous apprend que Dippel céda à Diesback, fabricant de lacques, une quantité de potasse sur laquelle il avoit distillé de l'huile animale. Diesback, qui étoit dans l'usage de précipiterla lacque, d'une dissolution de cochenille, d'alun et d'un peu de sulfate de fer, à l'aide d'un alkali, ayant employé celui que le chimiste de Berlin lui avoit donné, fut très-surpris d'obtenir un précipité bleu. Il fit part de ce résultat à Dippel qui en rechercha la cause, et trouva le moyen de composer, à peu de frais, cette belle couleur qui a porté, d'après son origine, le nom de *bleu de Prusse*.

Cette découverte fut annoncée dans les Mémoires de l'Académie de Berlin, pour l'année 1710; mais le procédé fut tenu secret jusqu'en 1724, où Woodward le publia dans les Transactions philosophiques, tel qu'un de ses amis le lui avoit envoyé d'Allemagne.

Jusque-là on avoit employé le charbon du sang pour donner à l'alkali la propriété de précipiter le fer en bleu; mais Geoffroy, le médecin, prouva, l'année suivante, que le charbon de toutes les matières animales pouvoit produire le même effet, et que les charbons végétaux jouissoient de la même propriété, quoiqu'à un moindre degré.

Depuis cette époque, les divers chimistes qui se sont occupés de cet objet, ont plutôt recherché la théorie du phénomène que le perfectionnement du procédé.

Ce fut en 1742 que le célèbre Scheele parvint à mettre à nu l'acide animal, qui se combine avec le fer, pour former le bleu de

Prusse. Cet acide est connu aujourd'hui sous
le nom d'*acide prussique;* et c'est sur-tout
des matières animales qu'on peut l'extraire,
parce qu'il y est plus abondant.

Dans tous les procédés connus pour la
préparation du bleu de Prusse, on commence par calciner les matières animales
avec de la potasse, afin de s'emparer de l'a-
cide à l'aide de cet alkali ; on mêle ensuite
une dissolution de sulfate de fer et de sulfate d'alumine avec ce prussiate de potasse,
pour obtenir le prussiate de fer qui retient
toujours une portion d'alumine et de potasse.

Mais ce procédé de fabrication varie 1°. par
le choix des matières animales, 2°. par la préparation de l'alkali, 3°. par la méthode de
calcination, 4°. par les proportions entre le
sulfate d'alumine et celui de fer, 5°. par la
manière de l'aviver.

1°. Le sang a été la première et la seule
matière animale employée à cette préparation ; et il faut convenir qu'il n'en est pas de
plus avantageuse, sous le rapport du produit qu'elle fournit.

Mais, d'un côté, la difficulté de le dessécher, de l'autre, l'embarras de s'approvi-

sionner de cette substance ailleurs que dans les grandes villes, ont engagé les fabricans à lui substituer quelqu'autre matière.

Weber nous a appris qu'en Allemagne on employoit à cet usage les cornes, les ongles et autres matières animales.

M. Guyton-Morveau a prouvé que les poils de bœuf pouvoient former une bonne lessive colorante.

Brown a fait voir que les chairs jouissoient du même avantage.

Delius avoit annoncé, en 1778, que les cheveux remplaçoient avantageusement le sang desséché; et il a publié, dans les Annales de Crell, que le crottin de cheval réussissoit très-bien, quand on ne poussoit pas trop la calcination, qui faisoit passer promptement le fourrage mal digéré à l'état de pur alkali.

Baunach nous a appris que, dans les fabriques de bleu de Prusse établies en Souabe, on faisoit entrer, parmi les matières animales, tous les débris de cuir qu'on trouve chez les selliers, les bourreliers et les cordonniers.

On peut se servir encore avec avantage des fragmens de peau qu'on rejette dans les tanneries, de même que des poils et des chairs qu'on sépare en débourant et écharnant les peaux ; mais il faut avoir l'attention de laver ces débris avec soin pour enlever la chaux dont ils sont imprégnés.

On fait encore servir, à la préparation du bleu de Prusse, le charbon végétal, et la suie de la tourbe et de la houille ; mais ces substances ne peuvent pas être comparées, pour le résultat, aux matières essentiellement animales.

2°. Dans le procédé que Woodward nous fit connoître, en 1724, on prépare l'alkali par la déflagration de parties égales de tartre et de salpêtre. Aujourd'hui, dans presque tous les ateliers où se fabrique le bleu de Prusse, on emploie la potasse.

3°. Avant que le procédé fût perfectionné au point où il l'est aujourd'hui, on commençoit par réduire en charbon les matières animales, après quoi on calcinoit ce charbon avec la potasse, pour former le prussiate de potasse.

Cette méthode est encore suivie dans beaucoup de fabriques ; on y mêle le charbon animal et la potasse à des proportions bien différentes, selon la nature des matières

qu'on emploie : Baunach a vu faire le mélange de 10 livres de charbon sur 3o d'alkali ; Weber rapporte que, dans quelques
fabriques d'Allemagne, on mêle 100 livres
de potasse avec 75 de charbon.

Il est des fabriques où l'on distille, dans
des cornues de fer, les matières animales, pour ne pas perdre l'huile qu'on en
extrait : on peut obtenir, par ce moyen,
l'huile, le carbonate d'ammoniaque et le
charbon ; ce dernier produit peut alimenter
la fabrication du bleu de Prusse, tandis que
le carbonate d'ammoniaque peut former la
base d'une fabrication de sel ammoniaque,
d'après le procédé que nous avons déjà décrit.

J'ai vu d'autres fabriques de bleu de Prusse, où l'on mêle parties égales de sang et de
potasse pour les calciner dans des chaudières de fer ; je me suis même assuré qu'on peut
remplacer, avec avantage, la potasse par le
tartre, du moins sous le rapport de l'économie.

4°. On est par-tout dans l'usage d'employer le sulfate d'alumine et le sulfate de
fer dans la fabrication du bleu de Prusse :
l'alumine qui se mêle au prussiate de fer,

dans cette circonstance, rend cette couleur plus douce, et lui donne le liant nécessaire pour en former une pâte qu'on dessèche et qu'on moule à volonté.

Mais les proportions entre ces deux sulfates, ne sont pas les mêmes par-tout : Weber prétend qu'en Allemagne on emploie 6 parties d'alun contre une de sulfate de fer : Baunach a vu former le mélange de 4 parties d'alun sur une et demie de sulfate de fer, et les ouvrages de chimie prescrivent, en général, 8 parties d'alun et 6 de couperose.

Tout cela prouve que les proportions ne sont pas de rigueur : elles doivent être établies d'après les vues du fabricant, et selon qu'il veut obtenir un bleu plus ou moins foncé. Lorsqu'il desire un bleu très-clair, il augmente la proportion de l'alun; il la diminue, au contraire, lorsqu'il veut un bleu plus foncé.

5°. Il y a encore des fabriques où, après avoir précipité le fer et l'alumine par le prussiate d'alkali, on est dans l'usage de passer sur ce précipité un peu d'acide muriatique, pour aviver la couleur. Cet acide concourt à donner de la vivacité à la la couleur, en faisant porter sur le fer une plus forte dose d'acide prussique, parce qu'il tend à s'emparer de la potasse du prussiate. Il a encore l'avantage de dissoudre le peu d'oxide jaune qui s'est précipité du fer sans être entré en combinaison avec l'acide prussique.

D'après ces principes généraux, il seroit aisé de se diriger dans les opérations de la fabrication du bleu de Prusse. Cependant, pour en rendre l'exécution plus facile, nous décrirons le procédé qu'on suit dans les fabriques d'Allemagne.

On calcine dans des chaudières de fer, ou bien l'on distille dans de gros cylindres de fer, les cornes, les poils et autres résidus de nature animale, jusqu'à ce que le tout se soit converti en charbon.

On porte ensuite 100 livres de potasse dans une chaudière de fer exposée à un feu très-vif; et, dès que la potasse est fondue, on y verse 25 livres de charbon animal en poudre; on brasse avec soin le mélange; on le remet en fonte, et, demi-heure après, on y ajoute encore 25 livres de charbon; on en ajoute pareille quantité après un intervalle de demi-heure.

Lorsque ce mélange est fait, on soutient le feu pendant quelques heures, en agitant cette pâte sans interruption avec une spatule de fer.

Il s'élève, pendant tout ce temps, une flamme d'un blanc rougeâtre qui brûle à la surface; elle s'affoiblit et disparoît enfin pour ne laisser appercevoir qu'une petite flamme bleue.

On arrête alors la calcination : la chaleur doit être telle, pendant tout le temps qu'elle dure, que la matière soit toujours tenue au rouge.

On retire cette matière toute rouge de la chaudière, et on l'éteint dans un cuvier rempli d'eau bouillante. On décante cette première eau, et on porte le résidu dans la chaudière où on le fait bouillir pendant demi-heure avec de la nouvelle eau. On filtre les lessives à travers des toiles ou des étoffes de laine un peu serrées.

C'est cette dissolution qu'on appelle *lessive colorante, alkali phlogistiqué, dissolution de prussiate de potasse.*

D'un autre côté, on dissout 200 livres d'alun et de couperose dans une suffisante quantité d'eau en variant, ainsi que nous l'avons observé, les proportions de ces deux sels, selon l'intensité de la couleur qu'on veut obtenir; et on mêle cette dissolution avec la lessive colorante, en la faisant couler à travers une toile qui sert de filtre.

Dès que les deux dissolutions sont mêlées, le précipité bleu ne tarde pas à se déposer. On décante la liqueur qui surnage, et on lave le précipité dans l'eau bouillante pour en extraire tous les sels étrangers à la composition du bleu de Prusse.

Le précipité est mis ensuite à égoutter sur une toile : après quoi, on l'exprime sous une presse de bois, et on le dessèche à l'ombre ou dans une étuve pour conserver à la couleur toute l'intensité.

On le lave encore, quelquefois, avec l'acide muriatique.

Le bleu de Prusse a, en général, une couleur vive et nourrie.

On préfère, dans le commerce, celui qui est léger et dont la cassure n'est point luisante.

Le bleu de Prusse m'a fourni par once à la distillation :

Ammoniaque. . . . .   1 gros 60 grains.

Gaz hydrogène avec} ... 164 pouces.
  flamme bleue.

Oxide de fer. . . . .   1 gros 30 grains.

Alumine. . . . .   2 gros 54 grains.

et un peu d'eau.

Dans cette opération , l'acide est décomposé par l'action du feu ; et deux de ses principes constituans produisent de l'ammoniaque, tandis que l'autre s'échappe à l'état de gaz hydrogène.

Pour former le prussiate de chaux, dont on a fait une liqueur d'épreuve très-commode et très-sûre pour découvrir des atomes de fer dissous dans un liquide, il suffit de laver dans l'eau bouillante 2 onces de bleu de Prusse pulvérisé ; on verse dessus 2 pintes d'eau de chaux qu'on fait bouillir pendant quelques instans ; on filtre , et on garde cette liqueur pour le besoin. Elle est de couleur jaune, et sa pesanteur spécifique n'est que de 1,005.

Le prussiate d'alkali est d'un effet moins sûr et moins prompt que celui de chaux. Outre qu'il contient une portion d'oxide de fer qui en est presqu'inséparable, et qui doit nécessairement en altérer les résultats,

il est beaucoup moins sensible et moins dé-
composable que le prussiate de chaux; aussi
donne-t-on la préférence à ce dernier pour
toutes les opérations délicates.

CHAPITRE XVIII.

Des Combinaisons de l'Acide gallique.

IL en est de l'acide gallique comme de
l'acide prussique : leur caractère acide est
peu prononcé; ils se décomposent aisément;
mais leurs combinaisons avec certaines
bases, sur-tout avec le fer, outre qu'elles
ont des propriétés qui les rendent très-pré-
cieuses, résistent beaucoup plus aux agens
destructeurs que les acides eux-mêmes.

SECTION PREMIÈRE.

Des Combinaisons de l'Acide gallique avec le Fer (Gallate de fer, Encre).

CETTE combinaison forme l'encre à écrire
et la plupart des couleurs noires qu'on
porte sur les étoffes.

Il suffit de cet énoncé pour faire sentir

IV. 18

que le gallate de fer est à-la-fois un des sels les plus utiles et un des produits dont l'usage est des plus répandus.

Nous ne traiterons ici que de l'encre à écrire. Ce qui regarde la teinture trouvera sa place dans le chapitre qui sera consacré à cette matière.

Les propriétés d'une bonne encre pour l'écriture sont les suivantes :

1°. Couleur très-noire.

2°. Coulant aisément et uniformément sous la plume.

3°. Ne pas pénétrer dans le corps du papier.

4°. Sécher promptement.

5°. Ne point jaunir à l'air.

6°. Ne pas s'effacer ni s'étendre par le frottement.

C'est, de la connoissance parfaite des propriétés de toutes les substances qu'on fait entrer dans la composition de l'encre, que nous pouvons déduire les moyens de réunir toutes les qualités qu'elle doit avoir, et découvrir la cause des défauts que présente quelquefois cette composition.

Parmi les ingrédiens qui forment l'encre, il en est de nécessaires ; et il en est dont l'emploi n'est purement qu'accessoire, pour lui concilier quelque qualité de plus ou pour améliorer sa vertu.

On peut placer dans la première classe la noix de galle et la couperose, parce que, sans ces substances, il n'y a pas de couleur noire.

On rangera dans la seconde, la gomme, le campêche, le sulfate de cuivre, l'alun, le sucre.

L'excipient du gallate de fer qui forme essentiellement la base de l'encre, est l'eau à laquelle on ajoute souvent du vin, de la bière, du vinaigre, ou de l'eau-de-vie.

Les travaux de MM. Lewis, Neumann, Monnet, Guyton, Scheele, Déyeux, Berthollet, Proust, nous ont donné successivement des connoissances assez précises sur la noix de galle, pour que nous puissions concevoir son action sur le fer, et assigner la cause de la supériorité de cette substance sur toutes celles par lesquelles on voudroit la remplacer.

La noix de galle est une excroissance végétale qui doit sa formation au développement des larves d'un insecte; et qui, en conséquence, a quelques caractères qui la rapprochent des productions animales.

Elle diffère essentiellement des astringens végétaux, tels que le tan., le sumach, etc. en ce qu'elle contient l'acide gallique tout développé, que M. Berthollet n'a pas trouvé dans les autres astringens.

La noix de galle présente donc deux principes bien distincts : le tanin ou principe astringent, et l'acide gallique. Le premier de ces produits lui est commun avec tous les astringens végétaux; le second paroît lui être propre.

On sépare ces deux principes par un procédé très-simple que nous devons à M. Proust. Il me paroît indispensable de le rapporter ici, quoique nous en ayons parlé à l'article de l'acide gallique.

Ce procédé consiste à précipiter la dissolution de noix de galle, par une dissolution d'étain dans l'acide nitro-muriatique fait par le mélange d'une partie d'acide muriatique et de deux d'acide nitrique : il se forme un dépôt abondant, jaunâtre, que surnage une liqueur d'un jaune pâle. On filtre avec soin et on lave le précipité qui reste sur le filtre.

La liqueur contient l'acide gallique mêlé avec de l'acide muriatique et du muriate d'étain.

Le précipité est une combinaison de principe tannant ou tanin et d'étain.

On sépare l'étain, de la dissolution, en le précipitant en sulfure par le gaz hydrogène sulfuré. On obtient ensuite l'acide gallique en cristaux par l'évaporation du liquide. Ainsi, après avoir délayé dans l'eau l'oxide d'étain combiné avec le tanin, on s'empare de l'étain par le moyen du gaz hydrogène sulfuré, et le tanin devenu libre se dissout dans l'eau. On filtre, on évapore et on forme un extrait qui n'est que du tanin qu'on peut dissoudre dans l'alcool pour le conserver.

Le tanin précipite le fer en bleu.

L'acide gallique le précipite en noir lorsque le fer est fortement oxidé dans la dissolution, ou lorsqu'on aide son action sur l'oxide de fer en affoiblissant celle de l'acide sulfurique par l'eau ou les alkalis.

M. Proust a pensé que le fer ne pouvoit être précipité en noir que lorsqu'il étoit à son *maximum* d'oxidation : il établit son opinion :

1°. Sur ce que l'infusion de noix de galle

ne précipite pas en noir le fer du sulfate vert.

2°. Sur ce que le précipité devient noir par le contact de l'air et l'absorption de son oxigène.

3°. Sur ce que le fer du sulfate rouge est constamment précipité en noir.

M. Berthollet s'est déclaré contre l'opinion de ce célèbre chimiste ; et il prétend que, dans tous les cas où le fer n'est pas précipité en noir, l'acide gallique ne peut pas exercer sur le fer une action assez puissante pour l'enlever en quantité convenable à l'acide sulfurique, mais qu'il suffit d'affoiblir l'affinité de ce dernier acide, en délayant la dissolution du sulfate par l'eau ou en y ajoutant un peu d'alkali, pour développer la couleur noire. Il appuie son opinion sur quelques faits directs qui prouvent que l'acide gallique, qu'on fait bouillir avec le fer dans des vaisseaux fermés, ou qu'on met à digérer à froid sur le fer, produit un gallate noir, de même que la précipitation du fer de l'acétate de ce métal, par l'acide gallique.

M. Berthollet conclut, de ces faits connus, que pour que le précipité soit noir, il n'est pas nécessaire que le fer soit au *maximum* d'oxidation. Il ne nie pas cependant que le fer très-oxidé ne produise un noir plus foncé, et il attribue à l'acide gallique la propriété de désoxider le métal en partie et de le ramener à l'état d'éthiops. Cette nouvelle assertion prend un grand caractère de vérité lorsqu'on considère que l'acide gallique précipite l'or et l'argent à l'état métallique.

Il ne faut pas regarder l'action du tanin comme inutile dans la formation de l'encre, puisqu'il forme avec le fer un précipité bleu.

Nous devons à la classe de chimie de l'Académie des Sciences de Paris quelques résultats très-exacts sur l'effet comparé des astringens les plus connus avec le sulfate de fer.

Ces expériences, faites en 1793, ont prouvé :

1°. Qu'à poids égal de noix de galle et d'écorce de chêne, la première contient au moins quarante fois autant de principe astringent que la seconde.

2°. Que le précipité obtenu par la noix de galle est d'un violet foncé, tandis que celui qui est fourni par l'écorce de chêne est d'un brun foncé ; que le premier résiste beaucoup plus que le second à l'action des acides, ce qui établit une différence notable entre eux.

3°. Qu'il faut 800 livres écorce de chêne pour produire un effet égal à 20 livres galle d'Alep.

4°. Que la râpure du cœur de bois de chêne est préférable à l'écorce.

5°. Que la noix de galle a, sur tous les autres astringens, l'avantage de se dissoudre, presqu'en entier, dans l'eau. Le résidu n'est que d'un huitième, après une longue ébullition.

Quoiqu'il paroisse prouvé, d'après les expériences des chimistes dont nous venons de rapporter les travaux, que, dans la teinture sur laine, on peut remplacer la noix de galle par une dose plus ou moins forte de quelqu'autre astringent, il n'en est pas moins vrai qu'aucun ne peut la suppléer dans la teinture des fils et cotons, ni dans la composition de l'encre.

Pour mieux concevoir l'action de la noix de galle sur le fer, je vais rapporter les expériences que j'ai faites moi-même.

1°. Si l'on fait couler, sur une lame de

fer, une goutte d'une décoction de noix de galle, on ne tarde pas à voir noircir les bords; et, peu à peu, le tout prend une couleur d'un noir superbe et très-brillant.

A mesure que la liqueur s'évapore, la goutte se ride à la surface; elle s'affaisse, et il ne reste plus à la fin qu'une poudre noire.

2°. Si l'on emploie une décoction de chêne ou de quelqu'autre astringent, il se développe une couleur beaucoup moins noire que lorsqu'on se sert de noix de galle.

3°. Si l'on plonge dans l'eau le fer ainsi coloré, on ne tarde pas à voir les taches faites par la noix de galle se recouvrir de bulles qui viennent crever à la surface, et que Priestley avoit déjà reconnues pour être du gaz hydrogène.

Le fer coloré par les autres astringens laisse précipiter une poudre jaune, sans qu'il y paroisse une seule bulle de gaz.

4°. Si l'on verse de la décoction de noix de galle sur de la limaille de fer et qu'on l'en recouvre, peu à peu la liqueur se colore, le fer noircit, et, en quelques jours, on a une encre très-noire.

La décoction d'un autre astringent trai-

tée de même, ne se colore pas sensiblement.

Ici on a une nouvelle preuve du pouvoir
qu'exerce l'air sur l'oxidation, lorsqu'il
agit concurremment avec un acide. Si le
fer n'est que mouillé par la décoction, il
suffit de quelques heures pour y développer
une couleur bien noire; mais, si le fer est
noyé et parfaitement submergé dans le liquide, il faut plusieurs jours pour produire
cet effet.

5°. Lorsqu'on aide l'action de la décoction de noix de galle par la chaleur, il se
produit de l'acide carbonique et du gaz
hydrogène. Il m'a paru constamment que
l'acide carbonique passoit le premier. Il ne
reste dans la cornue que du fer noir mêlé
d'un carbone très-pyrométrique. Dans ce
cas, l'acide est décomposé.

Il paroît, d'après ces expériences, que
les décoctions des végétaux astringens agis-
sent sur le fer comme des acides. Ils l'oxident jusqu'à le porter à l'état d'*éthiops*.

Il paroît encore que, par l'action de
l'oxigène sur la décoction des astringens,
le carbone est mis à nu.

Pour concevoir ce dernier phénomène,

il faut savoir qu'après l'indigo, la noix de galle est de toutes les substances végétales celle qui fournit le plus de carbone ; de manière que, lorsque l'oxigène se porte sur sa décoction, il forme de l'eau avec l'hydrogène, et le carbone devient presque libre. On voit par-là pourquoi toutes les décoctions et les *extraits* humides des végétaux astringens noircissent à l'air, et pourquoi les compositions pour le noir sont d'autant meilleures qu'elles sont plus vieilles et mieux aérées.

Il suit de ce qui précède, que la noix de galle doit être préférée à tous les astringens pour la fabrication de l'encre.

Mais toutes les noix de galle connues dans le commerce ne peuvent pas être employées indistinctement : les noix de galle blanches et légères, récoltées en Espagne ou dans le midi de la France, sont de qualité médiocre, de même que la noix de galle épineuse. On doit donner la préférence à la galle noire très-pesante ; ou tout au moins à ce mélange de galle noire et de galle blanche, qu'on appelle dans le commerce *galle en sorte.*

Le même soin doit être apporté dans le

choix des combinaisons du fer. Les sulfates
et les muriates sont plus difficilement dé-
composés par l'acide gallique que les acé-
tates. Il faut donc préférer ces derniers.
Mais, comme ce dernier sel ne se présente
point à l'état de cristaux, et que par conséquent il est difficile de déterminer des doses;
comme d'ailleurs il ne se trouve pas dans le
commerce, on n'a employé jusqu'ici que
le sulfate.

Cependant le sulfate de fer du commerce
ne précipite point en noir avec l'acide gallique; et ce n'est qu'avec le temps que la liqueur
se colore : c'est ce qui a engagé M. Proust à
proposer le sulfate rouge, où le fer est au
maximum d'oxidation, et d'où il est précipité
en un beau noir.

Je suis parvenu à donner au sulfate vert,
à peu de frais et en peu de temps, toutes
les propriétés du sulfate rouge : il suffit de
le calciner jusqu'au rouge, et de séparer
ensuite par l'eau toute la partie qui reste
soluble.

La dissolution bien filtrée produit des
effets très-supérieurs à ceux du sulfate vert,
tant avec l'acide gallique qu'avec l'acide
prussique.

Le sulfate ainsi préparé perd une grande quantité d'oxide rouge qui reste sur le filtre lorsqu'on y passe la solution. Si on se borne à enlever l'eau de cristallisation, et qu'on arrête la calcination au moment où le sulfate a pris une couleur blanche, cette préparation produit peu d'effet.

La solution dans l'eau du sulfate calciné au rouge est acide : elle rougit le papier bleu, tandis que celle du sulfate vert ne le change pas du tout ; et, si on donne le même degré d'acidité à ce dernier, il produit un plus mauvais effet qu'auparavant.

Parties égales de dissolution de sulfate calciné et de sulfate vert, ramenées au même degré de concentration, et mêlées séparément avec parties égales de décoction de noix de galle, produisent des effets très-différens.

Le sulfate calciné donne une belle couleur noire.

Le sulfate vert en fournit une d'un violet sale.

Le premier colore en noir le papier blanc.

Le second n'y laisse qu'une trace brune.

Quelques gouttes de la dissolution de sul-

fate calciné, jetées isolément sur du papier
non collé, y font des taches noires qui, en
s'étendant, restent noires sur toute leur
surface; tandis que la dissolution du sulfate vert, répandue en gouttes sur du papier, laisse appercevoir trois nuances de
couleur très-distinctes : celle du centre, qui
est noire, celle du milieu, qui est grise, et
celle des bords, qui n'a pas de couleur.

La dissolution du sulfate calciné précipite les prussiates alkalins et terreux en un
bleu superbe.

Celle du sulfate vert forme un bleu verdâtre, maigre et désagréable à la vue.

La potasse et le carbonate de potasse
précipitent le fer du sulfate calciné en un
oxide de couleur noire; et celui du sulfate
vert, en un oxide gris-blanchâtre dont la
couleur se fonce par le contact de l'air.

La soude produit, sur ces deux sulfates,
des différences moins sensibles.

Les résultats de ces expériences doivent
éclairer l'artiste, non-seulement pour la
fabrication de l'encre, mais même pour la
teinture et pour la composition du bleu de
Prusse.

Les proportions entre la noix de galle

et le sulfate, influent puissamment sur les résultats. Cette vérité a été connue de tous ceux qui se sont occupés de leur emploi. Cependant, rien ne varie autant que les proportions qu'ils indiquent : ils proposent, depuis 6 parties de noix de galle jusqu'à parties égales des deux principes ; et il est aisé de sentir combien il est difficile de prescrire des proportions invariables : elles doivent être différentes, selon l'espèce très-variable de la noix de galle, selon la force et la durée de la décoction, selon la nature de la couperose et la quantité d'eau employée.

On peut, d'après l'expérience, se former une bonne recette, en employant constamment les mêmes drogues ; mais il est difficile de la transmettre, de manière à produire par-tout les mêmes résultats.

Lorsque la noix de galle prédomine dans la composition de l'encre, la couleur, quoique durable, est brune, et la liqueur se recouvre bientôt de moisissure. Si, au contraire, le fer est en excès, l'encre paroît d'abord plus bleue, mais elle jaunit avec le temps et se rouille sur le papier.

On remédie au premier défaut, en laissant séjourner de la limaille de fer dans

l'encre, ou en y ajoutant de la dissolution
de couperose. On corrige le second, en mé-
langeant avec l'encre une nouvelle dissolution de noix de galle, ou, selon M. Blagden, en se servant des prussiates d'alkalis.

Lewis a jugé que la proportion la plus
favorable entre la noix de galle d'Alep et
la couperose, étoit de 3 à 1.

M. Ribaucourt ne les emploie que dans
le rapport de 2 à 1 : mais, comme il est
reconnu que l'excès de galle n'est pas aussi
préjudiciable que l'excès de fer, puisque la
galle rend l'encre durable et indécomposable
sur le papier, où elle noircit, de plus en plus,
à mesure qu'elle vieillit, tandis que le fer,
lorsqu'il y est en excès, jaunit et se rouille; il
vaut mieux employer trop de galle que trop
de fer.

Mais, jusqu'ici, nous n'avons encore
qu'une liqueur noire, très-propre à la teinture et insuffisante pour former une encre
revêtue de toutes ses propriétés : cette liqueur, déposée sur le papier, en péné-
treroit le tissu; elle se détacheroit ou cou-
leroit trop aisément de la plume, et n'auroit pas assez de corps.

On obvie à la plupart de ces inconvéniens par le moyen de la gomme : cette substance, délayée et dissoute dans l'encre, lui donne de la consistance, l'empêche de s'étendre sur le papier, d'en pénétrer le tissu, la rend siccative et luisante ; et la garantit d'une action trop prompte de la part des acides ou de l'eau, en même temps qu'elle défend le fer de l'oxidation.

On emploie ordinairement la gomme arabique à ces usages ; car la gomme adragant prendroit trop de consistance.

Lorsqu'on fait entrer la gomme, en proportion trop forte, dans la composition de l'encre, elle s'épaissit, et ne coule pas convenablement. Si, au contraire, elle y est employée dans une proportion trop foible, elle a l'inconvénient opposé : elle pénètre le papier, coule de la plume comme de l'eau, et présente tous les défauts que nous avons reprochés à la liqueur de teinture.

Pour connoître plus positivement l'effet du mélange, à diverses proportions, de la dissolution du sulfate rouge, avec la décoction de noix de galle et l'infusion de gomme arabique ; j'ai préparé de la dissolution de sulfate à 10 degrés, de la décoction de noix

de galle à 3 , et de l'infusion de gomme
à 15.

J'ai combiné ces trois substances dans
toutes les proportions possibles ; et j'ai ensuite essayé les résultats de chaque mélange,
non-seulement à la plume, mais en y trempant des bandes de papier, que je laissois
sécher , pour pouvoir les comparer et étudier ensuite les changemens que l'air et
l'eau pouvoient y produire.

De ces expériences suivies avec grand
soin , pendant quatre mois, je puis déduire
les conséquences suivantes :

Composition ou Mélange.	*Résultats.*
I. Les trois solutions mé- langées à parties égales ou à volumes égaux.	Composition bleuâtre, noir- cissant avec le temps, et formant à la longue une bonne encre, sans que néanmoins elle pût acquérir un noir parfait. Etendue sur le papier , elle noircit moins que par son sé- jour dans les vases où on la con- serve.
II. Deux parties de solu- tion de fer. Une partie de décoc- tion de galle. Une partie d'infusion de gomme.	Encre violette. Perd sur le papier. Noircit peu dans les vases. Le papier trempé dans la li- queur, prend une couleur de gris foncé.

Composition ou Mélange.   *Résultats.*

III.

Quatre parties solution de fer.

Une, décoction de galle.

Une, infusion de gomme.

Encre violette.

Perdant beaucoup sur le papier, et passant au gris-jaune.

Noircissant dans les vases.

IV.

Une partie solution de fer.

Deux, décoction de galle.

Deux, infusion de gomme.

D'un beau bleu violet.

Conserve sa couleur sur le papier.

S'améliore et noircit dans les vases.

Le papier trempé dans l'eau, conserve l'encre avec une belle couleur bleue.

V.

Une partie solution de fer.

Trois, décoction de galle.

Trois, infusion de gomme.

Plus noir que les numéros précédens.

Noircissant beaucoup dans les vases.

Changeant peu par son exposition à l'air.

Et conservant, à-peu-près, sa couleur lorsqu'on trempe le papier dans l'eau.

VI.

Une partie solution de fer.

Six, décoction de galle.

Six, infusion de gomme.

Noir brunâtre.

Le papier trempé prend un fond rouge-noir.

Noircit peu à l'air et très-peu dans les vases.

VII.

Une partie solution de fer.

Une, décoction de galle.

Deux, infusion de gomme.

Encre de bonne qualité, quoiqu'un peu bleuâtre.

Trop épaisse.

Noircissant à l'air et dans les vases.

Très-luisante.

Composition ou Mélange.	*Résultats.*

VIII.

Une partie solution de fer.	Encre d'un noir brunâtre.
Six , décoction de galle.	Trop coulante.
	Pénètre le papier.
Une , infusion de gomme.	S'améliore peu dans les vases ni à l'air.

IX.

Quatre parties solution de fer.	Encre d'un bleu noir très-foncé, pouvant servir de suite.
Six , décoction de galle.	Coulant bien sous la plume.
	S'améliorant dans les vases.
Quatre , infusion de gomme.	Noircissant sur le papier.

Les résultats de ces expériences nous permettent de tirer quelques conséquences qui peuvent servir de règle à la pratique.

1°. Lorsque le fer domine, la couleur de l'encre tourne au violet ; et, s'il est employé dans une proportion beaucoup trop forte, la couleur se dégrade et devient grise.

Dans tous les cas où le fer est dans une proportion qui dépasse de peu de chose les doses convenables, la couleur conserve un fond bleu.

2°. Lorsque la noix de galle domine, la couleur est d'abord d'un noir brunâtre ; elle prend, avec le temps, un fond noir, dans lequel on peut distinguer une légère teinte rougeâtre.

3°. La gomme employée à parties égales, ou dans des proportions plus fortes, rend l'encre trop épaisse : mais, si on la fait entrer dans la composition à des doses moindres que dans la proportion de moitié par rapport à la noix de galle, l'encre est trop liquide, elle coule sous la plume avec trop de facilité et pénètre le tissu du papier.

4°. Les proportions qui m'ont paru réunir le plus d'avantage, sont :

Quatre mesures de solution de sulfate calciné, à 10 degrés.

Six de décoction de noix de galle en sorte, à 3 degrés.

Quatre d'infusion de gomme arabique, à 15 degrés.

La combinaison de l'oxide du fer avec le principe astringent et l'acide gallique, donne la couleur à l'encre; la gomme lui fournit le corps et la consistance nécessaires, en même temps qu'elle la rend luisante.

La réunion de ces trois substances, employées dans des proportions convenables, peut donc former de la bonne encre; mais on est dans l'usage d'y ajouter d'autres ingrédiens, dont il importe d'apprécier et de déterminer l'effet.

Le premier de ces ingrédiens, c'est le *bois d'Inde* ou *campêche.*

Pour connoître son effet, dans la composition de l'encre, il convient d'examiner d'abord la manière dont il se comporte avec le fer, et d'étudier ensuite les modifications qu'il peut apporter dans la combinaison des trois principes dont nous avons parlé plus haut.

La décoction de campêche attaque le fer, l'oxide, et forme avec lui une combinaison bleuâtre.

Elle précipite le fer du sulfate en un noir bleuâtre, peu foncé. Ce précipité reste suspendu pendant long-temps dans la liqueur.

Si on mêle le campêche à la noix de galle, et qu'on les fasse bouillir ensemble, il m'a toujours paru que, pour arriver au même résultat, il falloit employer une plus grande dose de décoction.

Le campêche, d'après mes expériences, n'ajoute point à la couleur; mais j'ai observé constamment que l'encre dans laquelle entroit le campêche, avoit un peu plus de moëlleux, que la teinte en étoit plus douce, et que les traits de plume étoient plus nets.

Je pense donc que le campêche maintient en suspension le précipité, le rend plus doux, plus coulant, et d'un emploi plus égal et plus facile.

J'ai encore observé que la proportion la plus convenable, entre le campêche et la noix de galle, étoit celle d'un à deux.

Une autre substance qu'on fait entrer assez généralement dans la composition de l'encre, c'est le sulfate de cuivre.

Les expériences que j'ai faites à ce sujet m'ont prouvé : 1°. que le sulfate de cuivre, employé dans la proportion du douzième au vingtième du poids de la noix de galle, produisoit un bon effet.

La couleur bleu-violet qu'a l'encre récente disparoît plus vîte par son secours, et l'encre m'a paru plus fixe sur le papier.

2°. Que le sulfate, employé à des proportions plus fortes que le dixième du poids de la galle, détruisoit, en partie, la couleur et lui faisoit contracter, à la longue, une teinte désagréable, d'un gris sale.

3°. Que l'effet destructeur du sulfate de cuivre étoit d'autant plus fort que la proportion du sulfate de fer étoit plus grande.

On peut donc employer le sulfate de cuivre dans la proportion du quinzième du poids de la noix de galle.

Il y a des personnes qui font entrer le sucre dans la composition de l'encre; on lui a même attribué la propriété de la rendre plus luisante. J'avoue que mon expérience ne m'a pas permis de reconnoître, dans cette substance, la moindre qualité qui ajoutât à celle de l'encre, et je crois que c'est un ingrédient qu'il faut rejeter.

L'eau, le vin, la bière, le vinaigre sont les quatre liquides qu'on emploie le plus ordinairement pour servir de véhicule et d'excipient aux principes constituans de l'encre.

Le préjugé, plutôt que l'examen approfondi des propriétés et des effets de chacun de ces dissolvans, a fait donner la préférence tantôt à l'un tantôt à l'autre.

Quelques essais que j'ai tentés sur ces divers excipiens, ne m'ont pas présenté de grandes différences, et, s'il en existe, elles sont toutes en faveur de l'eau.

La bière m'a paru le plus mauvais véhicule, et favoriser la tendance naturelle qu'a l'encre à la moisissure.

Le vinaigre ne m'a paru convenir que pour corriger l'encre qui tourne au jaune, ou lorsque le fer y est trop abondant.

On peut conclure, de tout ce qui précède, que, pour composer une bonne encre, il faut mêler deux parties de noix de galle *en sorte*, concassée, à un tiers de campêche réduit en copeaux.

On fait bouillir ces deux substances dans vingt-cinq fois leur poids d'eau, et on entretient l'ébullition pendant deux heures.

Si l'évaporation est trop forte, on ajoute de l'eau nouvelle pour soutenir l'ébullition.

Cette décoction marque pour l'ordinaire 3 degrés à 3 $\frac{1}{2}$.

D'un autre côté, on fait fondre de la gomme arabique concassée dans de l'eau tiède, et on l'en sature. Cette eau gommée marque 14 à 15 degrés.

On prépare, en même temps, une dissolution de sulfate calciné, qu'on concentre jusqu'à 10 degrés, et on y dissout du sulfate de cuivre, dans la proportion d'un quinzième sur le poids de la galle employée.

Ces préparations étant faites, on mêle six mesures de décoction de noix de galle et de campêche à quatre mesures d'eau gommée.

On verse, peu à peu, sur le mélange tiède, trois à quatre mesures de la dissolution de sulfate calciné.

A mesure qu'on opère le mélange, on agite la liqueur.

Ce procédé a l'avantage de donner de la bonne encre sans former de dépôt.

En déterminant avec précision la quantité de matière réellement contenue dans chacune des trois dissolutions qu'on a mêlées ensemble pour former l'encre, on trouve les proportions suivantes :

Gomme dissoute...... 500 parties.
Galle dissoute........ 462
Oxide de fer......... 481

Si, après avoir opéré comme nous venons de l'indiquer, on s'apperçoit que l'encre, quoique noire, coule mal ou coule trop, on la délaie ou on l'épaissit, en employant de l'eau ou de la gomme, selon le besoin.

Si la couleur est trop bleue, on ajoute de la décoction de noix de galle.

Si elle est grisâtre ou rougeâtre, on y ajoute de la dissolution de fer.

Lorsque les encres ont été altérées par la vétusté, on peut les rétablir par la décoction de noix de galle, selon Lewis; et par le prussiate de potasse, selon M. Blagden.

Depuis qu'on a reconnu à l'acide muriatique oxigéné la propriété de dissoudre l'encre et de la faire disparoître de dessus le papier, sans altérer le tissu de ce dernier et sans toucher à l'encre d'imprimerie, on a abusé de cette vertu pour effacer des écritures et en substituer d'autres en laissant exister les signatures.

Depuis ce moment, le commerce et l'administration desirent qu'on découvre quelque composition qui puisse remplacer l'encre ordinaire, dans tous ses usages, sans partager ses défauts.

Je me suis occupé de cet objet; et, jusqu'ici, le procédé qui m'a le mieux réussi, consiste à dissoudre de la colle-forte dans l'eau, de manière à donner à ce liquide la consistance que doit avoir une bonne encre; on broie ensuite, sur un marbre, du noir de fumée et un peu de muriate de soude, avec cette dissolution; on ajoute du noir jusqu'à ce que la couleur soit convenablement foncée.

Cette composition est d'un très-bon usage ; elle résiste à l'eau froide et à l'eau bouillante, aux alkalis, aux acides et à l'alcool. Elle n'a que l'inconvénient de s'estomper par le frottement.

On peut encore se servir de l'encre de la Chine délayée dans l'eau ; on peut même mêler toutes ces compositions avec l'encre ordinaire, parce que l'acide muriatique ne pourroit pas alors décolorer complètement ce mélange.

Il existe, dans le commerce, une préparation connue sous le nom d'*encre de la Chine*, qu'on compose assez généralement avec le noir de fumée réduit en pâte à l'aide de gommes ou mucilages et coulée en tablettes. Mais il paroît que la véritable encre de la Chine n'est que le suc épaissi de la sèche : *Sepia piscis est qui habet succum nigerrimum instar atramenti, quem Chinenses cum brodio Orizæ vel alterius leguminis inspissant et in universum orbem transmittunt sub nomine atramenti Chinensis.* (PAULI HERMANNI *Cynosura*, t. 1, part. 17, p. 11.)

Dans les pays chauds, en Italie et dans

le midi de la France, on emploie la liqueur de la sèche aux mêmes usages et avec le même succès que la meilleure encre de la Chine.

CHAPITRE XIX.

Des Combinaisons de l'Acide carbonique.

L'ACIDE carbonique se combine avec les métaux, avec les alkalis, avec quelques terres, et peut former des sels parfaitement saturés, ainsi que M. Berthollet l'a fait voir.

Les deux principales combinaisons de cet acide, sont celles qu'il contracte avec la chaux et avec le plomb.

Nous ne parlerons pas ici de la première de ces combinaisons, pour ne pas revenir sur ce que nous avons déjà dit du carbonate de chaux ou de la pierre à chaux, que nous avons considérée dans ses rapports avec les arts. Nous ne nous occuperons que des carbonates de plomb.

SECTION PREMIÈRE.

Des Combinaisons de l'Acide carbonique avec le Plomb (Carbonate de plomb, Céruse, Blanc de plomb).

LE plomb fournit la *céruse* et le *blanc de plomb*, par sa combinaison avec l'acide carbonique. Ces deux dénominations sont employées pour exprimer un sel blanc, qu'on obtient par l'oxidation du métal, à l'aide de l'acide acétique, et par sa dissolution dans l'acide carbonique; on mêle quelquefois ce sel avec la craie, ce qui forme la céruse.

Le blanc de plomb est un carbonate, comme Bergmann l'a prouvé.

Le terme moyen de toutes les analyses faites par MM. Bergmann, Chenevix, Klaproth et Proust, établit, entre les deux principes constituans, la proportion de 15,87 acide, 84,13 oxide.

Cette fabrication est peu connue en France. Il n'en existe que trois ou quatre établissemens dans la Belgique; les Anglais et les Hollandais sont en possession de fournir le commerce de cette préparation.

Je décrirai donc les procédés pratiqués dans ces deux pays; je terminerai cet article par quelques observations sur cette fabrication.

En Hollande et en Angleterre, dans le comté d'York, on fond le plomb à une très-douce chaleur, et on le coule dans des moules de fer battu, de 2 pieds (6,49678 décimèt.) de long, sur 4 à 6 pouces (16,2420 centim.) de largeur. Dans quelques fabriques, on rafraîchit le plomb en le trempant dans l'eau; dans d'autres, on n'est pas dans cet usage, attendu que le plomb ne peut s'attacher au moule que lorsqu'on le coule trop chaud. A mesure que le plomb, diminue dans la chaudière, on y introduit de nouveaux saumons.

Les lames de plomb sont de deux épaisseurs; le plus grand nombre est d'une demi-ligne (1,12791 millimètre) ; les autres sont d'une ligne (2,25583 millimètres).

Les pots destinés à recevoir ces lames, ont 7 à 8 pouces (21,6560 centim.) de hauteur, sur 2 à 3 pouces (8,1210 centim.) de diamètre; ils sont faits de terre, vernissés en dedans, et plus évasés par le haut. Vers le tiers de la hauteur, le potier y a pratiqué dans l'intérieur trois pointes saillantes qui sont destinées à supporter les lames de plomb.

Le lieu destiné à l'opération, est une espèce de halle souvent ouverte par un des côtés, dans laquelle on forme des encaisse-mens à l'aide de piliers qui servent à fixer de forts plateaux destinés à retenir la cou-che dans laquelle on place les pots.

Sur une couche qu'on dresse dans chaque encaissement avec de la paille qui a servi de litière, et qu'on élève à environ 3 pieds (0,975 mètre), en foulant fortement avec les pieds, on dispose une couche de pots, qu'on rapproche le plus possible, sans gar-nir les vides avec le fumier; on met, dans chaque pot, environ 2 pouces (5,4140 cen-tim.) de vinaigre, de manière qu'il s'élève jusqu'à la naissance des pointes dont nous avons parlé; on introduit, dans chacun, une lame de plomb très-mince, roulée en spirale, et qu'on fait supporter par les pointes saillantes.

On recouvre les pots avec des lames de plomb un peu plus épaisses.

Sur cette première couche de fumier, on en dresse une seconde, à laquelle on donne un pied d'épaisseur, et qu'on *piétine* avec soin pour la rendre plus compacte; on dispose des pots sur cette couche, et on élève, de la même manière, cinq à sept couches, en recouvrant les côtés et le haut de manière que chaque rangée de pots soit entourée d'un pied de fumier.

La grandeur des couches est telle, que chacune peut recevoir six à huit cents pots.

On a l'attention de placer, contre les piliers, des plateaux de bois pour soutenir la couche à mesure qu'on l'élève, et on les ôte de même lorsqu'on la démonte.

Lorsqu'on juge que la fermentation languit, on arrose les couches avec de l'urine de cheval, et on ferme les ouvertures du hangard.

On laisse les pots en couche, pendant un mois ou six semaines.

Dans les premiers jours, la masse entière se gonfle par l'effort des vapeurs; la fermentation se modère ensuite et reste stationnaire; le terme moyen de la chaleur est de 40 degrés au thermomètre de Réaumur.

On démonte l'appareil, et on porte les lames sur des tables solides, où l'on détache la couche de blanc qui s'est formée sur les surfaces du plomb, en frappant dessus avec une masse; on a soin d'arroser les plaques avec de l'eau, pour que l'oxide ne s'élève pas en poussière.

Les lames de plomb qui recouvrent les pots, présentent une croûte plus dure et plus compacte; on les met à part pour en faire le *blanc de plomb* proprement dit.

On met le blanc, qu'on destine à former de la céruse, dans une grande sebile de bois avec de l'eau, d'où on le tire pour le broyer sous des meules, qui ne diffèrent de nos meules à bled que par le volume, qui est plus petit.

Dans quelques fabriques de Hollande, on a placé trois moulins les uns au-dessus des autres; de manière qu'à mesure que la céruse a été broyée dans le premier, elle tombe dans le second, et du second dans le troisième, d'où elle passe dans un cuvier.

Ces meules travaillent trois semaines de suite, plus ou moins, sans être repiquées: elles peuvent broyer, chaque jour, quinze cents de céruse. C'est dans cette opération de broiement qu'on ajoute la proportion de craie nécessaire pour former la céruse. On l'y fait entrer depuis un cinquième jusqu'à moitié du poids de l'oxide.

Le blanc de plomb ne reçoit aucun mélange; on le répand dans le commerce en petites écailles qu'on appelle, pour cela, *blanc en écailles.*

On l'appelle encore *blanc de plomb en écailles*, lorsqu'après l'avoir broyé, on en forme de petits pains blancs dont la cassure est vive et en écailles.

Les meules dont on se sert en Hollande, sont de lave; on y pratique des rainures pour faciliter l'écoulement et prévenir l'échauffement.

On met la matière, ainsi broyée, dans des pots de terre non vernissés, de forme conique, hauts de 4 pouces (10,8080 centim.). On les place sur des planches disposées par rang, les unes sur les autres, dans un bâtiment long et étroit. On éclaire le séchoir par beaucoup de fenêtres, qu'on peut fermer à volonté, avec des volets à charnières, qui se replient de bas en haut, pour garantir la céruse du soleil et de la trop grande humidité.

Après cinq à six semaines de séjour dans les pots, la céruse se détache des parois du pot, et on renverse les pains sur les mêmes planches, pour y terminer la dessiccation.

Il ne reste plus qu'à ôter les bavures de chaque pain avec un couteau.

On enveloppe les pains dans du papier qu'on assujétit avec une ficelle; et on les met dans des barils, pour être expédiés dans toute l'Europe.

On a essayé de remplacer la chaleur du fumier par une chaleur de fourneau; et déjà, dans le nord de l'Europe, on a formé plusieurs établissemens qui sont conduits d'après cette méthode. Mais j'ai observé, dans des expériences que j'ai faites à ce su-jet, que la chaleur sèche étoit moins avan-tageuse qu'une chaleur humide; et que, dans tous les cas, il faut condenser la va-peur, en s'opposant à son évaporation, pour lui donner l'activité nécessaire.

La chaleur des fourneaux a, sur celle des fumiers, l'avantage de ne produire au-cune exhalaison qui puisse altérer la cou-leur de l'oxide; ce qui est d'autant plus précieux, qu'on sait avec quelle facilité les vapeurs sulfureuses et les gaz hydrogènes sulfurés noircissent les oxides de plomb (1).

On peut former un blanc de plomb, par un autre procédé que j'ai pratiqué en grand pendant plusieurs années. A cet

(1) C'est sur-tout aux exhalaisons de gaz hydrogène sulfuré, inséparables de la décomposition des fumiers, qu'on doit rapporter la coloration du blanc de plomb sur tous les points qui en sont frappés.

effet, on dissout dans l'eau, et à froid, 100 parties muriate de soude (on emploie ordinairement 4 parties d'eau contre une de sel); la dissolution marque 15 à 20 degrés; on mêle et pétrit, avec cette dissolution, 400 parties de litharge broyée; on en forme une pâte molle qu'on laisse reposer pendant quelque temps; on agite ensuite le mélange presque sans interruption; et on ajoute, à mesure qu'il s'épaissit, le reste de la dissolution de muriate, et, à son défaut, de l'eau pure.

Le mélange blanchit, se gonfle, la litharge disparoît: au bout de vingt-quatre heures, on y verse de l'eau bouillante, pour en extraire la soude, et on fait évaporer ensuite pour avoir l'alkali.

Le muriate de plomb qui s'est formé, prend une belle couleur jaune par la calcination et la fonte; il forme une couleur très-précieuse pour les arts.

Si l'on verse de l'acide sulfurique très-affoibli sur ce muriate, le sulfate qui se forme prend, dans le moment, une couleur d'un blanc très-agréable, et devient d'une finesse extrême. On peut le laver à grande eau, le broyer pour lui donner plus de finesse et de consistance, et le mouler dans des pots pour en former des pains semblables à ceux de céruse.

Ce sulfate de plomb est très-blanc : il ne jaunit pas avec les huiles; mais il a l'inconvénient de ne pas *foisonner* assez, d'être trop léger, et de ne pas couvrir suffisamment lorsqu'on l'applique au pinceau.

On peut décomposer ce sulfate par la potasse et la soude; et on a, par ce moyen, un oxide blanc, pur et très-pesant, qui diffère peu du meilleur blanc de plomb du commerce.

On connoît encore, dans le commerce, un blanc de plomb, qu'on appelle *blanc d'argent* ou *blanc de Kremnitz*. L'analyse a prouvé que c'étoit un vrai carbonate de plomb très-pur; et je suis porté à croire qu'il est formé par les écailles bien choisies des lames qui servent de couvercle aux pots; du moins, la comparaison par le coup-d'œil, l'emploi et l'analyse accréditent cette opinion.

L'oxide blanc de plomb réunit des propriétés qui jusqu'ici l'ont fait servir d'excipient à presque toutes les couleurs; et c'est encore la seule préparation en usage pour

colorer en blanc les bois et les meubles de
nos appartemens. 1°. Il se mêle facilement
à l'huile; 2°. il conserve sa couleur dans
cette union; 3°. il s'étend aisément sous le
pinceau; 4°. il s'applique exactement sur
la surface qu'on veut enduire, et la recouvre parfaitement et uniformément; 5°. il
n'est altérable ni par l'air, ni par l'eau.

D'après ces propriétés, on peut employer
l'oxide blanc, ou seul, comme principe
colorant, ou mêlé avec d'autres couleurs,
pour leur servir d'*excipient* ou de *base*,
et leur donner du corps.

Comme le blanc de plomb est très-mat,
on y ajoute presque toujours un peu de
noir de fumée pour lui donner une teinte
grise qui est plus agréable à l'œil. En variant les proportions, on varie les teintes,
et on forme tous les gris qu'on peut desirer.
On est encore dans l'usage d'ajouter quelquefois le *verdet cristallisé* au blanc de plomb
pour concilier, avec la blancheur de ce dernier, un coup-d'œil bleuâtre très-doux et
très-agréable.

Lorsque les ouvrages qu'on veut enduire
sont dans l'intérieur des maisons, et, par
conséquent, à l'abri de la pluie, on est

dans l'usage de remplacer l'huile par une dissolution de gomme ou de colle; on charge cette dissolution de blanc de plomb, et on l'applique au pinceau; c'est ce qu'on appelle *blanc à la colle*, pour le distinguer du *blanc à l'huile*. Le blanc à la colle, sèche vite, n'a pas d'exhalaison aussi malfaisante que le blanc à l'huile ; mais il s'écaille plus aisément, pénètre moins les bois, les préserve moins de la corruption, ne résiste pas à l'eau, etc. De-là vient que les meubles enduits de ce *placage* travaillent, et se tourmentent presqu'autant que s'ils n'étoient pas recouverts.

Comme la céruse conserve son blanc dans sa combinaison avec l'huile, ainsi que nous l'avons observé, on peut en faire l'excipient de toutes les couleurs, auxquelles elle prête le corps convenable et la faculté de sécher promptement.

La céruse a encore quelques usages médicinaux qui en occasionnent une grande consommation. On s'en sert pour saupoudrer les écorchures et pour dessécher des suintemens de sérosité; elle absorbe l'humidité et tempère l'irritabilité des parties douloureuses.

Quoique les oxides de plomb paroissent

très-fixes, le seul maniement en volatilise
assez pour porter une atteinte mortelle à
la santé de ceux qui les emploient. Ces mal-
heureuses victimes de leur état jaunissent
en peu de temps; la voix devient trem-
blante; les muscles fléchisseurs rapprochent
les parties par un mouvement spasmodique;
des coliques violentes annoncent que l'esto-
mac est affecté, et elles finissent leur déplo-
rable vie par l'hydropisie, la leuco-phleg-
monie ou la paralysie.

Dans les mines de plomb, les ouvriers
employés à la fonte du minerai parviennent
rarement à quarante-cinq ans.

Il paroît que l'huile qui sert d'excipient
à la céruse, en volatilise une partie, et
remplit le lieu dans lequel on l'emploie
d'un gaz extrêmement subtil, inconnu jusqu'à ce jour, et caractérisé par une odeur
particulière; les personnes qui respirent dans
cette atmosphère, y contractent des dou-
leurs et éprouvent des symptômes qui ont
beaucoup de rapport avec ceux qui précèdent la paralysie. Le danger qu'on court en
habitant des appartemens nouvellement
passés en couleurs, est à la connoissance
de tout le monde.

Ce qui prouve que, dans toutes ces circonstances, il se volatilise une partie de
plomb, c'est que si on laisse de l'eau dans
le lieu où ces émanations sont les plus sensibles, elle s'irise à la surface par un dépôt d'oxide brun, semblable à celui que
MM. Proust et Vauquelin ont obtenu en
surchargeant d'oxigène l'oxide rouge, par
le moyen de l'acide nitrique; il paroîtroit
donc que l'oxigène de l'atmosphère n'est
pas étranger à cette émanation de plomb.

Ces oxides étant devenus des besoins
pour les arts, il ne nous reste qu'à prémunir l'artiste contre ces dangereuses exhalaisons. On y parvient, du moins en partie,
1°. en ne broyant les couleurs que dans
des endroits spacieux; 2°. en ne broyant
jamais à sec; 3°. en se recouvrant le visage
d'un masque; 4°. en se plaçant sur un courant d'air qui emporte les vapeurs à mesure
qu'elles s'élèvent.

J'ai observé que l'odeur du vinaigre corrige promptement l'effet délétère des exhalaisons répandues dans un appartement. Il
agit, en ce cas, comme dissolvant, et précipite les vapeurs en se combinant avec
elles.

CHAPITRE XX.

Des Combinaisons du Tanin.

SECTION PREMIÈRE.

Des Combinaisons du Tanin avec la Gélatine (Tannage).

La peau se pourrit aisément; elle s'imprègne d'eau avec facilité, et se détruit par un frottement répété.

On obvie à tous ces inconvéniens par l'opération du tannage, et la peau prend alors le nom de *cuir.*

Tanner une peau, c'est la saturer du tanin ou principe astringent des végétaux; et lui donner, par ce moyen, de la dureté, en même temps qu'on la rend incorruptible et moins perméable à l'eau.

Nous ne nous occuperons pas des théories par lesquelles on a successivement expliqué les opérations et l'effet du tannage : nous nous bornerons à observer que M. Seguin a démontré que le tanin se combinoit avec la gélatine qui forme la presque totalité de la peau, et qu'il en résultoit un nouveau corps qui avoit des propriétés toutes particulières.

Pour qu'une peau puisse recevoir le tan, il faut commencer par en enlever le poil, en séparer les graisses adhérentes, la dépouiller de son épiderme, la nettoyer, l'assouplir et la gonfler.

Ces opérations préliminaires au tannage s'exécutent de la manière suivante.

ARTICLE PREMIER.

Du Lavage des Peaux.

LORSQUE les peaux qu'on veut tanner sont fraîches (on les appelle, en cet état, *peaux vertes*), on les met tremper dans l'eau, pour les nettoyer du sang et des ordures qu'elles conservent des boucheries. On les laisse tremper jusqu'à ce qu'elles soient soulées d'eau; on les agite dans l'eau, ou on les y foule avec les pieds, pour les mieux dépouiller de toutes leurs impuretés.

Si les peaux sont sèches, on les fait tremper plus long-temps; quelquefois pendant quatre jours, et on a soin de les retirer, une fois chaque jour, pour les *craminer* ou les étirer au chevalet.

On répète le *trempement* et le *craminage*

jusqu'à ce que la peau soit *revenue* ou bien amollie.

Ces premières opérations rendent nécessaire le voisinage et la disposition d'une eau courante. Sans cela, les peaux se préparent mal ; et l'atelier est bientôt infecté de toutes les matières qu'on rejette dans ces travaux préparatoires.

ARTICLE II.

Du Débourrement des Peaux.

Dès qu'une peau est bien *revenue*, on s'occupe de la *débourrer* ou de la dépouiller de son poil.

On y parvient par plusieurs moyens.

Le procédé de débourrement, le plus ancien et le plus généralement employé, consiste à débourrer par la chaux.

Dans presque tous les ateliers de tannerie, on a des fosses revêtues de pierre et creusées sous le sol, dans lesquelles on fait éteindre de la chaux, de manière à former un *lait de chaux.*

On appelle ces fosses des *pleins*, *plains*, ou *pelains* ; et on les distingue en *pleins neufs*, *pleins foibles*, *pleins morts*, suivant que la chaux y est plus ou moins affoiblie.

On abat les peaux qu'on veut débourrer dans le plein mort, et on les y laisse séjourner jusqu'à ce qu'on puisse les débourrer facilement: ce que l'on reconnoît, lorsqu'en arrachant les poils avec la main, sans éprouver de la résistance, on entend *crier* la peau.

Si le plein mort n'étoit pas assez actif, on porte les peaux dans le *plein foible*.

Le temps que les peaux passent dans les pleins est plus ou moins long, selon la force de la chaux, la température de l'air et la nature de la peau. Quelques jours suffisent pour les peaux de mouton.

On a proposé de remplacer le lait de chaux par l'eau de chaux : mais j'ai observé que l'eau de chaux qui, d'abord, agissoit avec assez d'activité, perdoit bientôt toutes ses forces, et que, pour parvenir à débourrer une peau par ce moyen, il faut renouveler l'eau de chaux de temps en temps. On peut, par ce moyen, disposer une peau à être débourrée en peu de jours.

Il est des ateliers où, après avoir laissé séjourner les peaux pendant quelques jours dans les pleins, on les *met en retraite*, c'est-à-dire, qu'on les empile sur le sol de la *plamerie,* où on les laisse pendant huit jours, après lesquels on rabat les peaux dans les mêmes pleins. On réitère cette manœuvre jusqu'à ce que le poil puisse être aisément déraciné.

Dans beaucoup de pays, on mêle beaucoup de cendre à la chaux ; je n'ai pas observé que l'effet fût sensiblement différent : j'ai cru seulement m'appercevoir que, dans ce dernier cas, le cuir avoit moins de consistance que lorsqu'on n'employoit que la chaux.

Bien des personnes attribuent la mauvaise qualité des cuirs au trop grand usage qu'on fait de la chaux : cette substance les dessèche, les rend cassans et les brûle. C'est ce qui fait que les bonnes fabriques *habillent* leurs peaux à l'*orge* et à la *jusée*, et évitent avec soin l'usage de la chaux.

On peut parvenir à débourrer les peaux, en leur faisant éprouver un commencement de fermentation, qu'on développe de diverses manières.

1°. On fait aigrir de la farine d'orge dans de l'eau chaude, et on y passe les peaux pour les débourrer et les faire enfler. C'est ce qu'on appelle *cuirs à l'orge.* On a, dans le même atelier, plusieurs cuves remplies de cette eau aigrie, et qui ont des degrés de force bien différens, selon qu'elles ont plus ou moins travaillé. On abat les peaux, lavées et amollies, dans ceux de ces *passemens* qui sont les plus foibles; et, après deux ou trois *passemens* au plus, la peau peut être débourrée.

Pour former ces passemens, on délaie avec de l'eau bouillante 60 livres (3 myriagrammes) de farine d'orge; on porte cette pâte délayée dans la chaudière d'où l'on a tiré cette première eau, et l'on remue avec soin. On fait bouillir à gros bouillons, de façon que l'eau monte trois fois; on répartit ensuite cette colle de farine dans les cuves destinées aux passemens; on la remue avec une pelle, et on l'agite, en divers sens, en coupant brusquement, à plusieurs reprises, la direction qu'on a imprimée à la masse: on prétend que ce *tour de main* facilite la fermentation. On couvre les passemens avec soin pour laisser fermenter.

Mais, pour faciliter la fermentation, on emploie un levain préparé comme il suit: on délaie 20 livres (1 myriagramme) de farine de froment dans l'eau; on pétrit

voy. la suite après la page 192.

troduit, par petites parties, dans un flacon dans lequel on a mis deux onces d'éther. On bouche le flacon, et on agite le mélange pendant demi-heure; on laisse reposer. Si en secouant le flacon les parois intérieures se couvrent de petites ondes; si la liqueur n'est pas claire, la solution n'est pas complète, et on ajoute une petite quantité de nouvel éther.

Ce vernis est d'une légère couleur citrine.

L'éther peut prendre un quart et au moins un cinquième de copal.

On applique ce vernis au pinceau; mais comme l'éther se dissipe trop promptement, sur-tout lorsque la température est chaude, on peut passer, sur le corps sur lequel on l'applique, une légère couche d'une huile volatile, qu'on enlève avec un linge. Ce qu'il en reste suffit pour retarder l'évaporation de l'éther.

Ce vernis forme, sur les métaux et sur les bois, une couche d'une telle dureté, que les chocs violens et les frottemens les plus brusques ne sauroient l'entamer.

Le copal peut aussi se dissoudre dans l'essence, et former un vernis qui possède

IV. 25

les mêmes qualités que le précédent. Mais
comme l'essence du commerce ne jouit pas
toujours de cette vertu dissolvante, il convient de l'exposer au soleil pendant quelques mois, dans des bouteilles fermées avec
des bouchons de liége, et dans lesquelles on
laisse un vide de quelques doigts entre le
liquide et le bouchon.

On prend alors 8 onces de cette essence
préparée, on la met dans un matras qu'on
place dans un bain d'eau qu'on porte à
l'ébullition; on y jette peu à peu, et par
pincées, une once et demie de copal en
poudre; on entretient le matras dans un
mouvement circulaire. On retire le matras
du bain, et on le laisse reposer pendant
quelques jours, après lesquels on tire le
vernis au clair, et on filtre au coton.

On peut faciliter la solution du copal
par l'intermède de quelques huiles volatiles. A cet effet, on fait chauffer sur un feu
modéré, et dans un matras, 2 onces d'huile
volatile de lavande; on y ajoute, lorsqu'elle
est chaude, et à plusieurs reprises, 1 once
de copal en poudre; on agite le mélange
avec un bâton de bois; et, lorsque le copal
a disparu, on y verse, à trois reprises,

6 onces d'essence presque bouillante, en remuant sans interruption.

Ce vernis est couleur d'or, très-solide, brillant, mais moins siccatif que le précédent.

On forme encore un vernis précieux de copal, qu'on emploie dans tous les cas où il faut de la solidité, de la souplesse et de la transparence, et dont on se sert, par exemple, pour former les toiles métalliques vernies qui remplacent le verre dans quelques cas.

On met dans un petit matras 6 onces d'huile volatile de lavande, et 1 gros de camphre; on expose ce mélange sur un feu capable de porter à ébullition l'huile et le camphre. Alors on ajoute 2 onces de copal en poudre, et par petites portions, en remuant sans interruption; lorsque le copal est bien incorporé, on ajoute de l'essence de térébenthine bouillante, jusqu'à ce que le vernis ait acquis la consistance qu'on desire.

CHAPITRE XXIII.

Des Combinaisons des Huiles fixes siccatives.

SECTION PREMIÈRE.

Des Combinaisons des Huiles fixes siccatives avec les Résines (Vernis gras).

Les vernis gras sont composés de dissolutions de résines dans les huiles fixes siccatives.

Ces vernis sont les plus solides, mais aussi les plus lents à sécher, quoiqu'on y fasse entrer de l'essence de térébenthine pour faciliter la dessiccation.

Dans les ateliers où l'on vernit le fer, le cuivre et autres métaux par les vernis gras, on est forcé d'avoir une étuve pour presser la dessiccation. Sans cela les travaux languiroient, et les vernis ne sécheroient même pas entièrement.

Le copal et le succin sont les deux substances qui sont les plus généralement employées dans la composition des vernis gras.

Le vernis gras le plus simple, fait avec le copal, résulte de la dissolution de 16 onces de copal dans 8 onces d'huile de lin ou d'œillet, rendues siccatives par les procédés connus, et de 16 onces essence de térébenthine. On commence par liquéfier le copal dans un matras, sur un feu ordinaire, on y ajoute l'huile de lin ou d'œillet bouillante. Dès que les deux substances sont bien incorporées, on retire le matras du feu; on remue jusqu'à ce que la chaleur soit tombée, et on ajoute alors l'essence de térébenthine chaude. On passe le tout encore chaud par un linge, et on conserve le vernis dans des bouteilles à large ouverture. Le temps contribue beaucoup à le clarifier.

Si on compose le vernis avec 6 onces de copal, une once et demie de térébenthine de Venise, 24 onces d'huile de lin siccative, et 6 onces d'essence de térébenthine, on a un vernis solide, susceptible d'un beau poli, mais qui sèche difficilement; on s'en sert pour imiter l'écaille.

Depuis la découverte des aérostats à air inflammable, on a tourmenté le caoutchouc de bien des manières, pour parvenir à le dissoudre et à le porter commodément sur les étoffes pour leur servir de vernis. Macquer avoit déjà indiqué l'éther comme dissolvant : successivement on a employé les huiles fixes et volatiles; et le procédé, le plus généralement adopté de nos jours, consiste à couper le caoutchouc en lanières minces, et à les jeter dans un matras placé sur un bain de sable chaud; lorsque la matière est liquéfiée, on y ajoute l'huile de lin bouillante, et ensuite l'essence chaude. Ces trois substances sont employées à parties égales. On passe le vernis par un linge dès qu'il a perdu sa chaleur. Il sèche lentement.

Les huiles de lin et de noix, rendues fortement siccatives, forment un vernis sans addition d'aucune autre matière : l'huile de lin s'épaissit, durcit à l'air, et prend presque tous les caractères du caoutchouc, lorsqu'on l'applique en couches sur un corps quelconque, après l'avoir rendue très-siccative.

Ces deux huiles, colorées en noir par le noir de fumée et par le charbon qui résulte de la combustion d'une partie de l'huile elle-même, forment l'encre d'imprimerie.

L'encre d'imprimerie doit être épaisse au point de ne pas couler; elle doit sécher si promptement, qu'elle ne puisse s'effacer du même instant qu'on vient de l'appliquer ; elle ne doit ni se délayer dans l'eau , ni s'imbiber dans le papier mouillé ; elle doit avoir un noir presqu'absolu et un coup-d'œil brillant.

On emploie, assez généralement, à sa fabrication, l'huile de noix.

On met l'huile de noix dans une marmite armée d'un très-fort couvercle ; on ne la remplit qu'aux deux tiers.

Après avoir assujéti fortement le couvercle, on chauffe l'huile. Les vapeurs qui s'en échappent s'enflamment ; on charge le couvercle de linges mouillés ; et, après avoir nourri la combustion pendant quelque temps, peu à peu on ralentit le feu, on découvre le vaisseau avec précaution, et on remue l'huile, avec une cuiller de fer, pendant long-temps. On rallume le feu, qu'on ne rend pas aussi vif que la première fois ; et, dès que l'huile est pénétrée par la chaleur, on y met, par 50 livres d'huile employée, demi-livre de croûtes de pain très-sèches, et six ou sept oignons. On recouvre la chaudière et on laisse bouillir, à petit feu, pendant trois heures. On juge que la cuisson est à son terme ou à l'état de *vernis*, lorsque les gouttes refroidies sont

gluantes et qu'elles s'alongent par fils à mesure qu'on ouvre les doigts. Si l'huile n'est
pas portée à ce degré, on la chauffe encore
jusqu'à ce qu'elle produise cet effet. On
clarifie le vernis en le passant à travers un
linge à plusieurs reprises.

Il est des fabricans qui ajoutent à l'huile,
de la térébenthine et de la litharge; mais ce
mélange entraîne l'inconvénient de donner
une huile gluante qui empâte les formes.

Pour que l'huile d'imprimerie soit bonne,
il faut qu'elle soit vieille. Le temps lui
donne de la consistance et du brillant.

L'encre d'imprimeur en taille-douce
doit avoir plus de consistance que l'encre
des imprimeurs en lettres. Le vernis se fait
de la même manière, avec la seule différence qu'on provoque la combustion au
lieu de l'étouffer, et qu'on l'entretient jusqu'à ce que l'huile soit devenue gluante
comme un sirop fort épais. On entretient
même la combustion pendant demi-heure,
après avoir ôté la chaudière de dessus le
feu. On l'étouffe ensuite avec le couvercle,
qu'on charge de linges humides.

Le vernis d'imprimeur en lettres se colore avec le noir de fumée, qu'on y mêle

dans la proportion de 2 onces $\frac{1}{2}$ sur 16 de vernis. On fait ce mélange avec le plus grand soin. L'imprimeur préfère, pour cette opération, le noir le plus léger.

On mêle le noir de fumée à l'encre d'imprimeur en taille-douce, à l'aide d'une molette et sur un marbre. On emploie le noir le plus pesant.

Il est possible de donner toutes les couleurs qu'on desire au vernis des imprimeurs. Il suffit, dans ce cas, d'épaissir l'huile par la chaleur et la combustion, en observant de l'agiter beaucoup moins, pour ne pas y mêler la fumée, qui la noirciroit. Les principes colorans peuvent être le bleu de Prusse, le vermillon, le carmin, l'orpin, la lacque, le mastic, la gomme gutte, etc.

Lorsque les vernis présentent des ondulations ou des aspérités sur leur surface, s'ils sont durs, tels que ceux qui résultent de la dissolution du copal ou du succin dans une huile siccative, on les polit d'abord avec de la pierre-ponce réduite en une poudre très-fine, étendue sur un morceau de serge blanche, auquel on donne la forme d'un tampon. On promène ce tampon sur toute la couleur, et on y passe souvent de l'eau,

tant pour juger du poli que pour rendre
l'action de la pierre plus douce. On remplace la pierre-ponce par le tripoli très-fin,
qu'on détrempe d'un peu d'huile et qu'on
applique avec le tampon de serge ou la
peau de daim. On enlève ensuite la partie
grasse avec un peu de son ou avec de la
farine, qu'on promène avec un linge doux
et propre.

CHAPITRE XXIV.

Des Principes colorans (Art de la teinture).

LES procédés qu'on pratique journellement dans nos ateliers pour dépouiller un
corps de son principe colorant et le fixer
sur un autre corps, constituent l'*art de la
teinture*.

La connoissance des loix, d'après lesquelles tous les corps de la nature se colorent par la propriété qu'ils ont de réfléchir
tel ou tel rayon du faisceau lumineux qui
se décompose sur leur surface, intéresse
peu le teinturier.

Il n'a pour but que d'extraire le principe colorant, de le porter sur une étoffe

et de l'y fixer d'une manière solide. Il lui importe donc essentiellement de savoir ce que c'est que le principe colorant, quelle est la nature de l'étoffe sur laquelle il a à opérer, et quels sont les mordans qu'il lui convient d'employer pour rendre la couleur solide.

SECTION PREMIÈRE.

Du Principe colorant.

LA propriété dont jouissent les corps de réfléchir constamment un ou plusieurs rayons de lumière, en forme des *corps colorés :* ces corps colorés portés sur un corps blanc, auquel ils transmettent leur couleur propre, forment, par cela même, des *principes colorans.*

Ces corps colorans portés sur des corps déjà colorés, confondent ou mêlent leur couleur avec celle de ces mêmes corps, et il en résulte une *couleur mixte.*

L'aptitude ou la faculté de réfléchir plutôt un rayon qu'un autre, tient à bien peu de chose : il est des corps qui présentent diverses couleurs, selon qu'on les regarde

sous tel ou tel angle. Il en est d'autres dont
le simple broiement change la couleur sans
changer leur nature.

Pour mieux juger de la facilité avec laquelle on peut altérer ou changer la disposition des corps, eu égard à leur propriété
de réfléchir les couleurs, il suffit de jeter
un coup-d'œil sur l'oxidation des métaux :
on y voit se développer successivement le
bleu, le jaune, le rouge, le noir, par de
foibles différences dans la proportion de
l'oxigène avec le métal.

Nous voyons encore une plus grande
mobilité dans les couleurs végétales et animales : elles paroissent ou disparoissent
comme la lumière qui paroît influer puissamment sur la coloration de tous les êtres
organiques.

Le principe colorant n'est donc pas une
couleur particulière, séparée et distincte
du corps coloré. Ce n'est qu'une faculté
dont jouissent les parties constituantes de
réfléchir tel ou tel rayon du faisceau lumineux qui se décompose sur leur surface.
Cette faculté peut être modifiée par des
changemens apportés dans l'arrangement

des molécules, par les proportions entre les élémens, etc.

On ne peut pas préjuger la couleur que doit présenter un composé, d'après la nature connue des principes qui le consti-tuent, lorsque l'expérience n'a pas encore prononcé : souvent deux corps incolores forment un composé coloré, comme on le voit dans les oxides métalliques, dont le mé-tal et l'oxigène sont sans couleur. Il paroît, d'après cela, qu'on ne parviendra que, par une suite d'expériences bien faites, à con-noître les résultats de couleur qu'on doit attendre de la combinaison des divers corps de la nature.

Les principes colorans, étant aussi nom-breux que les corps colorés, on sent déjà combien est étroite la conception de quel-ques chimistes qui n'ont vu dans les corps colorans que des extraits ou des résines.

Les principes colorans sont, par-tout, ou simples ou composés : ils sont simples, lorsque la couleur ne peut pas être décom-posée : tels sont le bleu, le jaune, le rouge, auxquels nous pouvons ajouter le vert et le noir que fournissent les végétaux. Ils sont composés, lorsque la couleur résulte de la

combinaison de plusieurs couleurs simples
ou primitives : tels sont le violet, le vert
ordinaire, le mordoré, etc.

Il est rare que les couleurs simples qui,
par leur combinaison, forment une couleur composée, jouisssent de la même fixité
et se comportent d'une manière égale avec
les réactifs : ce qui fait qu'on peut décomposer une couleur composée et en extraire
les élémens séparément. On explique, par-
là, pourquoi une couleur verte devient,
avec le temps, bleue ou jaune, selon que
les principes jaunes ou bleus ont plus ou
moins de fixité l'un que l'autre.

En variant les proportions des couleurs
élémentaires, on peut obtenir une foule de
nuances : et c'est ainsi que le mélange varié
du bleu et du rouge fournit depuis le *lilas*
jusqu'au violet très-foncé et presque noir.

La couleur n'est due souvent qu'à des
modifications très-légères apportées par la
lumière sur la surface des corps, comme
on le voit, sur-tout, dans la coloration des
fruits, des fleurs, des insectes.

Quelquefois la couleur réside éminem-
ment dans la constitution des corps, comme
on l'observe dans les substances essentielle-

ment et constamment colorées de la même
manière, à l'abri de l'influence de l'air et
de la lumière. Les racines nous donnent des
exemples de cette nature.

En général, le principe colorant des corps
colorés par la lumière est fugace, tandis
que celui des substances qui se colorent
constamment, à l'abri de la lumière, est
fixe et susceptible de fournir de bonnes
couleurs.

On peut poser en principe que la couleur
est d'autant plus durable, que l'excipient
résiste mieux à l'action de l'air, de la chaleur et de l'eau. De-là vient que les résines,
les fécules et les oxides métalliques colorés
conservent mieux leurs couleurs que les
extractifs, les *muqueux*, etc.

Il ne faut pas conclure de ce principe
qu'on ne puisse obtenir une bonne couleur
bien solide, en employant un extractif ou
un muqueux coloré ; mais alors il faut lui
fournir une nouvelle base qui change la nature du corps et conséquemment ses affinités.

Cette observation nous conduit à conclure qu'il ne faut pas déduire la fixité
d'un principe colorant de son inaltérabi-
lité, parce que la fixité dépend de la nature

du mordant avec lequel on le combine, et
des affinités de cette dernière combinaison
avec l'étoffe sur laquelle on la porte ; tandis
que l'altérabilité du principe colorant tient
au caractère de l'excipient dans lequel il est
naturellement engagé.

Eu égard à la nature des principes colorés, les dissolvans doivent singulièrement varier : l'eau, les acides, les alkalis, sont ceux
qu'on emploie ordinairement. L'alcool n'est
usité que dans des cas rares, et seulement
lorsqu'il s'agit de colorer de petits objets.

De tous les véhicules dont on se sert, l'eau
est le plus commun, parce qu'il est peu de
principes colorans qui n'y soient solubles.

Les alkalis sont employés pour dissoudre
l'indigo, le rouge de carthame, le rocou, etc.

Les acides servent, dans quelques cas,
à dissoudre certaines couleurs, et, sur-tout,
à précipiter des principes colorans de leurs
dissolutions dans les alkalis.

On a beaucoup écrit sur l'effet des eaux
dans la teinture : et, chaque jour, on
entend rapporter la vivacité de certaines
couleurs et les vices de quelques autres à
la nature des eaux.

Sans adopter, avec trop de confiance, tout ce qu'on publie à ce sujet, nous ne pouvons pas nous dispenser de convenir que les eaux contribuent essentiellement à la qualité des teintures; et nous ajouterons même que les diverses couleurs, et les mêmes couleurs dans leurs différens états, exigent une grande variété dans la nature des eaux.

Pour établir cette seconde proposition, il nous suffit de jeter un coup-d'œil rapide sur les principales opérations de la teinture : s'il est question de décruer une étoffe par le savon ou l'alkali, l'eau doit être pure : sans cela, le savon est décomposé par les sels terreux, et il en résulte une combinaison d'huile et de terre, insoluble dans l'eau, et incapable de produire l'effet qu'on attendoit. L'alkali décompose aussi les sels terreux, se sature de leur acide, et ne produit presque plus d'effet, tandis que la terre, devenue libre, s'unit à l'étoffe et altère la couleur qu'on y fixe.

Les eaux les plus tranquilles sont, en général, les plus chargées de sels terreux. Les eaux vives et courantes sont beaucoup plus pures.

IV. 26

Il est néanmoins des eaux sales et presque
stagnantes qui jouissent d'une grande célébrité pour la teinture, parce que les matières
végétales ou animales qu'elles charient, et
qui y pourrissent, produisent de l'ammoniaque et de l'hydrogène sulfuré qui précipitent
les principes terreux et métalliques.

Les eaux tranquilles ont encore de l'avantage sur les eaux courantes, lorsqu'on lave une
étoffe de coton pour enlever toute la portion
d'alun ou d'huile qui n'est pas fixée sur le
tissu : car, dans ce cas, il faut mouiller
également toutes les parties de l'étoffe, pour
en extraire tout le mordant qui n'est pas
combiné ; et il est difficile d'obtenir cet
effet dans une eau vive et courante, de sorte
qu'il est à craindre alors que la couleur ne
soit maigre et nuancée.

L'eau vive et courante doit être préférée
pour dégorger les étoffes au sortir du bain
de teinture : elles enlèvent tout ce qui n'est
pas fixé, et développent la couleur dans
tout son éclat.

Les eaux chargées de sels calcaires sont
sur-tout préjudiciables à la teinture du
coton en rouge. La chaux, que l'engallage,
l'alunage et le décrûment précipitent, ternit

et *avine* cette couleur, à tel point qu'il est impossible de la bien aviver.

Mais, par cela même que la terre calcaire contribue à augmenter la solidité de la couleur rouge et de ses modifications, les eaux séléniteuses ne sont plus malfaisantes lorsqu'il s'agit d'une couleur terne.

Comme les sels calcaires font passer au cramoisi la couleur écarlate, on sent déjà que lorsqu'on a pour but d'obtenir cette teinte, l'emploi des eaux séléniteuses est plus avantageux que nuisible.

Indépendamment de l'altération qu'opposent aux couleurs les sels calcaires dissous dans une eau, ils ont encore l'inconvénient d'affoiblir l'action dissolvante du liquide qui les tient en dissolution : d'où il résulte que le principe colorant se dissout en moindre quantité dans l'eau séléniteuse.

Il m'a paru constamment que les eaux qui charient des terres en suspension sont moins préjudiciables que celles qui en tiennent en dissolution : dans le premier cas, elles ne se fixent point sur l'étoffe, tandis que, dans le second, elles ne sont précipitées qu'à raison d'une double affinité, et elles entrent de suite en combinaison avec un

mordant qui les porte et les attache à
l'étoffe.

De tous les principes terreux qui peuvent
se trouver dans une eau, la chaux est le
plus commun et le seul dangereux. L'alumine et la magnésie ne produisent jamais
de mauvais effet.

Le sulfate de fer est presque le seul des
sels métalliques qu'on trouve dans les eaux;
et, en quelque petite proportion qu'il y
soit contenu, il produit des effets sensibles
sur les couleurs, sur-tout sur les étoffes de
coton et de soie; celles de laine en sont
beaucoup moins affectées.

Le sulfate de fer agit, sur-tout, sur les
étoffes engallées : il en résulte des teintes
brunâtres qui modifient toutes les couleurs
qu'on veut donner à ces tissus.

La nature des principes colorans a déterminé non-seulement le choix des dissolvans qu'on veut employer, mais elle a servi
à classer l'emploi qui convient à chacun.

Ainsi les substances résineuses colorées,
sont dissoutes dans l'alcool, et forment le
principe colorant des vernis.

Les oxides métalliques sont fondus par

les alkalis , les terres , etc. et servent à colorer les verres , les émaux , les poteries.

Les huiles et les fécules sont dissoutes par les alkalis ou la chaux; et le principe extractif est porté sur les étoffes à l'aide de l'eau.

Comme nous sommes encore peu éclairés sur la cause de la coloration des corps, nous nous bornerons à rapporter quelques faits relatifs à la manière dont se développe le principe colorant.

A mesure que l'oxigène se combine avec un métal , il en fait changer la couleur ; et nous voyons que la différence des proportions suffit pour produire le bleu , le jaune , le rouge , le noir, etc.

L'effet de l'oxigène est plus ou moins durable , selon ses affinités avec le métal. Quelquefois la couleur disparoît avec l'oxigène qu'une douce chaleur déplace ; plus souvent la combinaison est tellement fixe , qu'elle supporte, sans s'altérer, une chaleur de vitrification.

A l'exception de quelques corps résineux et de quelques extraits naturellement colorés, on développe les couleurs végétales par la fermentation : l'indigo , le pastel ;

l'orseille, le tournesol en fournissent des exemples.

Dans tous les cas où la fermentation met à nu la couleur bleue, il me paroît que le carbone joue un grand rôle. L'indigo contient vingt-trois parties de charbon sur quarante-sept de molécules colorantes ; la dissolution des végétaux donne un charbon d'un très-beau bleu : et il est probable que, lorsque la couleur bleue est développée par la fermentation, le carbone est presque mis à nu, et qu'il reste en combinaison avec une huile qui ajoute à la fixité de la couleur, et indique le dissolvant le plus convenable. J'ai suivi, en 1795, quelques expériences dans l'intention d'ajouter quelques végétaux de plus à la liste de ceux qui fournissent des couleurs bleues, et j'ai vu que les *galega*, les *sainfoin*, les *pois chiches*, la *luzerne*, traités comme l'indigo, produisoient une couleur bleue que je n'ai pas pu précipiter, ce que j'ai attribué à la trop grande quantité de principe extractif qui rend la liqueur visqueuse et la fait mousser comme l'eau de savon après la première fermentation. La liqueur exhale l'odeur des matières stercorales en pleine putréfaction.

J'ai toujours pensé qu'en torréfiant les
végétaux , pour charbonner , en partie ,
l'extractif, on parviendroit à obtenir de la
fécule colorée ; mais , jusqu'ici , je n'ai pas
pu reprendre des expériences qui , suivies
avec soin , ne peuvent que donner des résultats avantageux.

Il paroît que le bleu est d'autant plus fixe
dans les végétaux, que le principe charbonneux est plus abondant.

Lorsque le carbone est allié à une huile ,
comme dans l'indigo , ni l'eau , ni l'alcool
ne sauroient le dissoudre ; mais , lorsque le
principe muqueux y est joint, comme dans
le tournesol et l'orseille , l'eau seule peut
dissoudre le principe colorant.

SECTION II.

Des Mordans.

Il est peu de principes colorans dont les
affinités soient assez marquées , pour contracter une union solide avec une étoffe, par
le seul effet du contact ou de l'application.

Dans tous ces cas, le même véhicule qui
a déposé la couleur peut l'enlever ; et il n'en

résulte qu'un barbouillage qu'on ne peut pas appeler *teinture*.

Il n'est que quelques oxides métalliques, sur-tout ceux du fer, et quelques substances astringentes ou résineuses, qui soient susceptibles de contracter une sorte d'adhésion avec les étoffes sans aucun intermède d'union.

En général, on facilite l'adhésion d'un principe colorant avec une étoffe, par l'intermède d'un troisième corps qu'on appelle *mordant*.

Presque tous les chimistes qui ont écrit sur la teinture, avant la renaissance de la chimie, ont appliqué à l'action des mordans une doctrine toute ridicule.

Hellot n'a vu, dans les préparations qu'on donne aux étoffes pour les disposer à recevoir la teinture, que des moyens d'agrandir, de nettoyer les pores. Il ajoute qu'il n'est question que d'*enchâsser*, dans ces mêmes pores, l'atome colorant *comme un diamant dans le chaton d'une bague*.

Macquer a adopté cette théorie ; et nous devons à Bergmann et à M. Berthollet d'avoir ramené toutes les opérations de la teinture aux grandes loix des affinités.

C'est en partant des principes adoptés par

ces deux célèbres chimistes , que nous pouvons considérer les mordans comme des intermèdes d'union et d'affinité entre le principe colorant et l'étoffe.

En combinant séparément le principe colorant avec le mordant , ou en déposant ce dernier sur l'étoffe , on forme des composés qui ont des affinités propres , en vertu desquelles elles contractent union avec des corps qui , seuls et isolément, n'auroient aucune affinité avec chacun des principes constituans.

L'affinité du mordant avec l'étoffe et avec le principe colorant , peut être rendue sensible par des expériences directes. M. Berthollet a prouvé que la laine bouillie avec une dissolution d'alun , décomposoit une portion de ce sel et se combinoit avec l'alumine : il a vu encore que la portion d'alun qui résistoit à la décomposition , dissolvoit un peu de substance animale.

Le même chimiste a démontré que la crême de tartre et l'alun ne se décomposent pas par ébullition , mais que la crême de tartre devenoit plus soluble par ce mélange. Il ajoute que lorsqu'on fait bouillir ces deux sels avec la laine , il y a décomposition , ce qui prouve que la laine sert d'intermède.

La laine bouillie avec l'alun seul est rude, tandis que, lorsqu'on la traite avec le tartre et l'alun, elle est plus douce, et prend une couleur plus saturée et plus vive.

La décomposition de l'alun par des matières animales dissoutes dans un alkali, prouve que l'alumine peut se combiner avec elles. Si on mêle une solution d'alun avec une solution de colle-forte, et qu'on précipite par un alkali, l'alumine s'unit de suite à la gélatine et forme une gelée demi-transparente qui se dessèche difficilement.

La décomposition de l'alun ne s'opère pas aussi bien par les substances végétales : cependant le principe astringent le décompose ; et, lorsqu'on a déposé ce principe sur une étoffe, et qu'on la passe dans une dissolution d'alun après l'avoir séchée, il y a combinaison réelle d'alumine et de tanin.

Il est des cas où l'on fait concourir les substances animales avec les végétales pour opérer plus efficacement la décomposition de l'alun ; c'est ce qu'on voit dans les préparations qu'on fait subir au coton pour le disposer à recevoir le rouge de la garance.

Pour démontrer combien grande est l'affinité de l'alumine avec les principes colo-

rans, il suffit d'observer qu'elle forme l'excipient de toutes les couleurs qui sont connues dans les arts sous le nom de *lacques*.

Si l'on fait bouillir un corps coloré dans
une dissolution d'alun, et qu'on précipite
par un alkali, l'alumine se combine avec
la couleur, se dépose, et forme une lacque.

L'alumine peut même s'allier très-bien
avec les couleurs métalliques, telles que le
prussiate de fer et l'oxide de cobalt, d'après
le procédé de M. Thénard.

Mais, pour qu'un corps puisse être employé à titre de mordant, il ne suffit pas
qu'il ait affinité avec le principe colorant
ou avec l'étoffe; il faut encore qu'il soit
d'une blancheur absolue; sans cela, il mê-
leroit sa couleur propre à celle du principe colorant, et l'on n'obtiendroit qu'une
couleur mixte.

Néanmoins il est des cas où certains corps
peuvent servir à-la-fois de mordant et de
principe colorant : c'est ainsi que l'oxide
de fer est employé, dans la teinture du coton, pour former du violet avec le rouge de
la garance, et que, seul, il forme un jaune-
nankin très-solide.

Les mordans doivent être peu altérables

par l'action de l'air et de l'eau; sans cela, ils présenteroient des nuances dans leurs effets.

Il ne faut pas juger du mordant porté sur une étoffe, et combiné avec le principe colorant, d'après ses qualités premières : la nouvelle combinaison lui donne de nouvelles propriétés, et c'est d'après elles qu'il faut prononcer. Ainsi, par exemple, l'alumine, très-soluble dans les alkalis fixes quand elle est à nu, devient insoluble lorsque, dans le coton préparé pour le rouge d'Andrinople, elle est combinée avec le tanin et l'huile.

Jusqu'ici les deux mordans, dont l'usage est devenu presque général, sont l'alun et le muriate d'étain. En décomposant l'alun par l'acétate de plomb, on obtient un acétate d'alumine préférable à l'alun, parce que l'alumine en est plus facilement dégagée, et que l'acide rendu libre est moins corrosif.

L'oxide d'étain a des affinités très-marquées avec les principes colorans dont il rehausse la vivacité de couleur ; sur-tout celle de l'écarlate et du rouge de garance.

L'oxide de fer a des affinités plus prononcées avec les étoffes ; il se combine avec elles d'une manière presque indélébile.

Mais il est naturellement coloré, et on ne s'en sert que pour former des couleurs composées : on l'emploie cependant quelquefois comme principe colorant : dans ce dernier cas, la couleur est rude si on n'a l'attention de l'adoucir, en faisant tremper les étoffes colorées en rouge , dans une dissolution d'alun saturée de potasse.

L'oxide de cuivre a aussi quelques usages comme mordant : on le fait assez généralement concourir avec le fer pour la teinture en noir ; et on l'emploie seul dans la teinture en jaune sur coton.

La chaux et tous les sels calcaires peuvent être considérés comme mordans : à la vérité , ils rembrunissent ou *avinent* les rouges, mais ils donnent de l'éclat aux principes astringens, ils avivent les bleus, surtout les métalliques , et donnent de la fixité à toutes les couleurs.

Le mordant le plus compliqué de la teinture est celui du rouge d'Andrinople : il est composé d'alumine, d'huile et de principe astringent. Cette combinaison de trois corps, qu'on voit se former successivement par la

série d'opérations nombreuses qu'on exécute sur le coton, ne présente plus aucune
des propriétés des trois corps composans.
Et, quoique la couleur de la garance puisse
se fixer à l'aide de l'une ou l'autre de ces
trois substances, il faut convenir qu'elle
n'est rigoureusement fixe que lorsqu'elle est
portée sur cette triple combinaison.

Les meilleurs mordans sont ceux qui ont
une affinité très-marquée, tant avec le principe colorant qu'avec l'étoffe ; et c'est cette
propriété qui a fait préférer l'alun aux autres sels. Mais cependant comme il a assez
généralement plus d'affinité avec les principes colorans qu'avec l'étoffe, on commence par le porter sur l'étoffe où il attire
et fixe ensuite la couleur.

Si l'on suivoit une marche inverse, il se
formeroit une lacque, où les affinités de
l'alun et du principe colorant seroient saturées, et ne s'exerceroient plus sur l'étoffe.

Le mordant qu'on applique sur une
étoffe commence donc par exercer son action sur l'étoffe et s'y fixer; il attire ensuite
le principe de la couleur et le retient.

L'étoffe ne prend en alun que la dose
qui convient à son affinité, de sorte que,

lorsqu'une étoffe est alunée, on la passe à l'eau pour enlever la portion d'alun qui ne s'est pas fixée. Sans cette précaution, cet alun resteroit dans le bain, et se chargeroit de principe colorant au préjudice de l'étoffe.

C'est encore pour cela qu'on lave l'étoffe après sa teinture : on enlève, par ce moyen, toute la partie colorante qui s'est déposée sur l'étoffe sans y adhérer, après que les affinités de l'alun ont été remplies et saturées par le principe colorant.

Lorsqu'on ne lave pas une étoffe après l'avoir alunée, ou on la fait bouillir dans la dissolution, ou on la conserve humide pendant quelque temps, afin de mieux opérer la combinaison de l'alun. Au reste, ces procédés ne conviennent que pour la laine qui a plus d'affinité avec l'alun que le coton et le lin.

L'affinité des mordans avec l'étoffe est quelquefois si marquée, qu'il suffit de présenter l'étoffe à leur dissolution, pour qu'elle s'en imprègne de suite. Le coton trempé dans une dissolution de sulfate de fer, s'y colore en nankin presqu'instantanément ; et, lorsque la dissolution tient de l'oxide en suspension , il suffit de promener un peu de coton dans le bain pour qu'il se fixe sur l'étoffe, et que le bain devienne très-limpide.

Quoique l'usage le plus général soit de porter le mordant sur l'étoffe avant d'y fixer la couleur, il y a néanmoins des exceptions à cette règle : par exemple, dans les fabriques de toiles peintes , lorsqu'on a pour but d'imprimer plusieurs nuances de couleur bleue sur la même étoffe , on commence par appliquer les couleurs à la colle ; on plonge ensuite ces espèces de peinture en détrempe successivement dans l'eau de chaux, la dissolution de sulfate et la lessive de potasse. Dès qu'on a assuré la couleur par ce moyen, on passe l'étoffe dans un bain légèrement acidulé par l'acide sulfurique, pour nettoyer et blanchir les parties de l'étoffe qui n'ont pas été imprimées.

Presque toujours le mordant réunit deux avantages : il fixe la couleur et lui donne de l'éclat.

Si l'on trempe du coton imprégné d'acétate d'alumine dans un bain de *quercitron,* de couleur sale et terne, on le verra, de suite, prendre une nuance d'un jaune écla-

tant, en même temps que le coton se colore.
Lorsqu'on verse la *composition* sur un bain
de cochenille, la couleur change dans le
moment, et prend la teinte naturelle à
l'écarlate. Ici, l'oxide d'étain se combine
avec la couleur, et forme un composé qui a
une affinité tellement marquée avec la laine,
qu'il suffit de la plonger dans le bain pour
qu'elle en soutire toute la couleur.

Il est des opérations de teinture dans lesquelles on emploie, séparément, un mordant
pour l'étoffe et un mordant pour le principe colorant. Par exemple, lorsqu'il s'agit
de donner un cramoisi à la laine, on alune
l'étoffe avec 5 onces (1,52970 hectogramme) d'alun par livre (0,48951 kilogramme) d'étoffe ; et l'on compose le bain
de teinture avec 5 onces (1,52970 hectogramme) de cochenille et 2 onces et demie
(0,76485 hectogramme) de tartre, où l'on
ajoute, lorsqu'il est en ébullition, 10 onces
(3,05940 hectogrammes) de dissolution
d'étain.

SECTION III.

De la Nature des Etoffes.

Toutes les étoffes destinées à la teinture proviennent de la dépouille des animaux ou des végétaux.

La laine et la soie sont de la première classe.

Le coton, le lin et le chanvre appartiennent à la seconde.

La laine et la soie sont très-solubles dans les alkalis.

Le coton, le chanvre et le lin résistent à des lessives très-fortes de ces sels.

Il suit de ces différences : 1°. qu'on ne peut pas décruer les fils ou étoffes animales par l'alkali ; 2°. qu'on ne peut pas les imprégner d'un mordant dont l'alkali seroit le véhicule, comme cela se pratique pour les cotons ; 3°. qu'il seroit imprudent d'aviver une couleur déposée sur la laine par la potasse ou la soude.

La laine et la soie résistent moins aux acides que les étoffes végétales : l'acide sulfurique très-affoibli les brûle promptement;

le nitrique les jaunit par un commencement de combustion.

On a donc dû prohiber l'usage des acides minéraux dans les teintures animales, tandis qu'on les emploie pour les teintures végétales.

Les étoffes animales ont plus d'affinité avec les principes colorans que les végétales : il suffit de plonger de la laine ou de la soie dans un bain de couleur pour les en retirer bien colorées. Pareille immersion d'une étoffe végétale ne produit qu'un barbouillage que l'eau entraîne, presque sans laisser de traces.

Les étoffes animales ont encore une affinité plus forte avec les mordans que les étoffes végétales. L'alun se décompose sur la laine par simple ébullition; il n'éprouve presqu'aucune altération sur le coton et le fil. Il suffit d'aluner la laine pour avoir un mordant; il faut engaller le coton pour pouvoir décomposer l'alun.

Chacune de ces étoffes a ses mordans qui lui sont propres : l'oxide d'étain combiné avec la cochenille n'a pas d'affinité avec le coton : l'oxide de fer a, à son tour, plus d'affinité avec le coton qu'avec la laine.

La laine et la soie paroissent être plus

poreuses que le coton , le lin et le chanvre:
elles plongent plus aisément dans l'eau , et
retiennent beaucoup plus de ce liquide. Aussi
parvient-on à leur donner des couleurs bien
nourries et presque sans préparation préliminaire.

La cause de la différence que présentent
les étoffes végétales et animales, paroît provenir, en grande partie, de ce que, dans
les premières, il y a plus de carbone que
dans les secondes. Ce principe , très-sec ,
peu poreux , presqu'indestructible , insoluble , a peu d'affinité avec les principes
colorans ; et il faut le revêtir d'une couche
toute étrangère de mordant , sur-tout de
mordant huileux , pour lui donner la propriété de fixer les couleurs.

Indépendamment de ces grands caractères qui séparent , d'une manière tran-
chante , les substances animales des substances végétales , nous trouvons des modifications parmi les substances de la même
classe : la soie, par exemple, paroît moins
animalisée que la laine ; elle est moins altérable par les alkalis ; elle paroît moins poreuse ; elle donne beaucoup plus d'éclat aux
principes colorans.

Le coton reçoit la teinture bien plus aisément que le lin; le lin, plus facilement que le chanvre; ces deux derniers résistent moins aux acides que le coton.

De manière que les procédés de teinture doivent varier, non-seulement par rapport aux deux grandes classes que nous avons établies; mais ils demandent encore à être modifiés, à raison de la nature particulière de chacune des étoffes qui appartiennent à chaque classe.

SECTION IV.

De la Préparation des Etoffes.

La laine, la soie et le coton sont naturellement revêtus d'un enduit qui est insoluble dans l'eau et l'alcool.

La nature paroît avoir recouvert ces filamens d'une couche de vernis, pour les préserver de l'action de l'eau; et, tant que cet enduit existe, les fils de laine, de soie ou de coton ne se laissent pas pénétrer par ce liquide.

Ainsi, pour disposer ces substances à recevoir la couleur, il faut commencer par dépouiller chaque filament de l'enveloppe dont nous venons de parler.

Cette opération préliminaire est connue sous le nom de *décrûment*, lorsqu'on a pour but de disposer l'étoffe ou le fil à la teinture; on l'appelle *blanchissage*, lorsqu'on se propose de donner un beau blanc à un tissu qu'on ne destine pas à la teinture.

Comme les opérations du blanchissage se lient à tous les procédés de teinture, nous les décrirons ici avec quelques détails.

I°. La laine est naturellement enduite d'un vernis qu'on appelle *suint*. Cet enduit la préserve de la teigne, et la rend imperméable à l'eau (1).

Pour *dégraisser* la laine ou la dépouiller de son suint, on la met dans de l'eau tiède, à laquelle on ajoute un quart d'urine putréfiée; on l'agite avec soin, on la retire et on la met à égoutter. On la porte ensuite dans de grands paniers, mouillés dans le courant d'une eau vive; et on la foule avec les pieds, jusqu'à ce qu'elle ne rende plus l'eau laiteuse. On la fait égoutter et on l'ex-

_____

(1) Réaumur a observé qu'il suffisoit de frotter une étoffe avec la laine grasse pour la garantir des teignes. (Mémoires de l'Académie, 1738.)

pose à l'air, sur une couche de sable, jusqu'à ce qu'elle soit bien blanche.

En Espagne, et aujourd'hui en France, on a supprimé l'urine, on se borne à la passer dans un bain d'eau, chauffé au point de ne pouvoir presque pas y tenir la main, on la lave ensuite avec soin : on se sert des eaux de suint provenant du lavage des premières laines, pour passer les secondes ; et ainsi de suite, en ne renouvelant l'eau de suint que lorsqu'elle est trop épaisse ou trop sale.

Dans le premier cas, l'ammoniaque contenue dans l'urine putréfiée, forme avec le suint un savon qu'on extrait par l'eau. L'action de l'air et de l'humidité détermine ensuite la blancheur.

Lorsque la soie est destinée à recevoir le beau blanc qn'on lui donne à Lyon, on lui fait subir trois opérations.

1°. Le *dégommage*, qui consiste à tenir les *mateaux* dans une dissolution très-chaude et non bouillante, de 30 parties de savon sur 100 de soie.

2°. La *cuite*, qu'on fait en faisant bouillir la soie, pendant une heure et demie, dans une dissolution moins chargée de savon.

3°. Le *blanchiment*, qui s'obtient en *lisant* la soie dans une forte dissolution de savon.

A Lyon, on a encore l'usage de soufrer les soies pour leur donner du corps et rendre le blanc plus brillant. A cet effet, on dispose les soies sur des perches, dans des chambres bien fermées et sans courant d'air. On met du soufre dans une terrine, et on l'allume. On laisse les soies exposées à la vapeur du soufre pendant vingt-quatre heures : après quoi, on ouvre la chambre pour laisser sécher. Ce dernier procédé n'est en usage que pour les soies qu'on veut employer en blanc.

On a successivement proposé la soude, et la chaleur de l'eau, portée, dans des vaisseaux fermés, à un degré supérieur à celui de l'eau bouillante; mais ces procédés, successivement essayés, ne sont pas restés dans la pratique, ce qui prouve qu'ils sont moins avantageux que les anciens.

Nous devons à Baumé la découverte d'un procédé, par lequel il conserve à la soie toute la roideur qui lui est naturelle, et qui imite parfaitement celle de Nankin, avec laquelle on fabrique les gazes, les

blondes, les filets, etc. Ce procédé consiste
à mettre d'abord en digestion, pendant un
jour, 6 livres (3 kilogrammes) de soie, dans
un mélange de 48 livres (24 kilogrammes)
d'alcool à 30 degrés, et de 12 onces (3,67128
hectogrammes) d'acide muriatique à 15.

On fait couler la liqueur, qui est devenue
couleur de feuille morte; et on repasse de l'alcool sur la soie, jusqu'à ce qu'il ne s'y colore pas. On reverse sur la soie un semblable
mélange d'alcool et d'acide, et on laisse infuser, deux ou trois jours, jusqu'à ce que
la soie soit très-blanche. On dépouille ensuite la soie de tout l'alcool et de tout l'acide
qu'elle a retenus, en la passant à travers un
grand volume d'eau.

La soie, blanchie par ce procédé et séchée librement, ne prend aucun lustre. On
doit la dessécher en opérant sur elle une
tension très-forte, et la laissant sécher dans
cet état.

II°. En parlant de l'acide muriatique oxigéné, nous avons décrit le procédé de blanchissage qu'on exécute par cet acide : nous
ne parlerons ici que des méthodes anciennes,
employées encore aujourd'hui dans beau-

coup d'établissemens pour blanchir le coton, le lin et le chanvre.

Le coton se dépouille plus aisément de sa couleur naturelle que le lin et le chanvre.

On le fait bouillir dans l'eau pure ; on le lave avec soin ; on le dispose dans un cuvier, en formant les couches de dessus avec les étoffes de coton les plus difficiles à blanchir.

On recouvre le tout d'une couche de cendres, qu'on arrose avec de la lessive rendue caustique par la chaux. Cette lessive, qu'on verse froide, filtre à travers les cendres et pénètre peu à peu le coton. On l'emploie ensuite tiède ; lorsqu'elle a traversé la masse d'étoffes, elle est reçue dans un baquet placé sous la cuve ; et, lorsqu'elle y arrive tiède, alors on la jette bouillante par-dessus.

Ce coulage de lessive dure douze heures.

On lave ensuite le coton avec soin ; et on termine l'opération, en l'exposant, pendant quelques jours, sur le pré.

J'ai déjà décrit le procédé qu'on pratique dans le Levant, et que j'ai introduit en France, pour blanchir le coton *à la vapeur*.

Ce procédé me paroît préférable à tous par sa simplicité et son économie. C'est ce procédé qui m'a fait naître l'idée de l'appliquer au blanchissage du linge; l'expérience qui fut faite aux Bons-Hommes, dans l'atelier de MM. Bawens, sur trois cents paires de draps de l'Hôtel-Dieu de Paris, prouva qu'il y avoit économie de moitié sur le procédé usité, et que le lessivage étoit parfait. Ce procédé a été, depuis cette première époque, rendu très-familier par les soins de MM. Cadet de Vaux et Curaudau.

Le blanchissage des toiles de lin et de chanvre est infiniment plus difficile que celui du coton : les principaux établissemens de ce genre sont dans les anciennes provinces de Beauvoisis, dans la Flandre et la Picardie.

Quoique, par-tout, le procédé de blanchissage consiste dans l'action alternative des alkalis, de l'air et de l'eau, il y est néanmoins apporté quelques modifications d'après la nature des toiles ou des fils.

Par exemple, aux environs de Beauvais, les toiles sont d'un bon fil et bien tissues, la couleur en est d'un gris roussâtre.

On commence par les tremper dans l'eau

de rivière, et on les y laisse bien s'imbiber.

On les étend ensuite sur le pré pour les faire sécher.

On les reporte à la buanderie, où on les lessive comme il suit :

Elles sont placées dans des cuves de 4 pieds (1,299 mètre) de haut, sur 6 (1,949 mètre) de diamètre ; on a l'attention de mettre dessus, les toiles qui exigent une lessive plus forte.

On recouvre le tout d'une toile grossière, mais serrée ; on forme sur cette toile une couche de cendres : on commence par jeter quelques seaux d'eau chaude sur ces cendres ; et, bientôt après, on y jette de la lessive bouillante, qu'on forme avec la soude, la potasse et le sel provenant de la combustion des côtes et nervures des feuilles de tabac.

Cette lessive s'écoule par une bonde qui est pratiquée au fond de la cuve. Le travail dure quinze ou seize heures par jour ; et on continue de lessiver, chaque jour, sans interruption, pendant plusieurs jours, en les retirant du cuvier à quatre heures du matin, pour les porter sur le pré, où elles restent jusqu'à midi.

Ces manœuvres alternatives d'exposition sur le pré et de lessivage, durent quinze à seize jours.

Lorsqu'on juge que les toiles ont assez de lessive, on les porte dans un bâtiment où sont placées des cuves de 3 pieds (0,975 mètre) de haut sur 4 (1,299 mètre) de diamètre, et remplies de petit-lait aigri. On y plonge les toiles, et on les y laisse séjourner pendant vingt-quatre heures.

On savonne ensuite les toiles à la main ou dans des moulins à foulon.

Après le savonnage, on les reporte au pré, d'où on les retire pour les passer au lait. On répète ces opérations cinq à six fois, jusqu'à ce que la toile ait acquis la blancheur convenable.

Pour donner du lustre aux toiles, on les passe dans une cuve d'eau tenant de l'amidon en dissolution, et on les cylindre à demi-sèches.

Les lins que produisent la plupart des terres de la Flandre, sont très-beaux, longs, fins, sans nœuds. Après le rouissage, ils ont une couleur argentine qui les distingue de tous les autres produits de ce genre. Aussi est-ce avec ce lin filé à la main qu'on fabrique les plus belles toiles, et les plus fines qu'on appelle *batiste*.

Dans les buanderies des environs de Valenciennes, on procède au blanchissage comme il suit :

On commence d'abord par tremper les toiles dans l'eau, pendant deux à trois jours.

On les dispose dans une cuve, et on les recouvre d'une grosse toile sur laquelle on met une couche de soude de demi-pouce (1,8535 centimètre) d'épaisseur. On recouvre cette couche d'une seconde toile, et on verse dessus une lessive de soude chaude et ensuite bouillante, laquelle pénètre toute la masse, et s'échappe par le fond de la cuve. Cette eau est reprise et reversée sur la cuve.

Ces *coulées* durent la soirée et la nuit.

Le matin, au point du jour, les toiles sont portées et étendues sur le pré; on les arrose, de temps en temps, jusqu'à midi.

On les reporte dans la cuve pour leur donner une seconde lessive, et l'on répète ces opérations pendant quarante jours.

On les trempe ensuite, pendant vingt-quatre heures, dans des cuves de lait aigri, après quoi on les savonne.

On les lave soigneusement dans de l'eau courante, et on les sèche à l'ombre.

On leur donne du lustre en les passant dans l'eau gommée, et puis au cylindre.

Dans la basse Picardie, où les lins sont moins beaux que ceux de Flandre, les toiles y sont moins fines, bien tissues et d'un gris brun.

Pour les blanchir, on imbibe les toiles dans l'eau courante, et on les fait ensuite macérer, pendant deux ou trois jours, dans des cuviers remplis d'eau, dans laquelle on a délayé de la craie ou de la chaux éteinte.

On les porte sur le pré; et, dès qu'elles sont sèches, on les passe alternativement au pré et aux lessives, comme à Beauvais, avec cette différence que les lessives ne sont pas répétées si fréquemment, et que les toiles restent plus long-temps sur le pré.

Lorsque les toiles sont fortes, après les premières lessives, on les repasse dans l'eau de chaux.

On n'emploie pas le lait aigri.

On se contente de donner un savonnage à la fin; et on repasse aux lessives et sur le pré, si le fil n'est pas assez blanc.

Ces toiles sont moins blanches que les

premières, mais elles sont moins usées, et le consommateur les préfère.

Lorsqu'on a une petite quantité de fil à blanchir, on met les écheveaux dans des pots, couche sur couche, avec du savon mou. On place le vase dans une étuve ou dans un lieu chaud quelconque; et, après vingt-quatre à trente-six heures, le fil a pris un beau blanc. On répète l'opération, si la première n'a pas procuré un degré de blancheur convenable.

Lorsqu'on destine le coton, le fil ou le chanvre, à la teinture, il est inutile de leur donner le beau blanc dont nous venons de parler; il ne s'agit que de décruer l'étoffe, pour que le mordant en pénètre mieux les pores, et pour qu'elle s'imbibe mieux et plus facilement du principe colorant. Une lessive alkaline, donnée à chaud, suffit dans ce cas.

SECTION V.

De la Préparation du Principe colorant.

LE blanchissage de l'étoffe, ou simplement le décrûment, lui a donné deux qualités qui la rendent très-propre à recevoir la couleur : la facilité de se pénétrer plus aisément et plus également du mordant et du principe colorant, et la propriété de ne plus altérer, par le mélange de sa couleur naturelle, celle qu'on veut lui donner.

Mais il ne suffit pas de préparer l'étoffe, il faut encore disposer la couleur à la pénétrer ; et c'est à quoi l'on parvient par divers moyens, qui sont tous pris, ou dans la nature même du principe colorant, ou dans la méthode qu'on suit pour appliquer la couleur.

Il n'est point de principe colorant, quelle que soit son affinité avec une étoffe, qui puisse produire une couleur bien unie, si on ne le présente dans un état de dissolution absolue.

Pour que cette dissolution ait lieu, il faut d'abord que la matière colorante soit très-divisée ; il faut encore employer un dissolvant convenable à la nature du principe colorant.

On remplit le premier objet en triturant, dans un mortier ou sous des meules, le principe colorant ; on le passe à des tamis ou à des cribles, pour que rien n'échappe à la pulvérisation.

Plus la matière colorante est divisée, plus

IV. 28

prompte, plus complète et plus facile est
l'extraction de la couleur : de sorte que
l'emploi d'une couleur bien broyée écono-
mise du temps, du combustible et de la matière tinctoriale.

On varie les procédés, pour opérer la division des substances colorantes, selon la
consistance, la nature et la volatilité des
matières sur lesquelles on opère.

La garance qui ne présente pas beaucoup
de dureté, peut indifféremment être broyée
sous des meules ou coupée par des couteaux.
La seule différence, c'est qu'on ne peut
moudre la garance sous la meule, que lorsqu'elle est très-sèche.

Dans les fabriques où l'on broie la garance pour la vendre en poudre, on en fait
trois principales qualités : la plus mauvaise
est celle qui provient de la première écorce;
la seconde qualité ne contient que l'aubier
de la racine, elle est plus rouge que les autres; et la première qualité est un mélange
du corps ligneux et d'un peu d'aubier.

Lorsqu'on emploie des bois durs, tels que
le campêche, le fernambouc, le bois jaune,
on les réduit en copeaux ou en écailles, avec
des instrumens tranchans. En Hollande et

en Angleterre, on divise ces bois durs dans des moulins qui n'ont pas d'autre usage.

Ces bois très-durs se laissent difficilement pénétrer par les liquides, de manière qu'on les laisse tremper fort long-temps, et qu'on en soutient l'ébullition pendant plusieurs heures; c'est ce qui rend l'exacte pulvérisation de ces bois extrêmement utile et même nécessaire.

Les écorces, telles que celles de *quercitron*, n'exigent pas de grands appareils : il suffit de les écraser sous des meules, à-peu-près comme on broie le tan.

On pulvérise la cochenille dans des mortiers de bois : quelques teinturiers la mêlent avec des cristaux de crême de tartre, ce qui facilite l'extraction de sa couleur dans le bain.

Dans tous les procédés de pulvérisation, il se volatilise une poudre subtile qui forme un nuage dans les ateliers où se fait cette opération : mais, outre que cette vapeur est quelquefois nuisible à la respiration, elle détermine une perte considérable pour le propriétaire, lorsque la matière est précieuse. Pour prévenir cette déperdition, on peut opérer dans des endroits couverts, ou

humecter la matière avec un peu de liquide ; c'est ce qui se pratique, lorsqu'on broie
de l'indigo, qu'on arrose avec un peu d'eau,
et souvent avec la lessive de potasse, mais
dans les seuls cas où l'on doit employer cet
alkali comme dissolvant.

Dès que le principe colorant est convenablement divisé, il ne s'agit plus que d'en
opérer la dissolution.

Mais, comme tous ces principes ne sont
pas de la même nature, on ne peut pas se
servir pour tous du même dissolvant.

Nous pouvons réduire à quatre ou cinq
tous les dissolvans connus : l'eau, les alkalis, les acides, l'alcool et les huiles.

ARTICLE PREMIER.

Préparation du Principe colorant par l'Eau.

L'EAU est celui des dissolvans qui a le plus
d'usages : à l'exception de quelques principes colorans de la nature des résines ou des
fécules, elle dissout les autres, et elle a l'a-
vantage de contracter une foible union avec
le principe colorant, de sorte qu'elle la cède
et s'en dépouille au point de redevenir limpide.

L'eau chaude extrait une plus grande quantité de principe colorant que l'eau froide.

Mais tous les principes colorans ne demandent pas le même degré de chaleur : il en est qu'on ne peut dissoudre que par une solution prolongée ; il en est qui n'exigent qu'une chaleur très-modérée.

Il faut connoître le degré de solubilité du principe colorant, à une chaleur déterminée, pour régler ses opérations : une ébullition trop prolongée, une chaleur trop forte, ternissent l'éclat de quelques couleurs; une chaleur trop foible n'extrait souvent qu'une partie du principe colorant.

Il est des substances tinctoriales qui contiennent plusieurs couleurs, lesquelles sont solubles, ou à des degrés de chaleur différens, ou dans des dissolvans de différente nature. Ces connoissances sont indispensables au teinturier pour maîtriser et bien conduire ses opérations.

Nous avons déjà parlé des différentes qualités d'eau qu'on emploie à la teinture; nous ajouterons ici qu'on est dans l'usage, dans quelques fabriques, de corriger les eaux en y mêlant de l'*eau sûre*, qu'on compose en faisant fermenter et aigrir un mélange de son et d'eau.

Lorsque les corps colorés extrêmement divisés s'attachent à l'étoffe dans le bain, de manière que le lavage ne puisse pas les séparer complètement, on est dans l'usage, ou de couler le bain avant de s'en servir, ou d'enfermer la matière colorante dans un sac pour que le seul principe colorant se dissolve dans le bain.

ARTICLE II.

Préparation du Principe colorant par les alkalis.

L'ALKALI est encore employé dans la teinture comme dissolvant de plusieurs couleurs ; nous comprenons la chaux dans cette classe.

En général, les couleurs qui proviennent de la fermentation, sont moins solubles dans l'eau et beaucoup plus dans l'alkali, ainsi que nous le voyons par l'indigo, le rocou et le pastel. L'eau ne dissout par ébullition, qu'un neuvième du poids de l'indigo ; le pastel ne colore presque pas ce liquide, et le rocou s'y dissout avec peine et très-imparfaitement sans le secours de l'alkali.

L'alkali peut servir encore de dissolvant pour quelques principes colorans résineux, tel que le rouge de carthame.

Nous ferons connoître succinctement de quelle manière, à l'aide de ce dissolvant, on peut disposer une couleur à être appliquée sur une étoffe.

On appelle *cuve d'Inde*, dans les ateliers de teinture, une dissolution d'indigo dans laquelle on n'a pas fait entrer le pastel, et où l'indigo est dissous par le moyen des alkalis.

Pour *monter* la *cuve d'Inde*, on délaie dans quarante seaux d'eau, environ 6 livres (3 kilogrammes) de cendres gravelées, autant de son et 12 onces (3,67128 hectogrammes) de garance (1).

On fait bouillir ce mélange, et on y jette ensuite 6 livres (3 kilogrammes) d'indigo broyé à l'eau. On *pallie* avec soin; on couvre la cuve.

---

(1) Pour donner un exemple, je suis forcé de décrire un procédé que j'ai vu pratiquer avec avantage. Les doses doivent varier, dans les divers ateliers, mais les proportions restent les mêmes.

On entretient le feu et on pallie, de douze en douze heures , jusqu'à ce qu'elle soit venue à bleu , ce qui arrive au bout de quarante-huit heures.

Le bain se couvre, pour l'ordinaire , de plaques cuivrées et d'écume ou *fleurée* bleue.

Cette cuve sert, non-seulement à teindre la laine, mais on peut également l'employer à teindre la soie , en observant d'augmenter la proportion de l'indigo , par rapport à la difficulté avec laquelle la soie prend le bleu de l'indigo.Lorsqu'on veut donner beaucoup de plénitude au bleu sur la soie , on fait prendre un pied d'orseille à l'étoffe , et on la passe ensuite à une cuve bien garnie.

Guhliche a décrit une cuve à froid pour teindre sur la soie : il broie une livre (0,48951 kilogramme) d'indigo dans l'eau , il y ajoute 3 livres (1,46853 kilogramme) de chaux éteinte à l'air , on agite le mélange et on le laisse ensuite reposer pendant quelques heures. On ajoute ensuite 3 livres (1,46853 kilogramme) sulfate de fer ; on remue , on couvre la cuve; et, après quelques heures de repos, on y met une livre et demie (0,73425 kilogramme) d'orpiment en poudre ; on laisse reposer ; on y teint la soie, lorsque la liqueur paroît claire sous la fleurée.

Cette cuve peut servir pour la soie, le lin et le coton.

On compose encore pour le fil et coton une cuve très-expéditive : on se borne à cuire dans une chaudière trois gros (1,147 29 décagramme) d'indigo pulvérisé, par pinte de lessive des savonniers, marquant 15 à 18 degrés ; dès que les molécules colorantes sont bien pénétrées, on met dans le bain 6 gros (2,294 58 décagrammes) d'orpiment en poudre ; on pallie ; et, peu de minutes après, le bain devient vert, fait de la fleurée bleue, et montre de la pellicule ; on délaie le tout dans une plus grande quantité d'eau, on pallie, et on peut teindre immédiatement après.

On peut remplacer l'orpiment par le sulfure d'antimoine ; mais je n'ai pas pu obtenir la même vivacité de couleur.

La cuve dans laquelle on fait entrer l'orpiment ne diffère du *bleu d'application* que parce que, dans ce dernier, il y entre beaucoup plus d'indigo. M. Hausmann le compose avec 200 livres d'eau, 50 livres potasse, 12 chaux vive, 12 orpiment et 16 indigo,

On forme la lessive avec les trois premières matières, et on finit par épaissir avec la gomme.

Hellot a décrit deux cuves dans lesquelles l'indigo paroît dissous par le moyen de l'urine qu'on emploie dans une forte proportion. Ici, c'est évidemment l'ammoniaque qui sert de dissolvant ; mais ces procédés ne sont plus usités, parce qu'ils ne sont ni aussi avantageux ni aussi expéditifs que les *cuves de pastel* ou les *cuves d'Inde*.

On substitue quelquefois la chaux vive aux alkalis : Bergmann compose une cuve en éteignant 6 gros de chaux vive dans le moins d'eau possible ; il y verse ensuite 2 livres d'eau, y dissout 3 livres sulfate de fer et 3 gros d'indigo broyé. On pallie, et, dans deux ou trois heures, on peut teindre.

Cette cuve peut servir pour le fil et le coton.

Mais, dans plusieurs cas où il s'agit de dissoudre l'indigo, on fait concourir l'action de la chaux et de l'alkali.

Ainsi, pour teindre le coton, on fait macérer, pendant huit jours, 20 livres (10

kilogrammes) d'indigo dans une forte lessive caustique. On broie ensuite l'indigo;
dans le même temps, on verse dans la cuve
environ 3 muids $\frac{1}{2}$ d'eau, et on y introduit
20 livres (10 kilogrammes) de chaux vive;
dès que la chaux est éteinte, on pallie la
cuve; on y fait dissoudre 36 livres (18 kilogrammes) de sulfate de fer; lorsque la dissolution est complète, on y jette l'indigo
moulu. On pallie la cuve, sept ou huit fois,
le même jour; et, après un repos de trente-
six heures, on peut teindre.

La fameuse cuve de pastel dont on se
sert généralement pour teindre en bleu,
est la plus compliquée de toutes. Les procédés varient dans les divers ateliers. Je vais
décrire celle qui m'a paru la plus parfaite.

On dépose 400 livres (20 myriagrammes)
de pastel bien divisé dans une cuve de 7
pieds (2,274 mètres) de profondeur sur 5
pieds (1,624 mètre) de diamètre.

On fait bouillir 30 livres (15 kilogrammes) de gaude dans une chaudière, où,
après trois heures d'ébullition, on ajoute
20 livres (10 kilogrammes) de garance et
autant de son.

On continue l'ébullition pendant demi-heure, après quoi on rafraîchit le bain avec 20 seaux d'eau.

On retire la gaude; on laisse clarifier et on transvase le bain dans la cuve.

On pallie pendant demi-heure.

On couvre la cuve, et, six heures après, on pallie encore pendant demi-heure.

On renouvelle cette manœuvre de trois en trois heures.

Dès qu'il paroît des veines bleues à la surface, on y mêle 8 à 9 livres (4 kilogrammes) de chaux vive, ce qui s'appelle *donner son pied à la cuve.*

La couleur se fonce en bleu, et il s'exhale des vapeurs âcres.

On introduit, dans le même temps, l'indigo broyé à l'eau, qu'on emploie dans la proportion de 10 à 30 livres (5 à 15 kilogrammes), selon la nuance qu'on desire.

On pallie, de temps en temps; il se forme de la fleurée bleue, et dès-lors la cuve peut travailler.

On recouvre la cuve de son couvercle et d'épaisses couvertures, pour qu'elle ne se refroidisse point, dès qu'on y ajoute la décoction de garance, et on ne la découvre que pour la pallier. Lorsque, malgré ces précautions, la chaleur se ralentit, on coule une partie du bain qu'on chauffe, et on le verse bouillant dans la cuve.

La chaux, employée dans une proportion trop forte ou trop foible, détermine des accidens fâcheux : dans le premier cas, la couleur devient noire ; l'odeur est piquante ; l'étoffe qu'on plonge dans le bain sort d'un gris sale. On appelle cette disposition une *cuve rebutée*. Dans le second cas, la couleur devient rousse, la pâte qui est au fond se soulève, l'odeur est fétide ; c'est une vraie putréfaction.

On rétablit une *cuve rebutée*, en y ajoutant de la garance, du son, de l'urine, du tartre, etc. ; en réchauffant la cuve ; en la laissant reposer sans la pallier ; en y versant un ou deux paniers de pastel neuf.

On corrige la putréfaction en ajoutant de la chaux, en palliant, etc.

Si l'on fait bouillir le rocou dans une lessive d'alkali, sa couleur devient d'un jaune plus clair et plus agréable. On nuance la couleur jaune du rocou, à volonté, en détruisant, à l'aide de l'acide du citron ou de l'alun, l'effet qu'a produit sur lui l'alkali.

Dans les ateliers où l'on emploie beaucoup de rocou, on a une passoire de cuivre à petits trous, dans laquelle on met le rocou coupé par morceaux. On plonge le tout dans une chaudière remplie d'eau tiède ; et, par le moyen d'un pilon de bois, on délaie le rocou qui passe dans le bain à travers les trous de la passoire. Dès qu'il a passé, on le remplace dans la passoire par de la cendre gravelée sur laquelle on opère de même ; on remue le bain avec un bâton ; on fait jeter deux ou trois bouillons au bain, et on arrête l'ébullition par de l'eau froide.

Lorsque le bain n'a pas assez d'alkali, la couleur *tuile* ou est couleur de brique ; dans ce cas, on donne du nouvel alkali, et on fait prendre un bouillon qu'on appaise de suite avec l'eau froide.

On dissout également le rouge de car-thame à l'aide des alkalis : à cet effet, on commence par le dépouiller de sa couleur jaune en le foulant, dans une eau courante, avec beaucoup de soin, après l'avoir enfermé dans un sac de forte toile ; et, lorsque le carthame est débarrassé de tout son jaune, on met le résidu dans un cuvier de sapin ; on divise le carthame avec soin, et on le saupoudre avec de la cendre gravelée ou

de la soude tamisée , à raison de six parties
par cent de carthame ; on mêle, à mesure
qu'on met l'alkali ; on foule avec les pieds
(ce qui s'appelle *amestrer* le safranum).

Lorsque le *safranum* est *amestré,* on le
met dans une petite barque longue, qu'on
nomme *grille*, dont le fond est formé par
des barres de bois placées à deux travers de
doigt l'une de l'autre ; l'intérieur de la
barque est garni d'une bonne toile serrée.
On la remplit de *safranum,* on la place sur
un cuvier, et on y verse de l'eau froide
dessus. L'eau entraîne l'alkali qui tient le
principe colorant en dissolution : on passe
de l'eau jusqu'à ce qu'elle ne prenne plus
de couleur : alors on mêle encore au safranum un peu d'alkali ; on passe de la nouvelle eau , et le carthame se trouve dépouillé de toute sa couleur. C'est ensuite
par le moyen d'un acide qu'on précipite
le principe colorant, en s'emparant de l'alkali : le jus de citron sert ordinairement à
cet usage.

ARTICLE III.

Préparation du Principe colorant par les Acides.

On emploie, dans quelques cas, les acides comme dissolvans des principes colorans. Le *bleu chimique de Pœrner*, ou *bleu de Saxe des teinturiers*, n'est que la dissolution de l'indigo dans l'acide sulfurique concentré : on broie, par exemple, 4 onces (1,22376 hectogramme) d'indigo de bonne qualité; on les met dans un vase de verre ou dans une terrine vernissée, et on verse dessus une livre (0,48951 kilogramme) d'acide sulfurique concentré. On remue bien le tout, et on laisse reposer vingt-quatre heures : on y ajoute ensuite 8 à 9 livres (4 à 5 kilogrammes) d'eau.

Bergmann, qui a beaucoup travaillé sur cette matière, conseille d'employer 8 parties d'acide sur une d'indigo.

Ce bleu pénètre difficilement dans le corps de l'étoffe : c'est pour corriger ce défaut que MM. Quatremère et Pœrner ont proposé d'y ajouter de la potasse dans la

proportion d'environ le sixième de l'acide.
L'alkali rend le bleu plus vif, plus foncé
et plus pénétrant.

Cette dissolution ne peut servir que pour
la laine. La soie s'y colore; mais la couleur,
qui résiste à l'eau, ne peut pas supporter
l'action du savon. Les fils et cotons ne prennent, dans cette teinture, qu'une nuance
pâle.

Bergmann insiste beaucoup pour que
l'acide qu'on emploie soit au dernier degré
de concentration. Il en a employé, avec un
grand succès, dont la pesanteur étoit à celle
de l'eau dans le rapport de 19 à 10. J'ai eu
occasion d'observer que, lorsque l'acide
sulfurique retient quelque peu d'acide nitrique, la couleur de l'indigo tourne au
vert.

Guhliche a proposé d'extraire la couleur du bois jaune, du genêt, du curcuma
et de la graine d'Avignon, par le moyen de
l'acide acéto-citrique, ou simplement par
l'acide acétique ou tout autre acide végétal. Pour préparer son acide acéto-citrique,
il coupe, par tranches, des citrons dé-
pouillés de leur écorce; il les arrose avec
du bon vinaigre, et soumet le tout à une

presse, pour en extraire le suc; il filtre par
un papiér; il expose la liqueur au soleil,
pour la faire déposer; il filtre et distille au
bain de sable, jusqu'à ce qu'on voie paroître
des stries d'huile au col de la cornue.

Guhliche alune, à froid, une livre
(0,48951 kilogramme) de soie, pendant
douze heures, dans une dissolution de
2 onces (0,61188 hectogramme) d'alun;
et il teint, à chaud, dans un bain composé de 2 onces (0,61188 hectogramme)
de curcuma, et d'une partie d'acide acéto-
citrique, sur 5 livres d'eau.

Il prépare la laine par un léger alunage
auquel il ajoute un peu d'acide muriatique;
il forme le bain de teinture avec la graine
d'Avignon ou le bois jaune dissous dans un
acide végétal, et avec un peu de dissolution
d'étain.

Le même chimiste a proposé d'extraire
la couleur du fernambouc, en recouvrant
les copeaux de ce bois avec l'acide acétique
ou l'acide acéto-citrique; il agite le mélange
et le laisse reposer pendant vingt-quatre
heures. Il décante ensuite la liqueur, qu'il
conserve pour le besoin. On verse sur le

résidu du nouvel acide, et on continue jusqu'à ce que le bois soit épuisé.

Lorsqu'on veut faire usage de cette liqueur, on l'étend d'eau qu'on chauffe à y tenir la main; on y verse de la dissolution d'étain jusqu'à ce qu'elle ait pris une couleur de feu; on l'agite, et on y plonge l'étoffe foiblement engallée et alunée.

L'acide nitrique et l'acide muriatique oxigéné donnent une couleur jaune à toutes les substances animales. On s'est même servi avec succès du premier de ces deux acides, pour donner à la soie et à la laine une couleur jaune très-agréable. L'acide nitrique produit le même effet sur la garance; mais le jaune qu'il développe disparoît avec l'acide; la garance, ainsi décolorée, n'en fournit pas moins une couleur rouge au coton.

ARTICLE IV.

Préparation du Principe colorant par les Huiles.

LES huiles peuvent être comptées parmi les dissolvans des principes colorans. L'huile

d'olive dissout la couleur de l'orcanette.
L'huile de lin est le dissolvant le plus usité
pour la composition des vernis gras ; et
l'huile de térébenthine dissout elle-même
les résines et sert à former des vernis.

L'alcool est presque le seul dissolvant
des résines. Nous avons parlé de ses usages
en traitant des vernis.

SECTION VI.

De la Préparation des Mordans.

POUR traiter avec ordre une des parties
les plus importantes de la teinture, puisque
c'est sur elle que repose l'art de fabriquer
des couleurs à-la-fois solides et brillantes,
je diviserai les mordans en mordans *terreux*
et en mordans *métalliques ;* et nous termi-
nerons cet article par quelques observations
sur la manière dont on les combine pour
faire concourir leurs effets.

ARTICLE PREMIER.

Préparation des Mordans terreux.

La chaux et l'alumine sont les seuls principes terreux dont on se serve comme *mordans*.

On ne les emploie que dans leur état de combinaison avec les acides, et quelquefois avec les alkalis.

Le sulfate d'alumine potassé ou l'alun, est le composé d'alumine le plus usité.

On connoît, dans le commerce, cinq à six qualités d'alun; et, aujourd'hui qu'on le forme, de toutes pièces, dans plusieurs établissemens, nous pouvons distinguer l'alun en *alun de mine* et en *alun de fabrique.*

Tous les aluns ont des vertus égales, lorsqu'ils sont bien préparés; il suffit même de faire dissoudre et recristalliser l'alun le plus mauvais, pour lui donner les qualités des meilleurs aluns. C'est ce qu'on fait, depuis quelque temps, dans le commerce où l'on vend, comme alun de Rome, les mauvais aluns d'Espagne ou de Liége, après les avoir purifiés par une seconde cristallisation.

Toutes les étoffes ne sont pas également sensibles aux diverses qualités d'alun. La différence dans ces sels n'en produit aucune sur les couleurs qu'on donne à la laine, mais elle est très-sensible sur la soie et le coton.

L'alun de Rome a dû être placé au premier rang parmi les aluns, parce que la calcination qu'on fait subir au minerai, déjà calciné dans le sein de la terre, en a parfaitement uni et combiné les principes.

L'alun est employé dans la teinture de toutes les étoffes connues; mais la manière d'aluner varie pour chacune d'elles.

Lorsqu'on veut aluner la soie, on fait dissoudre, dans de l'eau tiède, 40 à 50 livres (20 à 25 kilogrammes) alun de Rome; on verse cette dissolution dans une tonne contenant déjà 40 à 50 seaux d'eau fraîche, on remue avec soin, pour éviter que l'alun ne se congèle ou cristallise.

On plonge dans ce bain d'alun les soies, passées en cordes, et *écoulées* sur la cheville pour ôter le plus gros du savon.

On plonge dans l'alun toutes les cordées, en observant que les mateaux ne soient pas trop roulés sur eux-mêmes ou *voltés*, comme

disent les teinturiers; que les cordées soient
à l'aise, etc. On les laisse dans cet état depuis le soir jusqu'au matin; après quoi,
on les lave, on les tord à la main et on les
rafraîchit à la rivière.

Dans quelques ateliers, on passe les mateaux de soie sur des bâtons, et on leur
donne trois ou quatre *lises*; on les fait ensuite submerger dans le bain.

On peut passer 150 livres (75 kilogrammes) de soie dans le bain dont nous
venons de parler. Mais, lorsque le bain
s'affoiblit, ce que le teinturier reconnoît
au goût, il y dissout du nouvel alun, ce
qu'il appelle *recruter*.

Lorsque le bain commence à prendre
une mauvaise odeur, on y alune les soies
destinées aux couleurs basses, telles que
les bruns, marrons, etc. et on le jette.

On alune ordinairement les soies à froid,
parce qu'on a observé que l'alunage chaud
altéroit le lustre.

Il est plus avantageux d'aluner les soies
fort que foible, parce qu'un alunage fort
tire mieux la teinture; et que, d'ailleurs,
elle est plus unie.

Il se forme une incrustation, sur les

côtés de la cuve, où l'on alune, ce qui provient de la décomposition de l'alun par le savon que les soies retiennent toujours en plus ou moins grande quantité.

Lorsqu'on veut aluner de la laine, on commence par la faire bouillir pendant une heure dans un bain d'eau et de son, pour en séparer toute l'huile; puis on la lave à l'eau froide.

On la porte ensuite dans une dissolution d'alun, où on la fait bouillir pendant deux heures; on la retire; on la met à égoutter, pendant 12 ou 15 heures, après l'avoir exprimée; et on la lave ensuite dans l'eau froide.

Lorsqu'on ne veut pas la teindre dans l'instant, on la couvre d'une toile mouillée pour lui conserver son humidité.

L'alun n'est employé seul dans l'alunage de la laine que pour le cramoisi. Pour toutes les autres couleurs, on le mêle avec la crême de tartre qui aide à son action, comme nous l'avons observé en parlant des mordans en général.

Lorsqu'on veut teindre la laine en garance, on alune l'étoffe dans un bain où l'on a fait fondre 4 onces (1,22376 hecto-

gramme) d'alun et 8 onces (2,44752 hectogrammes) de crême de tartre, par livre
(0,48951 kilogramme) de laine.

Pour teindre la laine avec la gaude, suivant Scheffer, on commence par cuire la
laine avec le son, et on la macère ensuite,
pendant deux heures, dans l'eau bouillante
avec un quart d'alun et un douzième de
tartre.

On emploie, à-peu-près, le même procédé pour teindre avec la sariette et autres
végétaux colorans en jaune.

On voit dans tout ce qui précède, que
l'alunage de la laine se fait par ébullition,
et qu'on ne dessèche pas complètement
l'étoffe avant de la teindre.

L'alunage sur coton diffère encore de
celui qu'on donne à la soie et à la laine :
ici, cette opération ne s'exécute, lorsqu'il est
question du rouge d'Andrinople, qu'après
l'engallage ; et elle se borne à dissoudre environ un cinquième d'alun dans de l'eau
tiède, et à y passer le coton, sans faire
bouillir, en foulant les mateaux séparément
dans une portion du bain qu'on puise dans
la chaudière, et qu'on verse dans une terrine pour que le foulage soit plus régulier.

Après l'alunage, on fait sécher le coton, et on le lave ensuite avec un soin extrême avant de le teindre.

L'acide sulfurique n'est pas le seul dissolvant qu'on emploie pour porter l'alumine sur les étoffes. L'acide acétique présente plus d'avantage : à cet effet, on dissout 3 livres (1,46853 kilogramme) d'alun pulvérisé dans 3 pintes d'eau; on mêle, dans cette dissolution, une livre (0,48951 kilogramme) de sel de saturne; on agite la liqueur, qui prend de suite un très-beau blanc; on y jette peu à peu 2 onces (0,61188 hectogramme) de craie et 2 onces (0,61188 hectogramme) de potasse; il se produit une vive effervescence, on remue le mélange et on le laisse ensuite reposer.

Il se forme un dépôt très-blanc qui n'est que du sulfate de plomb, mêlé d'un peu de sulfate de chaux. La liqueur qui surnage tient en dissolution beaucoup d'acétate d'alumine (sel de saturne) et un peu d'alun non décomposé.

Ce mordant d'alumine est celui dont se servent les imprimeurs sur toile pour fixer le rouge de garance sur l'étoffe. Il doit être préféré à l'alun ordinaire, dans toutes les opérations d'alunage, parce qu'outre l'avantage qu'a l'acide acétique sur le sulfurique, l'acétate d'alumine ne cristallise pas sur l'étoffe et agit sur elle plus long-temps et par toute sa masse.

On se sert encore des alkalis pour dissoudre l'alumine. J'ai même observé que la couleur étoit plus fixe. On se borne à verser dans le bain d'alun une suffisante quantité de potasse ou de soude pour dissoudre l'alumine qui se précipite. Dans ce cas, c'est un vrai trisule qu'on emploie ; car l'acide sulfurique n'est point mis à nu ; il reste combiné avec l'alumine et l'alkali ; mais, par cela même, il est moins adhérent à l'alumine ; et les étoffes, les astringens et les principes colorans en précipitent cette terre plus aisément.

Les sels calcaires forment des mordans très-énergiques, sur-tout pour les cotons et les fils de chanvre et de lin; mais ils ont l'inconvénient d'en ternir les couleurs, ce qui fait que les teinturiers les rejettent.

Pœrner a cependant employé le sulfate de chaux calciné, en qualité de mordant, pour produire, avec la cochenille, des cou-

leurs de giroflée bleuâtre tirant sur le rouge.
Il fait bouillir, pendant une heure, le plâtre calciné, dans une chaudière, où on ne
le met que lorsque l'eau est plus que tiède.
Après cela, on y plonge le drap préalablement trempé dans de l'eau tiède, et on le
fait bouillir pendant une heure; on l'y laisse
reposer vingt-quatre heures lorsqu'il est
froid. On compose ensuite le bain avec la
cochenille et le tartre.

Si l'on mêle du sel marin avec le plâtre,
la couleur fournie par la cochenille sera
plus claire et plus rougeâtre; si on substitue
de la dissolution d'étain au sel marin, la
couleur tirera beaucoup plus sur le rouge.

J'ai constamment observé que la chaux
avoit une telle affinité avec tous les principes colorans de la classe des astringens,
qu'elle se combinoit avec eux, et en avivoit
la couleur, à tel point, qu'en mêlant de la
chaux vive avec une forte décoction aqueuse
de l'écorce du chêne noir de l'Amérique
septentrionale, il en résulte, dans le moment, un *magma* d'une magnifique couleur jaune, qui jouit d'une assez forte fixité,
et dont on peut tirer un grand parti dans
la teinture.

C'est encore la chaux qui, dans la préparation des cuves d'indigo et de pastel, donne de l'éclat et de la fixité à cette couleur bleue.

ARTICLE II.

Préparation des Mordans métalliques.

LES oxides métalliques ont une affinité très-prononcée avec presque toutes les étoffes : il est peu de dissolutions de métaux qui ne laissent sur elles une impression très-marquée; la trace en est souvent presqu'ineffaçable.

Mais, comme un oxide, pour être un bon mordant, ne doit présenter qu'une base incolore au principe colorant, il en est peu qui puissent être employés comme tels.

On ne peut se servir des oxides colorés que lorsqu'on a pour but d'obtenir des couleurs sombres, ou des couleurs composées dont le mordant devient alors un des principes colorans. C'est ainsi que l'oxide de fer fixé sur le coton, convertit le rouge de garance en violet, pruneau, ou lilas, selon les proportions.

L'oxide d'étain paroît, jusqu'à présent, le mordant le plus parfait de tous ceux que fournissent les métaux. Il est principalement employé dans la teinture écarlate, et c'est de cet usage que nous allons nous occuper de suite.

La *composition* pour l'écarlate, qui n'est qu'une dissolution d'étain dans l'acide nitro-muriatique, n'a pas une préparation uniforme dans les divers ateliers.

En Espagne, on dissout l'étain dans l'acide sans l'affoiblir ; en France, on délaie l'acide par l'eau : Hellot conseille parties égales d'acide et d'eau ; Macquer propose quatre parties d'acide et trois d'eau.

La proportion de l'étain varie encore : Hellot en emploie un seizième sur l'acide ; Scheffer, un quart ; Pœrner, un huitième ; Macquer, trois, sur huit d'acide.

Les dissolutions qui contiennent le plus d'étain, sont brunes et donnent des couleurs plus foncées et plus ternes ; mais, si on n'employoit pas une dissolution très-chargée pour la soie, la couleur seroit beaucoup trop claire.

La préparation varie encore par le choix qu'on fait de l'acide : quelques teinturiers emploient, sans aucun changement, l'eau-forte qui provient de la distillation ou décomposition du salpêtre brut, mais cet acide varie comme ce salpêtre, c'est-à-dire, qu'il n'est jamais de qualité égale.

Dans beaucoup d'ateliers de teinture, on est dans l'usage de dissoudre du sel marin ou du sel ammoniaque dans l'eau-forte : mais les proportions varient encore, depuis un quart jusqu'à un seizième ; et, comme la qualité de l'eau-forte n'est jamais bien connue d'avance, c'est presque toujours au hasard qu'on forme les mélanges. Ainsi, tantôt l'acide muriatique est dans une trop forte proportion, et alors la composition donne des couleurs vineuses ; tantôt, il n'y est pas en quantité suffisante, et alors l'acide précipite, et la couleur est maigre.

Je crois avoir constaté, par des expériences rigoureuses, que le procédé par lequel on obtenoit la meilleure composition, consistoit à employer l'acide nitrique pur, marquant 30 à 32 degrés, dans lequel on dissout à froid le dixième de son poids de sel ammoniaque raffiné. Pour faciliter cette dissolution, on brise le sel et on le met dans l'acide : quelques jours après, lorsque la dissolution est faite, on y ajoute l'étain dans la proportion du huitième de l'acide. La dissolution se fait lentement; et, dès qu'elle est terminée, on l'étend du quart de son poids d'eau, et on la conserve pour l'usage.

L'acide nitrique pur qu'on emploie pour cette composition est connu, dans les ateliers des distillateurs, sous le nom d'*eau-forte pour le départ*, d'*eau-forte pour les chapeliers*.

L'observation a appris que, lorsque la dissolution se faisoit avec une vive effervescence, la couleur étoit moins vive et moins agréable que lorsqu'elle se faisoit lentement.

Lorsqu'on prépare un drap pour l'écarlate, on commence par mettre dans une chaudière d'étain pleine d'eau 14 gros (4,35402 décagrammes) de crême de tartre broyée par livre (0,48951 kilogramme) de drap; dès que le bain est en ébullition, et que le tartre est bien dissous, on y ajoute successivement 4 gros (1,52972 décagramme) de dissolution d'étain par livre (0,48951 kilogramme) de drap, et on fait bouillir encore pendant quelques minutes.

Alors on y met le drap; on le fait bouillir pendant deux heures; après quoi, on le retire et on le porte à égoutter.

On peut varier, à volonté, les nuances de l'écarlate en variant les proportions de la dissolution d'étain et de la crême de tartre. Le tartre éclaircit la couleur, et ajoute à sa solidité; mais, si on l'y fait entrer dans une proportion trop forte, il rend l'écarlate pâle et sans vivacité. Il est peu de teinturiers qui l'emploient à dose égale; cependant, Pærner prescrit cette proportion.

Le tartre, à petite dose, fonce la couleur; la dissolution d'étain la porte à l'orangé: c'est, d'après ces résultats, qu'on peut se conduire pour obtenir la nuance qu'on desire.

La dissolution d'étain ne donne à la cochenille, sur la soie, qu'un cramoisi fin. On emploie cette composition dans la proportion d'un seizième sur la quantité de cochenille; et la cochenille, dans la proportion d'un huitième sur le poids de la laine.

Macquer s'est convaincu qu'en imprégnant la soie de la dissolution d'étain, et la plongeant ensuite dans une décoction de cochenille, elle prenoit une couleur très-belle, pleine de feu, et du ton du rouge de carthame.

En donnant à la soie un pied de jaune avant de la teindre de cette manière par la cochenille, on obtient un *ponceau fin*, aussi beau, plus solide et plus économique que celui que fournit le carthame.

La dissolution d'étain peut servir encore, avec avantage, pour exalter la couleur du fernambouc et la rendre plus solide.

On fait un grand usage, depuis quelques années, du sel d'étain (muriate d'étain) pour aviver les rouges et leur servir de mordant, tant sur la soie que sur le coton.

On imite très-exactement la couleur nankin, en passant le coton, à plusieurs reprises et alternativement, dans une décoction de tan et dans une dissolution de sel d'étain.

M. Dambourney, de Rouen, a fait un grand usage d'une dissolution de bismuth, qu'avoit déjà proposée M. de la Folie, de la même ville. On dissout une partie de bismuth dans quatre parties d'acide nitrique; on jette ensuite cette dissolution dans le bain qui contient du tartre, et on y verse, en même temps, une dissolution de sel marin.

M. Berthollet a prouvé que, de quelque manière que se fît la dissolution, il se formoit toujours un précipité par le mélange de l'eau, lequel précipité rembrunissoit les principes colorans.

J'ai essayé ce mordant dans la teinture en rouge du coton, pour laquelle son auteur l'avoit proposée; mais je n'ai pas obtenu plus d'effet que d'une eau acidulée par l'acide nitrique.

L'oxide d'arsenic a aussi ses usages, comme mordant, dans les opérations de teinture. Vogler paroît avoir employé, avec succès, la dissolution de cet oxide par la potasse, dans la teinture en rouge des fils et cotons. Il étend ce composé de deux parties d'eau, et mêle cette dissolution à une dissolution saturée d'alun. Le mélange se trouble d'abord et devient gélatineux; mais on rétablit la transparence, en y ajoutant, peu à peu, de la dissolution d'alun. Les fils et les cotons trempés, pendant douze heures, dans ce mordant, lavés et séchés, ont pris, avec la garance, une couleur très-saturée.

Les sulfures d'arsenic, connus sous les noms d'*orpin*, *réalgar*, *sandaraque*, *arsenic jaune*, *arsenic rouge*, etc. sont usités dans la teinture, sur-tout pour les préparations d'indigo.

On peut remplacer le sulfure d'arsenic par le sulfure d'antimoine ; mais ce dernier ne donne pas à la couleur la même vivacité.

Le sublimé corrosif a aussi quelques usages dans la teinture : Wilson l'a fait entrer dans la composition du mordant des imprimeurs sur toile, dans la proportion du huitième du sel de saturne.

Vogler a démontré que ce sel rendoit la couleur de la garance plus solide et plus sombre.

Les oxides de plomb disposent une étoffe à prendre abondamment les couleurs végétales, mais ils en ternissent l'éclat. Vogler a obtenu un beau noir, en engallant des fils et des cotons imprégnés de sel de plomb, en les mettant ensuite dans une dissolution de sulfate de cuivre, et les faisant bouillir dans un bain de campêche.

L'effet peu connu du sulfate de zinc se borne à foncer, peu à peu et graduellement, la garance, la cochenille et généralement toutes les couleurs. Cet effet se produit par le contact de l'air, ce qui annonce que son oxide travaille constamment et prend de l'oxigène.

Dans le nombre des oxides métalliques, il en est qui ont une telle affinité avec les étoffes, qu'ils s'y fixent d'une manière très-solide, et qu'on peut en former des couleurs presque indestructibles.

L'oxide de fer, par exemple, quoique engagé dans une base, mis en contact avec une étoffe, la colore en nankin, en noisette ou en chamois ; et, lorsque des parcelles d'oxide de fer nagent suspendues dans un liquide, il suffit d'y plonger du coton pour qu'elles s'y déposent et s'y fixent.

On peut profiter de cette propriété, pour teindre en nankin, chamois, noisette et rouille, les cotons, le lin et le chanvre. Il suffit de les plonger dans une dissolution de sulfate de fer, d'acétate de fer ou de tout autre sel métallique de cette nature ; la couleur se fonce, peu à peu, à l'air ; et elle deviendroit rude, si on n'avoit la précaution de porter l'étoffe humide dans une dissolution d'alun, très-chargée de potasse, sans néanmoins précipiter.

Nous avons eu déjà occasion d'observer

que l'oxide de fer pouvoit servir de mordant à la garance, pour former le violet, le
pruneau, le lilas.

On sait encore que cet oxide fait essentiellement la base des couleurs noires; de
sorte qu'on peut le regarder comme le plus
employé de tous et comme le plus utile,
soit pour former des couleurs par lui-même,
soit pour servir de mordant, au rouge de
la garance, au tanin ou principe astringent.

La grande différence qu'il y a entre cet
oxide et celui d'étain, c'est que ce dernier
avive les couleurs qu'on porte sur lui, tandis que le premier altère les couleurs naturelles des principes colorans, et ne produit
que des couleurs composées.

La préparation du mordant de fer varie
dans chaque atelier : les uns emploient le
sulfate sans aucune addition; d'autres composent eux-mêmes leur mordant pour le
noir, et ces derniers ont des recettes qui,
presque toutes, se réduisent à faire dissoudre le fer dans le vinaigre; mais il en est
qui y ajoutent la décoction de quelques livres de farine de seigle, tandis que d'autres
y mêlent de l'urine, de la saumure de ha-
rengs, etc.

Plus la composition est vieille, meilleure elle est : les noirs de Gênes, qui ont joui, pendant long-temps, d'une grande célébrité, ne doivent leur supériorité qu'à l'ancienneté de la composition, qui, depuis deux à trois siècles, est nourrie et entretenue avec un soin religieux, et forme une propriété vraiment communale.

Aujourd'hui, on remplace, généralement par-tout, les acides sulfurique, acétique et autres par l'acide pyro-ligneux, qu'on obtient abondamment de la distillation des végétaux, et qu'on se procure avec beaucoup d'économie dans tous les lieux où s'opère en grand la carbonisation du bois.

Cet acide, qui, d'après l'analyse de MM. Fourcroy et Vauquelin, n'est que de l'acide acétique, tenant en dissolution une certaine quantité d'huile, a deux avantages: le premier, c'est de présenter à l'artiste un bon dissolvant à bas prix ; le second, c'est de porter avec lui un principe huileux, qui est un excellent mordant pour le coton. Il n'est donc pas étonnant qu'on le préfère lorsqu'il s'agit de former le *bouillon pour le noir*.

Il est des cas où l'affinité des mordans

est préparée par d'autres substances qui la déterminent.

L'alun se décompose péniblement et imparfaitement sur les étoffes animales, sans le secours de la crême de tartre.

L'alun ne se décompose pas sensiblement sur les matières végétales; mais l'huile et la noix de galle dont on les imprègne, déterminent cette décomposition.

Le mordant le plus compliqué qu'on connoisse en teinture, est celui du rouge d'Andrinople: on commence par imprégner les cotons d'une dissolution savonneuse avec excès d'huile et mêlée de matière animale: on les engalle ensuite; après cela, on alune: il se fait alors un composé de trois principes (huile, tanin et alumine) qui adhère tellement au coton, qu'aucun lavage ne sauroit l'entraîner (1).

SECTION VII.

De la Coloration des Etoffes.

Nous avons déjà dit, de quelle manière

---

(1) On peut consulter le Mémoire que j'ai publié sur ce mordant, dans le Recueil des Mémoires de l'Institut, vol. II.

on pouvoit extraire les divers principes colorans : nous avons fait connoître par quels procédés on portoit les mordans sur l'étoffe, avant d'y fixer la couleur : il s'agit, à présent, d'indiquer les moyens à l'aide desquels on colore l'étoffe.

Pour qu'une étoffe soit également et suffisamment colorée sur tous les points, il faut des précautions dont peu de teinturiers sont capables, lorsqu'ils n'ont pas une grande habitude de leur art.

Après avoir porté le mordant sur l'étoffe, le plus souvent on fait sécher et on lave ensuite avec soin pour enlever la portion de mordant qui ne s'est pas combinée : le lin et le coton sont traités de cette matière pour toutes les couleurs, à l'exception du bleu d'indigo. Mais les étoffes animales sont portées au bain de teinture, encore humides du mordant ou du savon qu'on leur a donné ; on les exprime à la main ou à la cheville, on les évente et on teint.

La manipulation n'est pas la même pour teindre des draps que pour teindre des fils : dans le premier cas, on se sert d'un tour, qu'on dispose sur la chaudière, pour passer l'étoffe dans le bain ; dès que le drap a plongé

dans le bain, on le tourne rapidement pour
que toutes les parties se colorent également.
Deux hommes sont nécessaires à ce travail :
tandis que l'un fait mouvoir le tour, l'autre
déroule l'étoffe et l'étend avec soin, pour
que toutes les surfaces prennent également
la couleur. Du moment que le bain commence à bouillir, on y plonge l'étoffe; quelquefois même on ne porte pas à l'ébullition,
comme nous allons le voir dans le moment :

Lorsque la matière qu'on veut teindre est
en fils, on la forme en mateaux qu'on passe
dans des rouleaux de bois qu'on fait porter,
par les deux bouts, sur les bords de la chaudière.

Dès que le bain est prêt, on place ces bâtons sur la chaudière, et on fait plonger de
suite, dans le bain, une portion du ma-
teau. A l'aide d'un bâton pointu, on soulève les mateaux, et on les retourne de manière à en plonger successivement dans le
bain toutes les parties.

Lorsqu'on veut porter le bain à l'ébullition, on passe des cordes dans les mateaux;
on attache ces cordes aux bâtons, et on les

laisse dans le bain pendant tout le temps qu'on juge convenable.

Cette marche est la plus générale, mais elle reçoit des modifications infinies, eu égard aux diverses couleurs, qu'il est essentiel de connoître.

S'il est question de teindre la laine, on commence par lui donner un bain d'eau et de son, par une heure d'ébullition; après cela, on la lave.

Lorsqu'on veut teindre la laine avec la garance, on lui donne un mordant d'alun et de tartre, et on la rougit dans un bain qu'on a formé avec 4 onces (1,22376 hectogramme) de garance par livre (0,48951 kilogramme) de laine; on met l'étoffe presqu'en même temps que la garance; on chauffe peu à peu le bain; on retourne avec soin l'étoffe; on fait bouillir, quelques instans; on lave, au sortir du bain, et on met à sécher. Hellot emploie demi-livre (0,24475 kilogramme) de garance par livre (0,48951 kilogramme) de laine; il entretient le bain à une chaleur voisine de celle de l'eau bouillante, pendant une heure, et ne fait bouillir que quatre à cinq minutes.

On peut donner plus d'éclat à cette couleur, en ajoutant au premier bain de préparation, fait avec le son, un huitième de crême de tartre.

Le rouge est encore plus vif, si on fait entrer un peu de dissolution d'étain dans le mordant.

S'il est question de teindre la laine en écarlate, après avoir passé l'étoffe au mordant, ainsi que nous l'avons dit, et préparé le bain de teinture par la méthode que nous avons indiquée, on y descend le drap, le plus promptement possible, à l'aide du tour: on tourne très-vite, pendant quelques minutes; on ralentit ensuite le mouvement, et on y fait bouillir le drap pendant une heure; on le monte sur le tour, où il s'égoutte et se refroidit, après quoi on le lave et on le fait sécher dans un endroit sombre et aéré.

Pœrner a observé que la couleur étoit plus belle, lorsqu'on laisse reposer l'étoffe dans son mordant, devenu froid, pendant quarante-huit heures.

On peut encore préparer séparément les matières qui doivent composer le bain de teinture, pour les verser dans la chaudière, au moment d'y mettre le drap. A cet effet,

on fait bouillir, dans un petit vaisseau d'é-
tain, par livre de laine, 1 livre $\frac{1}{2}$ (0,73426
kilogramme) d'eau, 2 gros (0,76486 décagramme) de tartre, et 1 once (0,30594
hectogramme) de cochenille. Dès que l'é-
bullition commence, on y ajoute 1 once
(0,30594 hectogramme) de dissolution d'é-
tain; on fait bouillir doucement pendant
quinze minutes; on retire le vase du feu, et
on verse cette dissolution dans l'eau bouillante de la grande chaudière, au moment
où on va plonger le drap.

Pour teindre la laine en bleu de cuve,
on assujétit aux côtés de la cuve des cercles
de fer ou de cuivre, qu'on attache avec des
cordes à des crochets qui sont sur les bords.
L'intérieur de ces cercles est garni d'un filet; et, lorsqu'on veut teindre des laines,
on y met encore par-dessus un filet à mailles
plus serrées. Ces dispositions sont nécessaires pour que l'étoffe n'aille pas remuer le
dépôt qui se forme au fond de la cuve.

Dès que la chaudière est garnie de sa
champagne (c'est ainsi qu'on nomme cet
appareil), on y plonge l'étoffe, préalablement humectée dans l'eau tiède et fortement
exprimée; on la mène plus ou moins de

temps, selon le degré de fond qu'on desire donner à la couleur. Ensuite on la retire, et on la tord, par-dessus la cuve ; on l'ouvre et on l'évente.

La couleur verte qu'a l'étoffe, au sortir du bain, se change en bleu par l'action de l'air.

On rince l'étoffe dans une cuve, pour ne pas perdre le peu d'indigo qui peut avoir été entraîné; on la lave ensuite à une eau courante, et on fait sécher dans un endroit ombragé et aéré. Lorsque la couleur est matte et sale, on passe l'étoffe teinte, dans l'eau bouillante, pour la purger de tout ce qui peut la salir.

Pour teindre en bleu de Saxe, on donne au drap un mordant de 2 onces $\frac{1}{2}$ (0,76485 hectogramme) d'alun, et 1 once $\frac{1}{2}$ (0,45891 hectogramme) crême de tartre, par livre (0,48951 kilogramme) de drap. On fait bouillir, pendant une heure, l'étoffe dans le bain, et on l'y laisse reposer pendant vingt-quatre heures.

On prépare le bain de teinture en portant l'eau à l'ébullition, pour y verser alors 10 gros (3,82430 décagrammes) de dissolution d'indigo dans l'acide sulfurique, par livre (0,48951 kilogramme) de drap, et on y plonge le drap, qu'on fait bouillir vingt ou trente minutes; on remonte sur le tour, et on lave soigneusement.

On obtient les nuances qu'on desire, en variant le dosage de la dissolution.

Le jaune se donne assez généralement à la laine par la décoction de la gaude; mais, comme cette plante cède assez difficilement son principe colorant, on emploie les alkalis pour favoriser cette extraction de couleur. On ne peut néanmoins faire usage des alkalis que lorsqu'on opère sur le coton ou le fil, et on les remplace par le sel marin, le sel ammoniaque et l'alun, lorsqu'il s'agit des étoffes animales qui se dissoudroient dans les alkalis. Il est des teinturiers qui emploient la chaux pour aviver plusieurs principes colorans jaunes, sur-tout celui de *quercitron*.

En faisant bouillir la gaude avec le sel marin, le plâtre ou l'alun, on peut avoir des nuances de jaune plus ou moins foncées : le sel marin produit la plus foncée; l'alun donne la plus claire; le sel ammoniaque rend le bain verdâtre; le tartre pâlit la couleur; la couperose la brunit.

Scheffer a observé qu'en faisant bouillir la laine, pendant deux heures, avec un quart de dissolution d'étain et un quart de crême de tartre, elle prend ensuite une belle couleur avec la gaude.

Pærner propose de préparer l'étoffe, comme pour l'écarlate, pour donner plus d'éclat et de solidité à la couleur de la gaude.

Il faut, au moins deux parties de gaude, pour donner un bon fond de couleur à une partie de laine.

Le noir, qu'on peut considérer en teinture comme une couleur primitive, peut se donner à la laine, à l'aide de la couperose et de la noix de galle : mais comme, par ce moyen, on arrive lentement à avoir un noir parfait, qui d'ailleurs n'est pas très-solide, on prend le drap teint en bleu foncé avant de le passer à la décoction de noix de galle, dans laquelle on le fait bouillir deux heures; on le passe ensuite dans une solution tiède de sulfate de fer, après quoi on le plonge dans une forte décoction de campêche où on le tient, presqu'à l'ébullition, pendant une heure; on le replonge dans la solution de sulfate de fer, et, ainsi de suite, de l'astringent au fer et du fer à l'astringent, jusqu'à ce que la couleur soit telle qu'on la désire.

Bergmann a obtenu un beau noir en donnant à 100 livres (5 myriagrammes) de laine bleue un premier bain, avec 8 livres (4 kilogrammes) de crème de tartre, 16 livres (8 kilogrammes) de couperose, 2 livres (1 kilogramme) de vert-de-gris, et 10 livres (5 kilogrammes) de bois bleu; on cuit ensuite dans une décoction de bousserole (*arbutus uva ursi*).

On peut remplacer la noix de galle par l'écorce de chêne, lorsqu'on opère sur la laine: ainsi, en supposant qu'on travaille sur une livre de laine, on fait bouillir 2 gros 36 grains (0,95607 décag.) de campêche, pendant une heure, dans 6 livres (3 kilogrammes) d'eau; on y met l'étoffe qu'on y laisse pendant la nuit : le lendemain on retire le campêche et l'étoffe; on chauffe le bain, et on y dissout le tiers de la composition suivante :

	gros.	grains.	grammes.
Ecorce de chêne....	2	6	(7,96725)
Sulfate de fer.......	4	36	(1,71093) décag.
Vert-de-gris........	1	63	(0,76486) décag.
Gomme commune.,.	0	67 ½	(55,58705) décig.

IV.   31

Lorsque le bain est chaud, on y passe l'étoffe.

Trois heures après, on met le second tiers de la composition, et on travaille encore l'étoffe ; trois heures après, on verse ce qui reste, et on donne six *chaudes* de plus. Le lendemain on lave l'étoffe.

En employant la couperose calcinée au rouge, au lieu de la couperose verte, on obtient des effets bien supérieurs, et le noir est infiniment plus beau.

Les procédés pratiqués, pour porter sur la soie le principe colorant, diffèrent essentiellement de ceux qui sont suivis pour la laine.

Les bleus foncés, par exemple, ne peuvent pas se faire sur la cuve bleue d'indigo, parce qu'on ne parvient jamais à donner à cette couleur assez de plénitude.

Ainsi, pour obtenir le *bleu turc* qui est le plus plein de tous, on donne à la soie un très-fort bain d'orseille bien chaud, et ensuite on la passe à la cuve.

Quant au bleu fin qui est aussi foncé et aussi solide que le *bleu de roi*, on se sert de cochenille au lieu d'orseille.

On imite encore le bleu de roi, en passant

d'abord la soie dans une dissolution d'une once (0,30594 hect.) vert-de-gris par livre (0,48951 kilog.) de soie : on la lise ensuite sur un bain de bois d'Inde où elle prend une couleur bleue peu solide. On la rend plus fixe en la passant sur la cuve.

Les soies qu'on teint en bleu sont cuites ordinairement dans un bain composé de 35 à 40 livres (2 myriagrammes) de savon par 100 livres (5 myriagrammes) de soie ; on les lave avec soin ; on leur donne deux battues à la rivière ; on les met en mateaux qu'on passe sur des rouleaux de bois ; et on les plonge dans la cuve où on les travaille jusqu'à ce qu'elles aient la nuance qu'on desire. On les tord ensuite à la main, on les évente pour les *deverdir*, on les lave, on les tord et on les fait sécher sur la perche.

A l'égard des soies qu'on veut teindre en *bleu sur cru*, c'est-à-dire sans que les soies soient cuites, on choisit celles qui sont naturellement plus blanches, et on les trempe dans l'eau pour qu'elles *boivent* plus facilement la couleur.

Les soies destinées à être mises en jaune sont cuites à raison de 20 livres (1 myriagramme) savon pour 100 livres (5 myria-grammes) de soie. On les lave, on les alune, on les rafraîchit encore et on les *met en bâtons*.

Le *bain jaune* se compose en faisant bouillir 2 livres (1 kilogramme) de gaude par livre de soie, pendant un quart d'heure.

On coule le bain au travers d'un tamis, on le laisse refroidir; et, lorsqu'on peut y tenir la main, on y *lise* les soies.

On fait bouillir la gaude une seconde fois dans de nouvelle eau; et, quand elle a bouilli, on nourrit le premier bain avec le second; on continue à y *liser* les soies en tenant le bain un peu plus chaud.

Pour extraire toute la couleur de la gaude et dorer le jaune, on met, dans un chaudron, de la cendre gravelée, à raison d'une livre (0,48951 kilogramme) par 20 livres (1 myriagramme) de soie; on coule dessus le second bain de gaude tout bouillant, et on remue la cendre pour en faciliter la solution. Lorsque le bain est devenu clair, on en jette, peu à peu, quelques *cassins* dans le premier bain, on brasse, on y replonge les soies pour les y liser de nouveau.

On est encore dans l'usage de dorer les jaunes avec le rocou.

La graine d'Avignon qu'on emploie de même fournit une couleur moins solide.

Le rouge le plus beau, qu'on ait pu donner jusqu'ici à la soie, c'est celui qu'on appelle *ponceau*.

On fait le ponceau en précipitant sur l'étoffe le rouge du *safranum* tenu en dissolution par la potasse. A cet effet, lorsque les soies sont lavées, *écoulées* et distribuées par mateaux sur des bâtons, on verse, dans le bain, du jus de citron jusqu'à ce que la couleur soit devenue *couleur de cerise*. On brasse alors le tout, et on y abat les soies qu'on lise tant qu'on s'apperçoit qu'elles tirent de la couleur.

Pour avoir un ponceau aussi vif que nourri, on exprime la soie au sortir d'un premier bain qu'elle a épuisé, et on la passe à un second. On emploie successivement cinq à six bains pour rendre la soie *couleur de feu.*

On avive le ponceau en lisant la soie dans une eau tiède acidulée par le jus de citron.

Il est nécessaire de donner aux soies un

pied de rocou , de trois ou quatre nuances au-dessous de l'aurore , avant d'y porter le principe colorant du carthame.

On peut imiter, jusqu'à un certain point, le ponceau du carthame avec le bois de Brésil ; on l'appelle *ratine* ou *ponceau faux* pour le distinguer du ponceau fin. On donne à la soie cuite un bon pied de rocou, on lave , on rafraîchit et on alune , on lise dans un bain de bois de Brésil dans lequel on a mis un peu d'eau de savon.

Jusqu'à ce jour on a recherché sans succès le moyen de teindre la soie en écarlate. Quelque soin qu'on ait pris , la couleur de la cochenille a toujours été vineuse ; cependant, si on emploie la composition d'étain assez forte pour que l'acidité soit très-marquée , et qu'on passe successivement dans le bain de cochenille et dans la dissolution acide , on obtient une couleur qui à tous les caractères de l'écarlate. J'ai déposé, il y a dix ans, à l'Ecole de Médecine de Montpellier , des échantillons de soie teints en écarlate par ce procédé. (J'écris en 1806.)

Il est plus difficile de donner un beau noir à la soie qu'aux autres étoffes : aussi toutes les recettes sont-elles chargées d'un

nombre si considérable de drogues, qu'il
est impossible d'assigner à chacune son
usage.

Je suis néanmoins parvenu à obtenir un
noir solide, brillant et bien nourri, en faisant succéder à un bon engallage la solution
de fer, lavant de suite l'étoffe pour la passer
dans la décoction de campêche, et, de cette
décoction, dans la solution de fer et de vert-
de-gris. On répète cette manœuvre jusqu'à
ce que le noir sorte beau. J'emploie, pour
100 livres (5 myriagrammes) de soie, 40 livres (2 myriagrammes) de noix de galle,
50 (2 myriagrammes $\frac{1}{2}$) de couperose calcinée au rouge, 50 (2 myriagrammes $\frac{1}{2}$) de
campêche et 10 livres (5 kilog.) de vert-
de-gris. J'exprime la soie au sortir de l'engallage, la laisse sécher, et la secoue fortement à la main pour l'éventer et détacher
la galle qui y adhère. J'emploie la même
manœuvre pour le bain de campêche; on
lave, chaque fois, après l'immersion dans
la solution de couperose. Je fais fondre,
dans le dernier bain de campêche, 2 onces
(0,61188 hectogramme) de gomme arabique par livre (0,48951 kilogramme) de
soie.

On adoucit le noir en passant les soies teintes dans une eau de savon.

J'ai observé qu'en combinant l'action simultanée des végétaux astringens avec la noix de galle, on obtient une couleur plus douce et plus agréable. L'écorce de grenade, le nerprun, l'agaric, l'écorce de chêne, peuvent servir à ces usages.

Quoiqu'on donne au coton toutes les couleurs connues, on ne peut appeler *couleur fixe* que celle qu'on tire de la garance. Après avoir imprégné le coton du triple mordant dont nous avons déjà parlé, et qui est composé d'huile, de principe astringent et d'alumine, on prépare un bain, dans lequel on fait entrer, à-peu-près, 2 livres (1 kilogramme) de garance en poudre par livre (0,48951 kilogramme) de coton. On y délaie du sang de bœuf ou de mouton ; et, lorsque le bain commence à tiédir, on y plonge le coton. On le lise en le maniant dans le bain, pendant une heure, sur des bâtons; après quoi, on porte le bain à l'ébullition, et on y abat le coton pour l'y faire bouillir pendant une heure; on lave ensuite avec soin.

SECTION VIII.

Du Mélange des Couleurs ou des Couleurs composées.

IL est peu de couleurs pures ou *vierges*, dans la nature : le rouge est presque constamment mêlé avec le jaune ; l'écarlate et les couleurs de garance sont composées de ces deux principes.

L'indigo, qui paroît fournir le bleu le plus pur, est toujours altéré par des matières jaunâtres qu'on enlève par l'ébullition.

Mais, indépendamment de ces mélanges naturels, l'art en compose journellement, et forme des nuances si nombreuses, que l'échelle des combinaisons est infinie.

Nous ne nous occuperons ici que des mélanges principaux, que nous réduisons aux suivans :

1º. Mélange du bleu et du jaune, ce qui donne toutes les nuances comprises entre le vert jaunâtre et le vert foncé tirant au noir.

2º. Mélange du rouge et du bleu, ce qui

comprend depuis le violet foncé jusqu'au lilas.

3°. Mélange du rouge et du jaune, ce qui embrasse depuis l'écarlate jusqu'aux couleurs de musc et de tabac (1).

I°. Pour former, sur la laine, le premier de ces mélanges, celui du bleu et du jaune, on commence par donner à l'étoffe le pied de bleu qu'on desire : le vert est d'autant plus foncé, que la couche de bleu est plus forte.

Lorsque les draps ont reçu à la cuve le pied de bleu nécessaire, on leur donne un bouillon comme pour le gaudage ordinaire, et on prépare une décoction de gaude, dans laquelle on traite l'étoffe.

On brunit le vert avec du bois de campêche et un peu de sulfate de fer.

On porte le vert sur le coton par un procédé à-peu-près semblable; mais j'ai trouvé de l'avantage à remplacer le mordant d'alun et de tartre par l'acétate d'alumine.

Pour donner le vert à la soie, après

(1) Il ne paroît point qu'il y ait combinaison entre les principes colorans dans les couleurs composées, car il suffit qu'il y ait contact entr'eux : une chaîne rouge et une trame bleue forment un tissu violet. Le jaune et le bleu, traités de même, produisent du vert.

l'avoir cuite au savon, on l'alune fortement, on la lave légèrement à la rivière, et on la lise sur un bain de gaude; dès qu'elle a pris le pied convenable de gaude, on la lave et on la passe en cuve comme pour le bleu.

Pour rendre la couleur plus foncée et en varier le ton, on ajoute, dans le bain de gaude, du jus de bois d'Inde, de la décoction de bois de fustet, du rocou, etc.

On préfère la sariète à la gaude, lorsqu'on se sert du bleu de cuve, parce que la couleur qu'elle donne tire naturellement sur le vert.

Le vert qu'on obtient par la dissolution d'indigo dans l'acide sulfurique, est connu sous le nom de *vert de Saxe*; il est plus brillant, mais moins solide que celui qui vient d'être décrit. On donne au drap le même bouillon que pour le gaudage; on lave; on fait bouillir, dans le même bain, pendant une heure et demie, du bois jaune en copeaux. On rafraîchit le bain au point d'y tenir la main; on y verse, à-peu-près, une livre et quart de la dissolution d'indigo pour chaque pièce de drap de dix-huit aunes; on y plonge le drap; on tourne d'abord avec rapidité, puis lentement. On lève le drap avant que le bain entre en ébullition.

On peut remplacer le bois jaune par la gaude, et varier les nuances à l'infini en variant les proportions des ingrédiens.

Lorsque le bleu a été teint sur cuve, il est plus solide que le jaune; de-là vient que la couleur verte bleuit avec le temps; tandis que, lorsque le bleu est fait avec la dissolution d'indigo dans l'acide sulfurique, c'est le jaune qui résiste le plus.

II°. La combinaison du rouge et du bleu forme le violet et toutes les nuances qui en dépendent : cette combinaison est naturelle dans le campêche; elle se développe dans presque tous les *lichens* par la fermentation ; mais elle n'est fixe dans aucun de ces deux états.

Pour faire des violets *bon teint* sur la laine, on teint légèrement le drap en bleu dans la cuve : après cela, on le fait bouillir, pendant une heure et demie, dans un bain composé de 2 onces et demie (0,76435 hectogramme) d'alun et de 4 gros (1,52972 décagramme) de tartre par livre (0,48951 kilogramme) de drap. On prépare ensuite

un bain avec une once (0,30594 hectogramme) de cochenille et 4 gros (1,52972
décagramme) de tartre, dans lequel on fait
bouillir, pendant une heure et demie, le
drap teint en bleu.

En ajoutant de l'alun et du tartre au
bain qui a servi au violet, on peut obtenir
toutes les nuances inférieures de lilas, gorge
de pigeon, mauve, etc.

Pærner trouve de l'avantage à employer
la dissolution acide d'indigo : il prépare
une livre (0,48951 kilogramme) de drap
avec 3 onces (0,917824 hectogramme) d'a-
lun, fait bouillir une heure et demie, et
laisse digérer le drap dans le bain toute la
nuit. Il compose son bain de teinture avec
une once et demie (0,45891 hectogramme)
de cochenille et 2 onces (0,61188 hectogramme) de tartre ; il fait bouillir trois
quarts-d'heure ; après quoi, il ajoute 2
onces et demie (0,45891 hectogramme) de
dissolution d'indigo. Il agite et fait bouillir
le drap doucement pendant un quart-
d'heure.

On distingue deux violets pour la soie :
le violet fin et le violet faux.

Pour former le premier, on teint la soie

comme pour le cramoisi, avec la différence qu'on ne met dans le bain ni tartre, ni dissolution d'étain. On emploie, pour un beau violet, 2 onces (o,61188 hectogramme) de cochenille par livre (o,48951 kilogramme) de soie. On passe ensuite la soie sur une cuve plus ou moins forte. On donne plus de beauté au violet, en le passant sur le bain d'orseille.

Les plus beaux violets faux se préparent avec l'orseille; on les reconnoît aisément, à la propriété qu'ils ont de rougir par l'action des acides.

On fait prendre au coton un violet solide et agréable, en le teignant d'abord en garance, et le passant ensuite à la cuve de bleu. La couleur n'est belle et vive que lorsque le rouge est maigre et vif.

Mais le véritable violet de coton se fait en combinant l'oxide de fer avec le rouge de la garance. On applique l'oxide sur le coton avant de donner le bain de garance.

Il est difficile d'obtenir cette couleur bien unie, parce que le fer déposé sur le coton s'oxide inégalement par la dessiccation. C'est pour parer à cet inconvénient que je lave

les cotons dès qu'ils ont reçu le mordant
de fer, et que je les garance humides.

En combinant l'alun avec le sulfate de
fer calciné au rouge, dans des proportions
différentes, pour former le mordant du
violet, on obtient toutes les nuances qu'on
desire.

Lorsqu'on veut obtenir un beau violet,
il faut prendre le coton au sortir de ses
apprêts par l'huile, le passer au mordant
dont nous venons de parler; laver avec
soin, garancer sans faire bouillir, laver,
remettre le coton dans un nouveau bain
de garance, faire bouillir une heure, laver
et aviver avec le savon.

III°. Le jaune s'allie parfaitement au rouge,
et la teinture nous présente, à ce sujet, des
nuances infinies.

En faisant bouillir du fustet dans un bain
qui vient de servir à l'écarlate, et l'avivant
avec un peu de tartre et de la composition
d'étain, on fait successivement la couleur
de grenade, les capucines, l'orangé, la jon-
quille, etc. On ajoute du fustet ou de la
cochenille selon la nuance qu'on desire. On

y porte même un peu de garance pour la couleur d'or et le cassis.

Le rouge de la garance s'unit très-bien au jaune : et on le fait descendre, par degrés, depuis l'orangé jusqu'au cannelle.

Si, au lieu d'employer les jaunes vifs, on se sert de plantes dont la couleur soit brunâtre, tels que la plupart des végétaux astringens, on obtient des couleurs plus solides, mais plus ternes. Ainsi la racine de noyer, le sumac, le brou de noix, donnent les couleurs de tabac, de châtaigne, de musc, etc.

Les marrons, les cannelles, les lies de vin, se font sur la soie, avec le campêche, le fernambouc et le fustet; le fond du bain est la décoction de fustet, et on y ajoute environ un quart de jus de fernambouc et un huitième de celui de campêche. On alune les soies, et on les lise sur ce bain.

On fait dominer le bois d'Inde sur le bois de Brésil lorsqu'on desire des nuances brunes.

Pœrner présente des résultats infinis sur la combinaison des couleurs, trois à trois. Il est aisé de sentir que ces mélanges n'ont pas de bornes; mais il suffit de connoître l'éf-

fet de chaque couleur primitive pour savoir
ce que produira le mélange.

SECTION IX.

De l'Art de tourner ou de virer les Couleurs:

IL est peu de couleurs qu'on porte *vierges*
et sans altération sur une étoffe. C'est l'art
de les changer, de les *tourner*, qu'on appelle *virer le bain, tourner la couleur.*

Cette partie de la teinture est la plus dé-
licate, en même temps qu'elle en est la plus
belle. C'est dans elle que résident presque
tous les *secrets* des teinturiers.

Nous ne pouvons qu'esquisser, à grands
traits, les principales altérations ou changemens qu'on peut produire sur une couleur, par l'action des corps non colorés.
On pourra trouver de plus grands détails
dans les ouvrages qui traitent des procédés
de teinture.

La dissolution acide d'étain rougit la cochenille et en avive la décoction.

La crême de tartre jaunit et avive la couleur du même principe colorant.

La solution d'alun fait passer l'écarlate

IV. 32

au cramoisi; de-là vient que le drap, auquel on a donné l'alun pour mordant, se
colore en cramoisi dans le bain préparé pour
l'écarlate.

Les alkalis font tourner l'écarlate au
violet.

Le sel marin change le rouge de la cochenille en des nuances lilas qui tirent sur
le bleu.

Le sel ammoniaque la fonce sans lui ôter
le rouge.

Le plâtre fait tourner le rouge au bleu.

La couperose change en violet le rouge
de la cochenille; l'eau chaude le bleuit en
altérant la vivacité du rouge.

Le rouge de garance peut recevoir les
mêmes modifications, quoique d'une manière moins sensible : les acides le jaunissent
et le font passer à l'orangé. La chaux et tous
les sels calcaires le rendent vineux.

On emploie les alkalis pour roser le rouge
du bois de Brésil, et former le cramoisi
faux sur soie.

Les alkalis font tirer au jaune, le rouge
de carthame; on lui restitue sa couleur par
le jus de citron.

Les alkalis développent la couleur, dans

tous les végétaux employés pour fournir du jaune à la teinture. On se sert même d'une solution de potasse pour porter sur le coton la couleur de la gaude.

Les alkalis masquent dans le rocou la couleur rouge qui y est combinée avec le jaune ; les acides peuvent détruire leur effet, de manière qu'à l'aide de ces deux sels, il est possible de nuancer la couleur du rocou, depuis le jaune le plus pâle jusqu'à l'orangé.

Les alkalis tournent en un orangé solide le jaune qu'on obtient sur la laine et la soie par l'acide nitrique. Il suffit de passer ces deux étoffes colorées par l'acide dans un alkali caustique. En employant de l'acide à 25 ou 28 degrés, on obtient une très-belle couleur.

On emploie encore les alkalis pour virer le violet fait avec le bois de Brésil et le bois d'Inde ; ils rendent la couleur du Brésil plus propre, et avivent le violet du campêche.

La soie préparée comme pour le violet fin, peut tourner en pourpre par le moyen d'un peu d'arsenic qu'on met dans le bain de cochenille.

En général, on peut réduire à des principes très-simples tout ce qui regarde l'art de virer les couleurs.

1°. Lorsque les rouges sont purs, les acides les pâlissent ou les *orangent*, en les rapprochant de la couleur jaúne.

L'alun, la crême de tartre, la dissolution d'étain et les acides, produisent le même effet.

2°. Lorsque les rouges sont mélangés avec un peu de bleu peu solide, les acides exaltent la couleur, en détruisant ou rougissant le bleu.

Nous en avons des exemples dans le fernambouc, et dans presque tous les rouges végétaux faux-teint.

3°. Les alkalis détruisent les rouges résineux, et développent le jaune qui leur est uni.

Ils effacent le ton rouge du rocou, de même que celui du carthame, et on rétablit les rouges par les acides.

4°. Les alkalis rétablissent les violets rougis par les acides, avec plus d'intensité qu'ils n'avoient auparavant.

5°. Le sel marin et tous les sels calcaires tournent les rouges en un cramoisi bleuâtre.

6°. Le fer et toutes ses combinaisons rembrunissent les couleurs rouges et jaunes. C'est par ce moyen qu'on fait cette longue suite de brunitures qui comprennent aujourd'hui la presque totalité des couleurs d'usage.

SECTION X.

De l'Avivage des Couleurs.

LA beauté des couleurs dépend sans doute, en premier lieu, du bon choix des ingrédiens; mais la manière de les combiner et l'art de les aviver forment la science du teinturier.

Un bon lavage avive les couleurs, en dépouillant l'étoffe de toute la partie de couleur qui n'est pas combinée. Ce lavage doit se faire dans une eau pure et courante.

On emploie les alkalis pour aviver certaines couleurs; par exemple, pour donner de l'éclat au rouge d'Andrinople, on fait bouillir le coton sortant du garançage, dans une lessive de soude, pendant vingt-quatre ou trente-six heures; on le lave et on le fait encore bouillir dans une solution de savon.

Les violets portés sur le coton par l'oxide de fer et la garance, reçoivent un avivage à-peu-près semblable. La couleur qui paroissoit noire au sortir du bain, s'éclaircit et forme un beau violet.

Il est à observer que le violet tourne au rouge par l'action des alkalis, et au bleu par celle du savon.

Les acides ont aussi leurs usages : en *lisant* les soies ponceau fin dans l'eau tiède acidulée par le jus de citron, la couleur en devient plus brillante et plus agréable à l'œil.

On avive l'orangé extrait du rocou, par l'acide citrique.

Tous les acides détruisent le coup-d'œil violet que prend quelquefois la cochenille sur la laine, et en portent la couleur au ton de l'écarlate.

Ils jaunissent légèrement le rouge de la garance.

M. Hausmann a proposé de passer les cotons sortant de la cuve de bleu, dans une eau acidulée par l'acide sulfurique ; il a éprouvé que la couleur prenoit de l'intensité dans ce bain.

Les noirs, qu'on passe dans une dissolution de savon, ou dans une eau qu'on a agitée, pendant long-temps, avec un peu d'huile, prennent du velouté.

La dessiccation des étoffes au soleil ou à une grande lumière, ternit ou dévore les couleurs délicates et vives. La dessiccation à l'ombre les conserve.

CHAPITRE XXV.

De la Fermentation.

ON appelle essentiellement *fermentation* le mouvement intestin qui s'excite entre les principes des corps animaux et végétaux, lorsqu'ils sont privés de la vie; la fermentation dénature le corps et donne lieu à la formation de nouveaux produits.

On s'est principalement occupé de la fermentation qui fournit des produits utiles aux arts; et on la divise en fermentation vineuse et fermentation acide, selon le résultat qu'elle présente.

Nous devons à M. Fabroni de Florence, les premières notions exactes qu'on ait eues sur la fermentation vineuse.

Le travail de cet habile chimiste a été couronné, en 1785, par l'Académie économique de Florence, et il est consigné dans un petit traité sur l'art de faire le vin, qu'il a publié lui-même.

Il a fait voir que le raisin est composé de deux substances qui sont isolées dans chaque grain, et qu'on ne peut pas mêler sans qu'il en résulte un mouvement de fermentation.

L'une de ces substances est le sucre qui existe dans les cellules placées entre le centre et l'écorce.

L'autre, est une substance végéto-animale analogue au gluten du froment, et qui se trouve dans les membranes qui séparent les cellules dans lesquelles sont déposés les divers liquides.

M. Fabroni s'est assuré que, par le repos, le suc du raisin dépose un sédiment qui forme le cinquième de son volume. Il ajoute que, si l'on expose le suc à une forte chaleur, on donne de la consistance à ce principe, et qu'on peut alors en dépouiller en entier le suc par le filtre.

Il établit que, lorsque le suc est pleinement dépouillé de ce principe, il n'est plus susceptible de fermentation, et qu'on ne peut lui restituer la propriété de fermenter, qu'en y dissolvant et en lui redonnant un peu de ce principe (1).

M. Fabroni a encore observé que la partie glutineuse du froment pouvoit remplacer le sédiment ou la matière végéto-animale dont nous venons de parler; il a fait la même observation sur le suc des plantes qui s'épaissit par la chaleur, et sur les fleurs de sureau qui contiennent le même principe.

Il a démontré que l'écume du vin en fermentation et la levure de bière, avoient la plus grande analogie avec cette matière végéto-animale.

M. Thénard a fait de semblables observations sur le suc de groseille, sur celui de cerise et sur celui de plusieurs autres fruits.

Le ferment est donc une substance végéto-animale.

(1) J'ai confirmé ces résultats en délayant dans l'eau l'extrait du mout de raisin, qu'on appelle *résiné* : ce mout délayé ne fermente pas, il se pourrit; mais, si on y dissout de la levure, et qu'on l'expose à une température de 20 degrés du thermomètre de Réaumur, il fermente, et produit une liqueur vineuse.

Il résulte, des observations de M. Séguin, qu'il y a une légère différence entre la levure de la bière et le ferment des fruits : la levure qu'on met en digestion avec l'eau chaude, s'y dissout, et sa dissolution fermente avec le sucre; tandis que le ferment des fruits se coagule par la chaleur : ce qui paroîtroit annoncer que l'albumine est étrangère, ou beaucoup moins considérable, dans la levure. Ces différences d'action annoncent des modifications dans la nature des substances, et non des natures différentes. Le même chimiste a distingué deux états dans l'albumine végétale, principe de la fermentation; le premier, dans lequel elle est soluble, comme dans tous les sucs des fruits; et le second, dans lequel le principe fibreux s'est développé et rend le ferment insoluble. C'est ainsi que M. Berthollet a vérifié que la levure bouillie ou desséchée fermente moins promptement avec le sucre, et que le gluten fermentoit beaucoup mieux lorsqu'on y ajoutoit un peu de tartre, etc.

On peut donc regarder cette matière végéto-animale comme le germe ou le levain de la fermentation.

Du moment que cette matière a été mêlée avec le sucre par l'expression du raisin
ou par un mélange artificiel, on voit s'établir la fermentation. Il se produit d'abord
beaucoup d'acide carbonique qui s'élève
en bulles de tous les points de la masse, et
vient crever à la surface; la liqueur se trouble; peu à peu la liqueur perd sa saveur
sucrée, et prend une odeur et un goût
vineux; il se forme de l'écume à la surface; il se précipite une matière filandreuse, et la liqueur s'éclaircit : alors la
fermentation se ralentit, et le moyen de la
ranimer, c'est d'agiter la liqueur et d'y délayer le dépôt et l'écume.

L'écume et le sédiment sont composés,
presqu'en entier, de la partie végéto-animale : la lie elle-même en est formée presqu'en totalité. Rouelle avoit retiré beaucoup d'ammoniaque de cette dernière substance, et M. Proust y a démontré la plus
grande analogie avec les matières animales.

Lorsque la liqueur vineuse est *déposée*
ou clarifiée, la fermentation devient presque nulle; on peut la ralentir, au moment
même où elle est très-tumultueuse, en filtrant le mout. On la rétablit, en délayant

dans la liqueur le ferment qui est resté sur le filtre.

De ces faits, M. Berthollet a conclu que le ferment étoit beaucoup plus actif, lorsqu'il n'étoit que suspendu dans la liqueur, que lorsqu'il y étoit dissous.

Lavoisier a soumis au calcul les résultats connus des expériences sur la fermentation, et il s'ensuit que 100 parties de sucre ne consomment qu'environ $\frac{1}{72}$ de levure sèche ; qu'il se produit un peu plus de 35 parties d'acide carbonique, que la liqueur vineuse produit près de 58 d'alcool.

En analysant avec soin les phénomènes que présente la fermentation vineuse, nous y voyons essentiellement le jeu et l'action réciproque de deux substances, le ferment et le sucre. Le premier effet de cette action et le plus notable de tous, c'est la formation de l'acide carbonique qui continue à être produit, jusqu'à ce que la liqueur soit devenue très-vineuse.

La soustraction de l'oxigène et du carbone, effet nécessaire de la production de l'acide carbonique, doit nécessairement faire prédominer l'hydrogène ; et la masse fermentante doit arriver au point où elle ne présente plus qu'une liqueur inflammable. Cet effet nécessaire de la fermentation est d'autant plus facile à concevoir, que le sucre contient 0,64 d'oxigène, d'après le calcul de Lavoisier.

D'après les principes que nous venons de poser, il est aisé de concevoir que les proportions entre le levain et le sucré, doivent établir de grandes différences dans le produit.

La fermentation la plus parfaite sera celle où les proportions entre ces deux principes seront telles, que, lorsqu'elle sera terminée, il ne restera plus ni sucre ni levain.

Mais, si l'un ou l'autre est en excès dans la composition primitive et naturelle du raisin, dès-lors la liqueur fermentée présente des caractères qu'il est bon de faire connoître.

Lorsque le sucre est en excès, ou qu'il est trop abondant, toute la levure est consommée sans que la liqueur perde son goût sucré ; de sorte qu'une portion de sucre reste en dissolution dans la liqueur spiritueuse, après la fermentation, et donne le goût sucré à la masse : on observe ce résultat dans tous les vins qu'on appelle *vins de liqueur,* lesquels sont produits par les raisins les plus sucrés.

On ne doit pas craindre que les vins sucrés tournent à l'aigre, non-seulement parce que la levure est épuisée et que la fermentation n'a plus de levain, mais parce que le sucre sert, en quelque sorte, de *condiment* à la liqueur.

Lorsque c'est, au contraire, la partie végéto-animale qui prédomine, il convient d'arrêter la fermentation du moment que le sucre est consommé ; sans cela, la liqueur passe à l'aigre par l'action du levain sur les autres substances contenues dans la liqueur.

On est dans l'usage d'arrêter la fermentation, en décantant, de dessus sa lie, le vin clarifié, en le collant, en bouchant avec soin les vaisseaux qui le contiennent, en le plaçant dans un lieu frais, en le *soufrant.* Tous ces procédés ont pour objet, ou d'extraire le levain qui reste, ou d'en ralentir l'action, ou de le coaguler pour amortir son effet.

La théorie que je viens d'établir, sur la fermentation spiritueuse, conduit naturellement à celle de l'acétification : car, du moment que le principe sucré est absorbé, s'il existe encore du levain dans la liqueur, il se porte sur les autres principes, et produit de l'acide acétique.

Il suit de là que si l'on ajoute, en trop grande proportion, de la levure à une décoction de farine de seigle, la fermentation, après avoir développé le peu d'alcool que peut fournir la petite quantité de sucre que contient le seigle, fait tourner de suite à l'aigre la masse fermentante. On peut faire une expérience qui ne laisse aucun doute à ce sujet.

J'ai pris de la farine de seigle et en ai fait une pâte avec de l'eau froide.

J'ai délayé, peu à peu, cette pâte avec de l'eau bouillante, et lui ai donné la consistance d'une pulpe filant à la spatule comme les sirops.

J'y ai mêlé, avec soin, de la levure de bière dans la proportion de 2 par 100.

Presque dans le moment, le mélange se tuméfie; il se dégage beaucoup d'acide carbonique; et, en quelques heures, le mouvement s'appaise.

La liqueur exhale l'odeur de l'alcool.

J'ai agité le mélange, et, quelques heures après, il a pris un caractère acide très-prononcé. Chaque jour l'acidité augmente, et elle se fortifie pendant quinze jours, surtout si on a le soin de remuer souvent le mélange.

La fermentation des grains diffère peu de celle du suc des raisins; et, en la rapprochant de cette dernière, nous aurons une confirmation des principes que nous avons énoncés.

Le sucre n'existe pas dans le grain, ou il y existe en trop petite quantité pour qu'on pût espérer d'obtenir les résultats d'une fermentation vineuse, si on le faisoit fermenter sans une germination préalable.

La germination développe le principe sucré dans tous les grains, parce que, d'après les expériences de M. Th. de Saussure, il se produit de l'acide carbonique dans cette opération, lequel n'est dû qu'à la combinaison de l'oxigène de l'atmosphère avec le carbone du grain; de sorte que, par la soustraction du carbone, le principe sucré se forme.

Mais c'est à cet état qu'il faut arrêter la décomposition du grain, si l'on veut qu'il soit propre à la fermentation vineuse; car, après ce premier acte de germination, l'accroissement de la plante et la décomposition ultérieure du grain, lorsqu'il n'est pas confié à la terre, détruisent le sucre qui vient de se former, et donnent naissance à d'autres principes. Aussi, dans les brasseries, après avoir développé la germination du grain en l'humectant d'abord avec l'eau, on en arrête les progrès en le *tourraillant* ou le laissant exposé à une chaleur de 40 à 42 degrés, jusqu'à ce qu'il soit sec. C'est dans cet état qu'on le moud; on en extrait ensuite tous les principes solubles, en versant dessus de l'eau chaude, d'abord à 40 ou 45 degrés, puis à 80; et, après avoir fait bouillir ces différentes eaux d'infusion, pendant deux à trois heures, avec le houblon, on les verse dans des baquets pour laisser refroidir. On les porte ensuite dans une cuve, où on ajoute de la levure fraîche dans la proportion d'une once (sèche) par 160 livres d'infusion. On laisse fermenter jusqu'au moment où elle s'affaisse; alors on décuve; on laisse jeter l'écume, qui est la levure mêlée d'un peu de bière très-chargée de houblon, laquelle ne s'aigrit pas et a un goût très-acerbe. On l'appelle *purure*.

Le houblon a deux usages dans cette opération : il met obstacle au développement de la fermentation acide ; et il relève le goût pâteux et fade qu'auroit la bière sans son secours. Nous avons déjà vu, à l'article *Vinaigre* ou *Acide acétique*, que, lorsqu'on veut fabriquer du vinaigre de bière, on fait fermenter le grain sans houblon. On peut consulter l'article *Acide acétique* (tome III de cet ouvrage) pour y trouver de plus grands détails sur la fermentation acéteuse (1).

(1) On trouvera, dans l'*Art de faire le Vin*, dont la publication va suivre de près celle de ma *Chimie appliquée aux Arts*, tous les détails qu'on peut désirer sur la fermentation, et l'application des principes que nous venons de développer à tous les phénomènes que présentent les vins, depuis la fermentation qui les produit, jusqu'aux altérations qu'ils éprouvent.

FIN.

TABLE

Par ordre alphabétique des Matières de la Chimie appliquée aux Arts.

La lettre *a* désigne le tome I, la lettre *b* le tome II, la lettre *c* le tome III, la lettre *d* le tome IV; les chiffres arabes indiquent la pagination.

A.

B.

C.

IV.   34

DES MATIÈRES. 533

FLUIDES GAZEUX. *Voyez* GAZ.

FOIE D'ANTIMOINE, c, 501.

FONDANT DE ROTROU. *Voyez* OXIDES D'ANTIMOINE.

FORGE, a, 157.

FOURNEAUX. Usages des fourneaux, a, 118. Propriétés que doivent avoir les fourneaux, 119. Choix des matériaux, 119 *et suiv.* Moyens de juger les matériaux, *ibid.* Travail du fournaliste, 122 *et suiv.*

— DE FORGE, a, 158.

— DE FUSION, 1°. à courant libre ou à aspiration, a, 156 *et suiv.*, 169 *et suiv.*; 2°. à courant forcé ou à soufflets, 156 *et suiv.* Leur composition, a, 167.

— POUR LA FONTE DU FER, a, 168. Description du fourneau à courant libre pour la fonte des métaux, 169 *et suiv.*

— DE FUSION DE NOS LABORATOIRES, a, 171.

— D'ÉVAPORATION, a, 173, 174 *et suiv.* Vices dans la construction des anciens fourneaux évaporatoires, 176. Principes sur la construction des fourneaux évaporatoires, 176 *et suiv.*

— DE DISTILLATION, a, 200 *et suiv.*

— DE RÉVERBÈRE, a, 201 *et suiv.*

— D'ALAMBIC, a, 217 *et suiv.*

FOURS DE VERRERIE. Leur construction, c, 273 *et suiv.*

FRITTE DES COMPOSITIONS POUR LE VERRE, c, 282 *et suiv.*

FUSION. Définition, a, 155.

FUSION DES SELS, FUSION AQUEUSE ET FUSION IGNÉE, c, 4.

G.

H.

I.

J.

K.

L.

N.

O.

P.

IV. 35

T.

U.

V.

W.

Y.

Z.

FIN DE LA TABLE DES MATIÈRES.

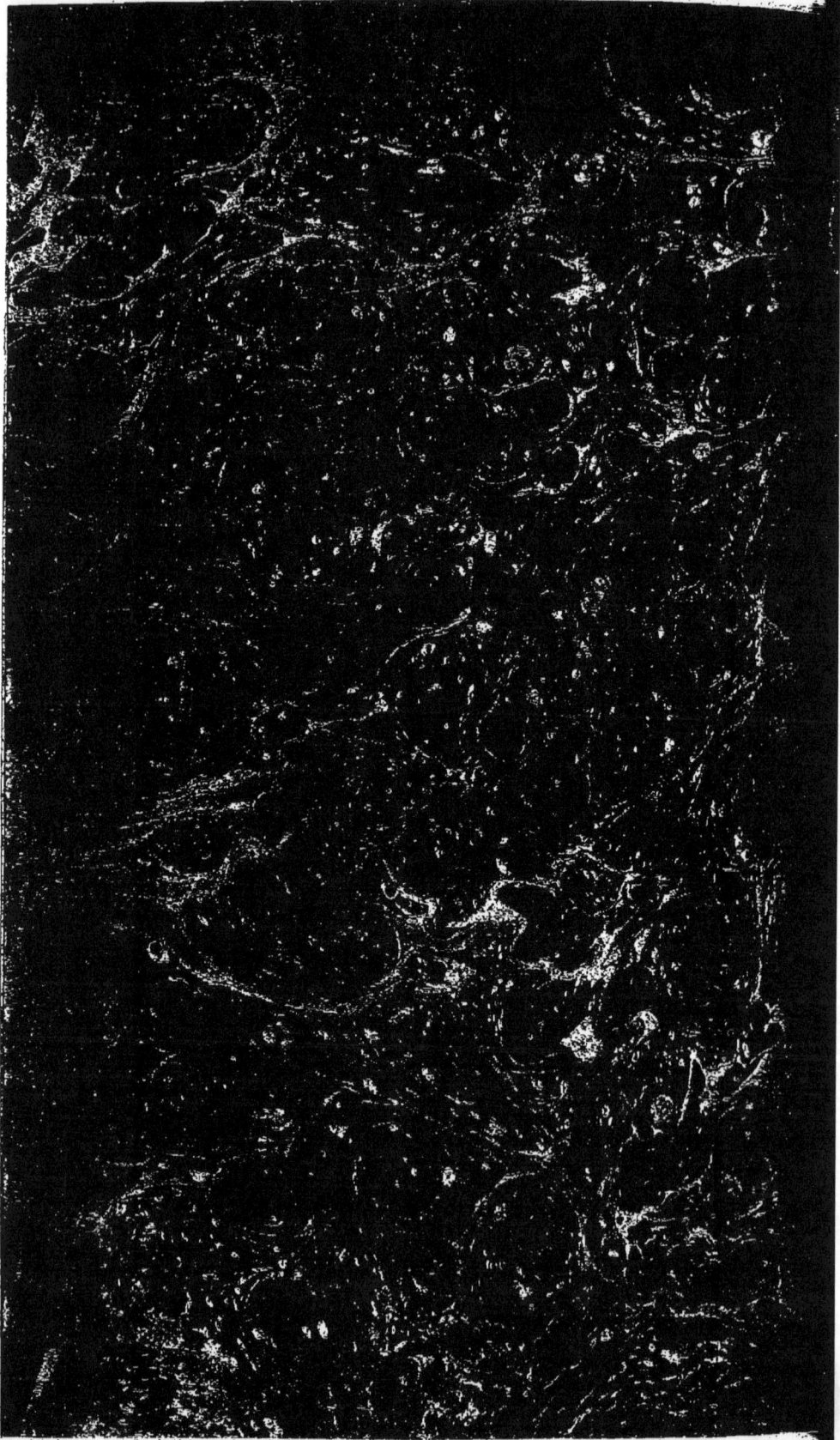

COURS
ABREGE
AUX ARTS
DE CHIMIE

4

www.ingramcontent.com/pod-product-compliance
Lightning Source LLC
Chambersburg PA
CBHW031737210326
41599CB00018B/2615